【実践Data Scienceシ

JN036347

Rではじめ

地理空間データの統計解析入門

村上大輔 著

講談社

はじめに

本書の特徴

　本書は，(地理) 空間データの統計モデリングをこれから学ぼうとされる方のための入門書です（本書では，地理空間データを空間データと呼称します）．今日，社会経済，環境，生物，疾病を含む幅広い情報が，位置情報付きのデータである空間データとして収集・整備されています．このようなデータの無償化や公開は近年急速に進んでおり，今後より一層，空間データの利用・活用が広がっていくことが見込まれます．

　本書では，空間データを対象とした統計解析を体験してもらうことを目的として執筆しました．フリーのソフトウェアである R を用いて，さまざまな分析を実際に手を動かして実行することができます．関連の和書はすでにいくつか出版されていますが，その中での本書の特徴は次の通りです．

> 1　空間データを対象とした統計手法を，幅広く，R による実装方法とともに解説する
> 2　数学的な議論の比較的少ない，チュートリアル形式の入門書である
> 3　最低限必要な統計や空間データ処理の基本事項が復習できるようになっている
> 4　本書で使用した計算コードをウェブ上で公開している

　空間データのための統計解析手法は，いろいろな分野で研究されてきました．例えば，気象状況や土壌汚染状況などを面的に把握するための空間予測手法は地球統計学で，経済政策などの影響を評価するための手法は空間計量経済学で，COVID-19 などの疾病のリスクやその空間分布パターンを分析するための手法は空間疫学の分野で研究されてきました．各分野では，その分野におけるニーズに応じて，洗練された手法がそれぞれ開発されてきました．既存の空間統計手法を十分に活用して実問題に応用するためには，各分野で開発された手法やその実装方法について知ることが重要です．

　そこで本書では，空間データを対象とした統計手法を幅広く紹介することを心がけました．もちろん，空間データの統計解析に関するすべてのトピックを本書で網羅することはできません．例えば地震などの事象の発生・消失の解析に用いられる点過程や，衛星画像などの解析に近年活発に用いられる深層学習は本書では扱いません．また，本書では，比較的成熟しており広く利用されているモデルや方法論を中心に解説を行います．読者が直面する実課題・実問題の中には，本書の範囲を超えた，より洗練された手法を必要とするものも多々あるでしょう．本書は，**空間データのための標準的な統計手法を俯瞰して理解を深め，空間統計モデリングに足を踏み入れるきっかけとなること，またそれらの手法を各々の読者の抱える実課題・問題に応用するための助けとなること**を願って執筆しました．

　本書で紹介する各手法は，フリーソフトウェアの R を用いて読者が実践することができます．R は統計解析を目的として設計された言語であり，汎用性が高く，（時）空間モデリング，探索的データ解析，統計的推論（推定，予測，不確実性評価）などのための幅広いパッケージが誰でも利用可能になっています．また，統計解析の前に必要となる空間データの基礎的な処理・視覚化のためのパッケージも充実しています．R は，空間データの統計解析に最適なソフトウェアの一つといえるでしょう．さらに本書では，数式や証明などはできるだけ簡潔にした上で，図を多用したり具体例を多く載せたりすることでわかりやすい説明になるように工夫しました．

　本書では，読み進める上で必要となる統計学，空間データ処理・視覚化，R についての基礎的な事項について説明したあと，空間データに対するガウスモデル，非ガウスモデル，時空間データに対するモデル，大規模データに対するモデルの順で紹介します．本書は，手法の理論についての解説よりは，むしろ空間データを実際に分析して結果を出力するまでの一連の流れを体験していただくことを目的としています．読者の皆様は，サポートページ（URL は P.vi）に公開したサンプルコードも参考に，ぜひご自身で手を動かして（時）空間データの統計分析を体験いただければと思います．

本書の構成

　本書は，第 1 部の〈導入編〉，第 2 〜 4 部からなる 3 つの〈基礎編〉，そして第 5 〜 7 部からなる 3 つの〈応用編〉から構成されています．

〈導入編〉

第 1 部　空間データの統計解析の基礎

　〈導入編〉の第 1 部では，まず，地理情報科学の歴史を簡単に解説します（第 1 章）．その後，本書を読み進める上で必要となる統計学の基礎，統計モデル，推定・推論を解説します（第 2 章・第 3 章）．統計学の基礎を習得済みの方はこの部分は読み飛ばしていただいても構いません．次に，R とその基本的な操作方法を紹介します（第 4 章）．また，本書で使用を推奨する統合開発環境 RStudio についても説明します．RStudio を用いることで，プログラミングや作図が行いやすくなると思いますので，ぜひお試しください．その後，R を用いた空間データの基礎的な処理や地図化の方法を解説します（第 5 章）．なお，R には空間データ処理のために洗練された多数の機能が存在しますが，ここは本書を読み進める上で最小限の説明にとどめています．

　〈基礎編〉からは，空間データのための統計手法について解説します．

　第 2 部では，空間相関や空間異質性といった空間データの基礎的な性質（第 6 章）や近接行列，大域空間統計量（第 7 章），局所空間統計量（第 8 章）を R による実例を交えて紹介します．

　第 3 部では，地域データ（都道府県別人口のようなゾーンごとに集計されたデータ）を対象とした，基礎的なモデルである同時自己回帰モデル（第 9 章）と条件付き自己回帰モデルを紹介します（第 10 章）．前者は空間計量経済学で広く用いられていることから，同分野の動向も併せて紹介します．

　第 4 部では，点データ（地点ごとに観測されたデータ）を対象として，広く用いられている地球統計モデルとその空間予測への応用（第 11 章・第 12 章）について，実例を交えて紹介します．最後に，同じく広く用いられている地理的加重回帰モデルについても紹介します（第 13 章）．

〈応用編〉

　〈応用編〉では，より発展的な統計手法を解説します．

　第 5 部では，まずはカウントデータやバイナリデータを対象とする一般化線形モデルを紹介します

（第 14 章）．ここでは，関連分野で特によく見かけるカウントデータを例に説明を行います．その後，空間相関を考慮した一般化線形モデルの拡張について，実例を交えて解説します（第 15 章）．最後に Integrated Nested Laplace Approximation（INLA）を用いた空間モデリングを紹介します（第 16 章）．INLA はやや発展的な手法ではありますが，R を用いることで幅広い応用が可能であり，さまざまな場面で役に立つため，ぜひ読者の方にも知っていただきたいと思って執筆しました．INLA についての基礎的な解説から，非ガウスデータへの応用方法，河川や海などの地形制約を考慮した空間モデリングの方法について順に解説します．

　第 6 部では，時空間データのモデリング方法について解説します．まずは基礎的な要素について説明したのちに，地域データに対する時空間モデル（第 18 章）と点データに対する時空間モデル（第 19 章）をそれぞれ紹介します．

　第 7 部では，大規模データにも応用可能な時空間モデルを紹介します．広く用いられており幅広い拡張が可能であるという理由で，本書では一般化加法モデルに触れました．まず一般化加法モデルを紹介したのちに（第 20 章），その時空間データへの応用方法を紹介します（第 21 章・第 22 章）．

　以上に加え，補章「空間統計と機械学習」では，機械学習分野の手法と比較した，空間統計手法の特徴や使いどころについて簡単に整理します．

　各章では，統計モデルを実装するための R のパッケージとその実例を紹介しています．入門書である本書では，広く使われているかどうか，使いやすいかどうか，計算負荷が小さいかどうかなどを踏まえてパッケージを選定しました．各パッケージの使い方をマスターすれば，幅広い（時）空間モデリングが行えるようになるはずです．本書を参照しながら，読者の皆様には実際に手を動かしていただいて，（時）空間モデリングを体験いただけると幸いです．

　本書で紹介する計算コードは以下のサポートページで閲覧できます．各コードは，基本的には R 上へのコピー＆ペーストのみで，データの読み込みから分析までが完結するようになっています．ぜひご活用ください．

➡　https://github.com/dmuraka/spbook_jp

目次

第16章　INLA による空間モデリング　　167

第6部　応用編｜時空間データの統計モデリング　　181

第17章　時空間データの統計モデリングの概略　　183

第18章　時空間 CAR モデル　　188

第19章　時空間過程モデル　　196

第7部　応用編 ｜ 一般化加法モデルと時空間モデリング　209

第20章　一般化加法モデルの基礎　211

第21章　一般化加法モデルによる時空間モデリング　220

第22章　加法モデルによる空間可変パラメータモデリング　228

空間データの統計解析の基礎

はじめよう！
地理空間データの統計解析

1.1 空間データとは

空間データ（spatial data）または**地理空間データ**（geospatial data）は，「空間上の特定の地点又は区域の位置を示す情報（位置情報）とそれに関連付けられた様々な事象に関する情報，もしくは位置情報のみからなる情報」と定義されています（国土地理院）．一言でいうと，空間データとは位置情報を持つデータです．例えば，気象観測所で得られた気温や店舗ごとの来客者数はその一例です．また，最近（2021年時点）では，新型コロナウィルス感染症の都道府県ごとの陽性者数や死者数も日々集計・公開されています．以上のような空間データは，例えば感染症対策，天気予報，混雑緩和，環境対策などのさまざまな実問題に役立てられています．

空間データは以下のように分類できます．

(a) 地域データ（areal/lattice data）
(b) 点データ（point-reference data）
(c) 点過程データ（point process data）

(a) は市区町村別人口のようなゾーンごとのデータ，(b) は観測所別の気温データのような地点ごとのデータです．また (c) は，地震や交通事故のようなイベントの発生地点の集合からなるデータを指します（図1.1）．本書では (a) 地域データと (b) 点データのための統計手法を紹介します．(c) 点過程データのための統計手法については，間瀬・武田 (2001) や近江・野村 (2019) が参考になります．

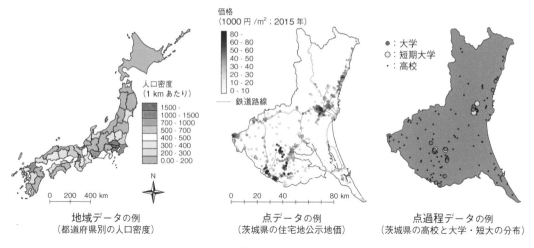

図 1.1　空間データの種類と例

1.2　空間データの活用の歴史

　古代ギリシャでは，ヒポクラテスの著書『大気，水，場所について』で健康と場所の関連について言及されるなど，地理情報への関心は古くから持たれていました．空間データの活用の先駆けとしては John Snow のコレラマップが知られています．1854 年当時，ロンドンの Soho 地区（中心地）ではコレラが大流行していました．残念ながら，コレラ菌すら発見されていなかった当時，コレラの感染経路は不明でした．これに対し，医師であった John Snow 氏は，患者と水道ポンプの位置を地図上にプロットすることで特定のポンプの周辺に患者が集中していることを突き止め，菌に汚染されたポンプの水が感染源であることを明らかにしました．この事例は，今日当たり前に行われている**地図化**（mapping）が実問題の解決に役立つことを示した一例です．これ以降，空間データの実問題への応用が徐々に広がっていきました．

　空間データの活用が本格化したのは 1900 年代中期以降です．1950 年代にワシントン大学を中心に地理学に関する議論が活発化していき，**地理情報システム**（Geographic Information Systems; **GIS**）という用語が 1960 年代に誕生しました．国土地理院によると，GIS とは「地理的位置を手がかりに，位置に関する情報を持ったデータ（空間データ）を総合的に管理・加工し，視覚的に表示し，高度な分析や迅速な判断を可能にする技術」です．計算機の発達に伴って GIS も徐々に発展を遂げており，今日では ArcGIS（ESRI 社提供）や QGIS（QGIS Development Team 提供）といった GIS ソフトウェアを用いて，空間データの管理・加工・視覚化が簡単に行えるようになりました．

　GIS が脚光を浴びていたころ，「GIS は学問か？」「あくまでシステムではないか？」という論争もありました．そのような中，1991 年に**地理情報科学**（Geographic Information Science; **GISc**）という用語が誕生しました．岡部 (2006) によると，GISc とは「空間データを系統的に構築し，管理し，分析し，総合し，伝達する汎用的方法・方法論，およびその汎用方法を適用する方法・方法論を研究する学問」とされます．GISc の発足以降，GIS と GISc の両輪で，地理情報の処理・解析・視覚

化のためのツール開発や方法論の研究が進められてきました．

1.3　空間データの観測・収集・公開

GIS と GISc の発達と並行して，空間データの観測・収集のための技術も発達してきました．例えば，衛星観測技術の発達に伴い，土地被覆，気象状況，大気状況などが高い空間解像度・時間頻度で観測可能になりました．また，米国の運営する**全世界測位システム**（Global Positioning System; **GPS**）に代表される**全地球衛星航法システム**（Global Navigation Satellite System; **GNSS**）の発達により，人・物の位置の捕捉・追跡が可能になりました．

観測・収集された空間データのオープン化もまた，ここ 10 年ほどで急速に進みました．国内では 2007 年に施行された地理空間情報活用推進基本法により，地理空間情報の利活用が促進され，以降，地理空間データを公開・提供するウェブサイトが幅広く整備されてきました．例えば，国土数値情報ダウンロードサービス（https://nlftp.mlit.go.jp/ksj/）や地図で見る統計（統計 GIS）（https://www.e-stat.go.jp/gis）はその例です．さらに，2016 年の官民データ活用推進基本法では，国と地方自治体がオープンデータ化に取り組むことを義務付けられるなど，誰でも利用可能な空間データは急激に増えてきています．国土交通省が主導する，日本全国の 3 次元都市モデルを建物ごとの属性データとともに整備・公開するプロジェクト，PLATEAU（https://www.mlit.go.jp/plateau/）などの極めて詳細な地理情報の公開も進んできています．

国・地方自治体によるトップダウン型のデータ公開に加え，企業や有志による**ボランタリーな地理情報**（volunteered geographic information）の収集・公開も世界的に活発化しています．例えば，OpenStreetMap（https://www.openstreetmap.org/）は有志によって収集・整備された世界各国の地理情報（特に道路網）を収集・公開するサイトです．それ以外にも，多種多様な衛星観測データを公開する Google Earth Engine（https://earthengine.google.com/）や世界各国の人口統計データを収集・推計・公開する WorldPop（https://www.worldpop.org/）など，有用なデータベースが多数開設されてきています．

1.4　空間データのための統計解析手法

空間データの収集・公開が進むとともに，空間データを処理・視覚化する手法や技術が発達してきました．それと並行して，空間データを分析するための統計手法もまた，発展をとげてきました．地域データや点データを対象とした統計解析手法の研究が盛んな分野を図示すると，図 1.2 のようになります（筆者の主観に基づいています）．この図に示すように，生物の空間分布パターンなどに興味のある**生態学**（ecology），疾病リスクなどの空間分布に興味のある**空間疫学**（spatial epidemiology），経済政策の影響評価などに興味のある**空間計量経済学**（spatial econometrics）など，さまざまな分野で空間データのための統計解析手法が開発されています．また，**空間統計学**（**地球統計学**；geostatistics）では，空間データのための幅広い統計解析手法が開発されてきました．最近では，**機械学習**（machine learning）分野で開発されてきた手法の応用も活発化しています．

　本書の主な目的は，関連分野で開発されてきた統計手法を実例とともに幅広く紹介することです．すべての手法を網羅することはできませんが，できる限り幅広い手法に触れていくことを心がけます．参考までに，空間データの統計解析の例を図 1.3 に示します．例えば，「空間パターンの抽出」は生態学や空間疫学の主要なテーマ，「要因分析」や「波及効果の推定」は空間計量経済学の主要なテーマ，「空間予測」や「異種データの統合解析」は空間統計学や機械学習分野で活発に取り組まれているテーマです．もちろん，列挙した以外にもさまざまな分析があります．各分野では，データの背後にある現象を捉えたり要因を分析するために統計手法が用いられてきました．例えば，新型コロナウィルス感染症の例であれば，人口密度や政策などの各種要因が感染拡大に及ぼした影響が評価できます．また，犯罪分析の場合であれば，居住者の属性や土地柄などが犯罪リスクに及ぼした影響が評価でき，社会経済分析の場合であれば，鉄道や店舗の開業が周辺の住宅価格に及ぼした影響が評価できます．本書では，以上のような空間データ分析のための手法を紹介します．

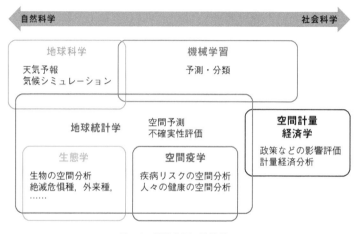

図 1.2　関連分野の位置付け

空間パターンの抽出	絶滅危惧種の鳥の空間分布パターンが知りたい 感染リスクの空間パターンが知りたい
空間予測	宅地価格を見積もりたい 限られた地点における調査結果から，土壌汚染状況を面的に把握したい
波及効果の推定	商業施設の出店が周辺に及ぼす影響が知りたい 鉄道の開業が周辺に及ぼす影響が知りたい
要因分析	病人が多い理由は？　水質は？　食生活は？ 犯罪が多い理由は？
異種データの統合解析	市町村別人口と，気象観測所ごとの酸性雨量データから，市内の酸性雨量を面的に把握したい
不確実性評価	真夏日になる確率を面的に把握したい

図 1.3　空間データの統計解析のよくある目的

第2章

統計学の基本

2.1　本章の目的と概要

　本章では，統計学における基本的な用語を，本書を読み進める上で必要なものを中心に説明します．統計の基礎を習得済みの方は読み飛ばしていただいて結構です．基本事項の簡単な紹介程度にとどめておりますので，統計学についてより詳しく学習したい方は，例えば東京大学教養学部統計学教室(編)『統計学入門』（東京大学出版会）などを参照ください．

2.2　母集団と標本

　調査や観察の対象となる集団全体のことを**母集団**（population）といいます．例えば，日本国民の平均所得が知りたい場合の母集団は全日本国民であり，ある工場で生産されるパンの質が知りたい場合の母集団は同工場で生産されるすべてのパンとなります．残念ながら，母集団を網羅的に調査することは，コストなどの観点で，多くの場合非現実的です．そこで統計学では，母集団の一部である**標本**（sample）から母集団全体の特性を推測します．この母集団から標本を抽出する操作を**標本抽出**（sampling）と呼びます．また，抽出された標本の数は**サンプルサイズ**（sample size）と呼びます．

　抽出された標本に偏りがあると，標本から推測される母集団の特性も偏ります．例えば，国民全体の平均所得が知りたいにもかかわらず，東京都（平均所得が最も高い都道府県）の居住者だけを標本抽出した場合，推定される平均所得は全国平均よりも大きくなるでしょう．標本の偏りを避けるための標本抽出法として，**無作為抽出**（random sampling）が用いられます．無作為抽出とは，くじ引きやルーレットのようにランダムに標本を抽出する方法です．仮説検定（2.13 節）のような統計的推論では無作為抽出が仮定されることが多く，本書でも無作為抽出された標本を前提に解説を行います．

2.3　標本とデータ

　標本の特徴を数値などでまとめたものを，一般に**データ**（data）と呼びます．データには，身長や所得のように，量や密度などを数字で表す**量的データ**（quantitative data）と，血液型や性別のように，分類や種類を表す**質的データ**（qualitative data）があります．空間データのための統計手法には前者を扱うものが多いため，本書でも量的データの分析手法に焦点をあてます．

　量的データには**連続データ**（continuous data）と**離散データ**（discrete data）があります．連続デー

タとは，身長や気温のように連続値をとるデータです．「連続値をとる」とは，連続的に値が変化しており，どこまでも細かく測定可能なことを意味します（例えば170.69721 cmのような身長もありうる）．離散データとは，人口や犯罪件数のような離散値をとるデータであり，0, 1, 2, ...のような飛び飛びの値をとります．データの種類によって用いるべき分析手法は変わるため，データの種類を把握することは重要です．

2.4　標本の平均，分散，共分散

サンプルサイズ N のデータを $x_1, \ldots, x_N$ のように表現すると，その**平均**（mean）は (2.1) 式で，**分散**（variance）は (2.2) 式でそれぞれ定義されます．

$$\overline{x} = \frac{1}{N} \sum_{i=1}^{N} x_i \tag{2.1}$$

$$s_x^2 = \frac{1}{N} \sum_{i=1}^{N} (x_i - \overline{x})^2 \tag{2.2}$$

$\sum_{i=1}^{N} \bullet$ はシグマ記号と呼ばれる足し算の演算子で，$\sum_{i=1}^{N} x_i$ は「i が 1 から N になるまで，x_i を足し合わせる」ことを意味します．つまり $\sum_{i=1}^{N} x_i = x_1 + x_2 + \ldots + x_N$ です．分散はばらつきの指標で，観測値が平均値付近に集中しているほど小さくなり，平均から離れた観測値が多いほど大きくなります．標本に対する平均と分散であるため，$\overline{x}$ は**標本平均**（sample mean），s_x^2 は**標本分散**（sample variance）とも呼ばれます．分散は 2 乗値であるため，もともとの観察値 x_i とは単位が異なります．そのため，観察値と同じ単位でばらつきを評価するために，分散の平方根である**標準偏差**（standard deviation）$s_x = \sqrt{s_x^2}$ が用いられます．

　一方，2 つのデータ $x_1, \ldots, x_N$ と $y_1, \ldots, y_N$ の関連の強さの指標として，**共分散**（covariance）が使われます（(2.3) 式）．

$$s_{x,y} = \frac{1}{N} \sum_{i=1}^{N} (x_i - \overline{x})(y_i - \overline{y}) \tag{2.3}$$

$\overline{y}$ はデータ y_i の標本平均です．共分散が正であることは「x_i が大きい時に y_i も大きくなる」という傾向があることを，負であることは「x_i が大きい時に y_i は小さくなる」という逆の傾向があることを意味します．なお，共分散はデータの単位によっても変わるため，その解釈には注意が必要です．例えば，x_i の単位を km から m にした場合，$s_{x,y}$ は 1,000 倍になります．

　解釈性を高めるために，−1 以上 1 以下の値をとるように共分散を調整した**相関係数**（correlation coefficient）が用いられます．相関係数は以下で定義されます．

$$Corr[x_i, y_i] = \frac{\sum_{i=1}^{N} (x_i - \overline{x})(y_i - \overline{y})}{\sqrt{\sum_{i=1}^{N} (x_i - \overline{x}) \sum_{i=1}^{N} (y_i - \overline{y})}} \tag{2.4}$$

上式は，共分散 $Cov[x_i, y_i]$ から標準偏差 s_x と s_y を割ることで得られます．「x_i が大きい時に y_i も大きくなる」傾向を「正の相関」といい，この傾向が強いほど相関係数は 1 に近づきます．反対に「x_i が大きい時に y_i は小さくなる」という逆の傾向を「負の相関」といい，この傾向が強いほど相関係数は -1 に近づきます．どちらの傾向もみられない場合は「無相関」といい，相関係数は 0 付近の値をとります（図 2.1）．なお，(2.4) 式は厳密にはピアソンの積率相関係数と呼ばれるものです．他の相関係数も存在しますが，本書では触れないため，以降では (2.4) 式を単に相関係数と呼ぶこととします．

　以上で紹介したような標本の特徴を要約する数を，**要約統計量**（summary statistics）または記述統計量と呼びます．詳細は割愛しますが，中央値や最頻値など，紹介した以外にも数多くの要約統計量が存在します．

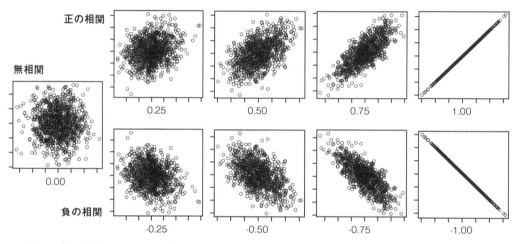

図 2.1 相関係数のイメージ．各パネルの横軸は x_i，縦軸は y_i です．各パネルの下の数値は相関係数を表します．

2.5 確率と確率変数

　母集団の特性を限られた標本から推測するために，母集団がなんらかの確率的規則に従うことが仮定されます．**確率**（probability）とはある事象の起こりやすさを数値で表した指標であり，次の 3 つの確率の公理を満たすものとされます．

- [i] ある事象が起こる確率は 0 以上 1 以下である
- [ii] 起こりうる全事象を S とすると，S が起こる確率は 1 である
- [iii] A と B が排反事象（同時には起こらない事象）であるとき，A または B となる確率は，A となる確率と B となる確率の和である

　例えば，サイコロの出目を考えます．サイコロの各目が出る確率は以下の通りです．

表 2.1　サイコロの各目の出る確率

サイコロの目	1	2	3	4	5	6
確率	1/6	1/6	1/6	1/6	1/6	1/6

出目は 1 〜 6 の 6 種類であり，これが全事象 S です．[ii] より，サイコロの目が 1 〜 6 のいずれかとなる確率は 1 です．また「出目が 1 になること」と「出目が 2 になること」は同時には起こらない排反事象なので，出目が 1 または 2 になる確率は，[iii] より「1 になる確率 +2 になる確率」となり，2/6＝1/3 となります．

　値が確定しておらず，いろいろな値がとれる数のことを**変数**（variable）といい，うち確率的に値が決まるものは**確率変数**（random variable）といいます．特に，サイコロの目のように離散値をとる確率変数は離散確率変数，連続値をとる確率変数は連続確率変数と呼びます．例えば，ある人の 100 m 走のタイムは，体調次第で 14.56 秒にも 13.96 秒にもなる連続確率変数とみなせます．本書では，連続確率変数は**連続変数**（continuous variable），離散確率変数は**離散変数**（discrete variable）と呼びます．

2.6　確率分布

　確率変数の値の出やすさを表すために，**確率分布**（probability distribution）が用いられます．例えばサイコロの各目の出る確率は 1/6 ですが，このことは確率分布を用いて図 2.2(左) のように図示できます．横軸は値，縦軸は各値の出現確率であり，確率の性質 [ii] よりその総和は 1 となります．この分布のように，離散変数の値の出やすさを表す分布は**離散確率分布**（discrete probability distribution）と呼びます．市区町村ごとの犯罪件数や患者数など，位置情報を持つ離散データも数多く存在し，それらを分析するためにも離散確率分布が用いられます．

　一方，連続変数である 100 m 走のタイムの相対的な出やすさは，図 2.2(右) のように表現できます．この図から「14 秒付近の値が出やすいこと」や「おおむね 12 秒から 16 秒の間となること」などが確認できます．この図のような連続変数の各値の出やすさを表す分布は，**連続確率分布**（continuous probability distribution）と呼びます．

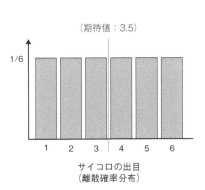
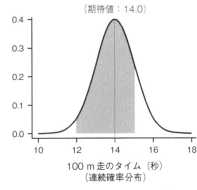

図 2.2　離散確率分布と連続確率分布の例．なお，右図では平均 14，分散 1 のガウス分布（2.9 節参照）を用いました．

　連続変数がとりうる値は無限に存在するため，離散確率分布のように値ごとの出現確率を評価することはできません．そこで，連続確率分布では区間を使って確率を評価します．具体的には，横軸の値aから値bまでの区間を$[a, b]$と表現すると，区間$[a, b]$における連続確率分布の面積は，連続変数が同区間内の値をとる確率を表します．例えば，区間 $[12, 15]$ の面積（図 2.2(右) の灰色領域の面積）は約 0.82 となりますが，このことは，100 m 走のタイムが 12 秒以上 15 秒以下となる確率が 82 ％であることを意味します．同様に，12 秒以下の面積が約 0.02 であることは 12 秒以下となる確率が約 2 ％であることを，15 秒以上の面積が約 0.16 であることは 15 秒以上となる確率が約 16 ％であることを意味します．確率の性質 [ii] より，区間 $[-\infty, \infty]$ における連続確率分布の面積は 1 です（$0.82 + 0.02 + 0.16 = 1.00$）．

2.7　確率変数の期待値と分散

　確率分布を導入することで各値の出やすさが決まりました．これにより，確率変数の平均が推定可能になります．ただし，標本とは異なり確率変数の値は未知のため，標本平均の計算式である (2.1) 式を使うことはできません．そこで，代わりに**期待値**（expectation）を使います．期待値とは確率変数の平均を表す値で，変数xの期待値は$E[x]$と書きます．離散確率変数の期待値は以下の式で定義できます．

$$E[x] = \sum_{m=1}^{M} P(X_m) X_m \tag{2.5}$$

$X_1, \ldots, X_M$はxがとりうる値を表し，$P(X_m)$は変数xがX_mとなる確率を表します．例えばサイコロの例であれば，とりうる値は 1, 2, 3, 4, 5, 6 であり，それぞれの出現確率は $1/6$ なので，サイコロの出目Xの期待値は以下の通り 3.5 となります（図 2.2(左)）.

$$\begin{aligned} E[X] &= \left(\frac{1}{6}\right)1 + \left(\frac{1}{6}\right)2 + \left(\frac{1}{6}\right)3 + \left(\frac{1}{6}\right)4 + \left(\frac{1}{6}\right)5 + \left(\frac{1}{6}\right)6 \\ &= 3.5 \end{aligned} \tag{2.6}$$

連続確率変数の場合，とりうる値は有限ではないため，(2.5) 式のシグマ記号を積分に置き換えた以下の式で期待値を求めます．

$$E[x] = \int_{-\infty}^{\infty} P(X) X \, dX \tag{2.7}$$

　一方，確率変数の分散は以下の式で定義されます．

$$Var[x] = E[(x - E[x])^2] \tag{2.8}$$

$Var[x]$は，期待値$E[x]$から離れた値をとりやすいほど大きくなるばらつきの指標です．なお，母集団の平均$E[x]$は母平均，分散$Var[x]$は母分散とも呼ばれます．分散の平方根をとることで得られる

量 $SE[x] = \sqrt{Var[x]}$ は**標準誤差**（standard error）と呼ばれます．標準偏差が標本に対するばらつきの指標であるのに対し，標準誤差は確率変数に対するばらつきの指標です．

また，変数 x と y の共分散は以下の式になります．

$$Cov[x, y] = E[(x - E[x])(y - E[y])] \tag{2.9}$$

標本に対する共分散と同様，変数 x と y に共通の傾向がある場合には正，逆の傾向がある場合は負となります．

2.8　確率分布と母集団

古典的な統計学では，母集団がなんらかの確率分布に従うと仮定します．例えば 100 m 走の例であれば，標本として得られる各 100 m 走のタイムの背後には図 2.2(右) のような確率分布に従う母集団が控えており，同母集団（確率分布）からの無作為抽出によって各走者のタイムが決まっていると仮定します．この仮定の下で，標本データからその背後にある母集団の確率分布や特性を推定することが，統計分析の主な目的です．

残念ながら，限られた標本から母集団の分布を特定することは容易ではありません．そこで問題を簡単にするために，**パラメータ**（parameter）によって形が決まる確率分布の型をあらかじめ用意しておき，パラメータを推定することで確率分布の具体的な形を推定することにします．代表的な連続確率分布の型にはガウス分布があり，そのパラメータは平均と分散です．また，代表的な離散確率分布にはポアソン分布があり，そのパラメータは平均（＝分散）です．2.9 節ではガウス分布を，2.10 節ではポアソン分布を紹介します．

2.9　ガウス分布

ガウス分布（Gaussian distribution）または**正規分布**（normal distribution）とは，連続変数に対する代表的な確率分布の一つです．変数 x が平均 μ，分散 σ^2 のガウス分布に従うことは，$x \sim N(\mu, \sigma^2)$ と表現します．「$\sim$」は特定の分布に従うという意味です．なお，平均 0，分散 1 のガウス分布を**標準正規分布**（standard normal distribution）と呼びます．

一般に，連続確率分布に従う変数の，各値の相対的な出やすさを表す関数は**確率密度関数**（probability density function）と呼ばれます．ガウス分布の確率密度関数は以下の式で与えられます．

$$p(x|\mu, \sigma^2) = \frac{1}{\sqrt{2\pi\sigma^2}} \exp\left(-\frac{(x - \mu)^2}{2\sigma^2}\right) \tag{2.10}$$

$p(x|\mu, \sigma^2)$ は，μ，σ^2 が与えられた下での変数 x の各値の出やすさを表します．μ と σ^2 を変えながら，(2.10) 式を用いてガウス分布をいくつか描画しました（図 2.3）．この図からもわかるように，ガウス分布は平均 μ を中心としたつりがね型の分布であり，分布の幅（変数 x のばらつき）は分散 σ^2 に

依存します．標本から μ と σ^2 を推定することで，母集団が従うガウス分布が推定できます．

　自然界・人間界のさまざまな現象に対して，ガウス分布はよくあてはまるといわれます．そのため，ガウス分布は幅広い分野で用いられており，空間データを解析する際にも広く用いられています．

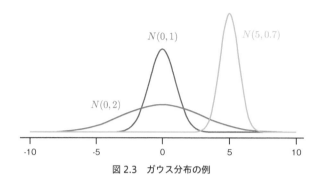

図 2.3　ガウス分布の例

2.10　ポアソン分布

ポアソン分布（Poisson distribution）はカウントデータのための代表的な離散確率分布で，一定時間内における事象の発生回数を表す分布として提案されました．今日では人口，犯罪件数，自動車台数のようなカウントデータの分析に広く用いられています．

　変数 x がポアソン分布に従うことは $x \sim Poisson(\lambda)$ のように書けます．λ はポアソン分布の平均を表すパラメータです．また，ポアソン分布の平均は分散と等しいため，λ は分散も表します．離散確率分布の各値の出やすさは**確率質量関数**（probability mass function）と呼ばれますが，ポアソン分布の確率質量関数は以下の式で与えられます．

$$p(x = X | \lambda) = \frac{\exp(-\lambda)\lambda^X}{X!} \tag{2.11}$$

(2.11) 式は，λ が与えられた下で変数 x の値が X となる確率 $p(x = X|\lambda)$ を表す関数です．パラメータ λ の値を変えながらポアソン分布をいくつかプロットしました（図 2.4）．この図からも分かる通り，ポアソン分布はゼロ以上の値をとり，λ が小さいほど左に偏っており，大きくなるにつれてガウス分布と似た対称な分布に近づきます．カウントデータから λ を推定することで，もっともらしい母集団の分布が推定できます．

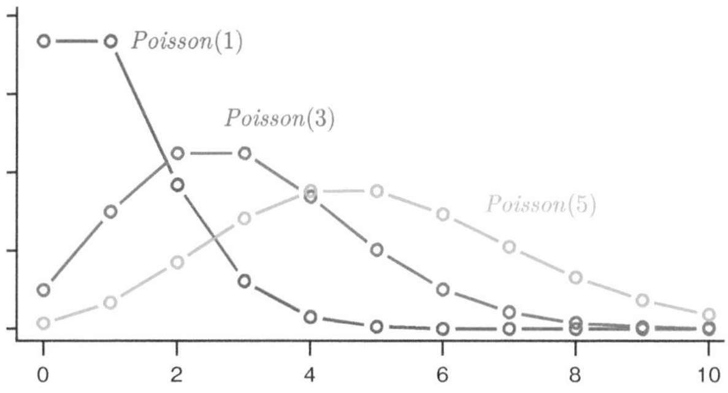

図 2.4　ポアソン分布の例

2.11　パラメータの点推定

　母集団になんらかの確率分布を仮定した後は，母集団の特徴を最もよく捉えるようなパラメータを標本データ $x_1, \ldots, x_N$ から推定します．例えば，ガウス分布を仮定した場合は μ と σ^2 を，ポアソン分布の場合は λ を推定します．本節では，パラメータを一つの値で推定する**点推定**（point estimation）について紹介します．

　パラメータには，母集団全体のデータがあるとしたら得られるような**真値**（true value）が存在するはずですが，標本が限られている以上，真値を誤差なく求めることは困難です．そこで，真値にできるだけ近い値を与えるような推定式を導出します．標本データ $x_1, \ldots, x_N$ からパラメータを推定するための推定式は**推定量**（estimator）と呼ばれます．一般に，パラメータ θ の推定量やそこから得られる推定値は $\widehat{\theta}$ のように表現します．θ の上に追加した記号は「ハット」と呼びます．真値が唯一の値であるのに対し，推定値は抽出された標本が変わるたびに変わります．したがって，推定値，ひいては推定量はなんらかの分布に従うことになるという点にご注意ください（例えば，2.12 節で説明する通り，平均に関するパラメータの推定値はガウス分布に従うことになります）．

　多くの場合，推定量 $\widehat{\theta}$ は以下の 3 つを満たすように導出されます．

- **不偏性**（unbiasedness）：推定量の期待値がパラメータの真値 θ に一致すること．つまり，$E\left[\widehat{\theta}\right] = \theta$ が満たされること
- **有効性**（efficiency）　：推定量の分散が最小となること
- **一致性**（consistency）　：サンプルサイズが大きくなるにつれて，パラメータが真値に収束すること

各性質のイメージは図 2.5 の通りです．無作為抽出で標本を選び直すたびに推定値は変わりますが，不偏性が満たされていれば，その期待値は真値に一致します．例えば図 2.5(左) の推定量 $\widehat{\theta}_1$ の期待値 $E\left[\widehat{\theta}_1\right]$ は，真値 θ に一致しており不偏性を有します．$\widehat{\theta}_1$ のような不偏性を有する推定量は**不偏推定量**（unbiased estimator）と呼ばれます．一方，$\widehat{\theta}_2$ の期待値 $E\left[\widehat{\theta}_2\right]$ は真値 θ と一致しないため，不偏ではありません．この期待値と真値の差 $E\left[\widehat{\theta}_2\right] - \theta$ を**バイアス**（bias）と呼びます．$\widehat{\theta}_2$ のように期待値が過小な場合は下方バイアス，過大な場合は上方バイアスと呼びます．

不偏性が満たされたとしても，標本が変わるごとに推定値が大きく変わってしまっては使い物になりません．有効性とは，このような推定量の分散（ばらつき）が最小であり，標本が変わったとしても，毎回真値付近の値をとる性質を意味します（図2.5(中)）．有効性を有する推定量を**有効推定量**(efficient estimator）と呼びます．

一致性とは，サンプルサイズが大きくなるにつれてパラメータ推定値が真値に収束していく性質のことです．例えば図2.5(右)の$\widehat{\theta}_1$は，サンプルサイズが増加するに従って真値に収束していることが確認でき，一致性を有することが確認できます．一致性を有する推定量は**一致推定量**（consistent estimator）といいます．

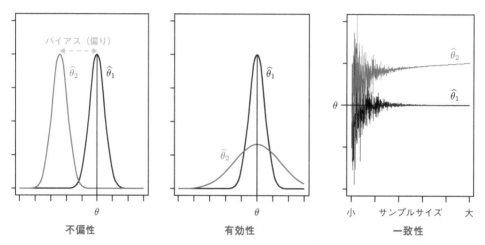

図 2.5　推定量に望まれる性質．パラメータの真値をθ，性質を満たす推定量を$\widehat{\theta}_1$，満たさない推定量を$\widehat{\theta}_2$としました．左と中央の図の山は推定量の確率分布を表します．

具体例として，3条件を満たすようなガウス分布の平均と分散の推定量を求めると，それぞれ以下になります．

$$\widehat{\mu} = \frac{1}{N} \sum_{i=1}^{N} x_i \tag{2.12}$$

$$\widehat{\sigma}^2 = \frac{1}{N-1} \sum_{i=1}^{N} (x_i - \widehat{\mu})^2 \tag{2.13}$$

母集団に対する平均の推定量 (2.12) 式は標本平均に一致します．一方，分散の推定量$\widehat{\sigma}^2$は標本分散とは異なり，分母が$N-1$になります．これは，(2.13) 式に$\widehat{\mu}$が含まれていることに起因します．$\widehat{\mu}$がわかっている場合，標本内の$N-1$個の値が確定した段階で残りの1つの値は確定します（$N-1$個の標本と$\widehat{\mu}$から逆算可能であるため）．言い換えると，$\widehat{\mu}$を含んだ結果，自由に値をとることのできる標本の数が1つ減るため，分母は実効的なサンプルサイズである$N-1$となります．今回の$N-1$のように自由に決めることのできる値の数を**自由度**（degrees of freedom; DF）と呼びます．自由度

はパラメータのばらつきを偏りなく推定して，後述の仮説検定などを適切に行うために特に重要です．

　なお，(2.13) 式は不偏性を満たす分散推定量であるため**不偏分散**と呼ばれます．標本分散は母集団の分散に対する不偏性を満たさないため，標本データの分散を求める場合は標本分散，母集団の分散を求める場合は不偏分散と使い分ける必要があります．

2.12　パラメータの区間推定

　標本が変わるたびにパラメータの推定値は変化します．したがって，すでに図 2.5 で例示したように，パラメータ推定値もまたなんらかの確率分布に従うことになります．平均に関するパラメータの確率分布を考える上での強力な定理に，**中心極限定理**（central limit theorem）があります．この定理は「平均 μ，分散 σ^2 であれば，どのような分布でも，そこから無作為抽出した標本 N 個の標本平均 $\widehat{\mu}$ の分布は，N を大きくするにつれてガウス分布 $\widehat{\mu} \sim N(\mu, \frac{\sigma^2}{N})$ に近づく」というものです．この定理に従えば，基本的にはどのような標本データでも，十分な数の標本を無作為抽出すれば，平均パラメータの推定量 $\widehat{\mu}$ は必ずガウス分布となります．このことを利用すると，次章で紹介する回帰係数をはじめ，平均に関する多くのパラメータの推定量がガウス分布に従うことが示せます．

　推定量の分布がわかれば，同推定量が区間 $[a, b]$ で値をとる確率が評価でき（2.6 節参照），このことを利用すると，パラメータの真値を $(100 - \alpha)$ ％の確率で含む区間 $[a, b]$ を推定することもできます．例えば「母平均 μ は 95 ％の確率で区間 $[13, 15]$ で値をとる」などです．このような幅を持たせてパラメータを推定する方法を**区間推定**（interval estimation）と呼びます．伝統的に 95％の確率で値の入る区間である **95 ％信頼区間**（95 ％ confidence interval）が使われることが多く，90 ％信頼区間（より狭い）や 99 ％信頼区間（より広い）もよく使われます．

　中心極限定理で得られた $\widehat{\mu} \sim N(\mu, \frac{\sigma^2}{N})$ を利用すると，母平均 μ の $(100 - \alpha)$ ％信頼区間は以下になります．

$$\left[\widehat{\mu} - z_\alpha \sqrt{\frac{\sigma^2}{N}}, \quad \widehat{\mu} + z_\alpha \sqrt{\frac{\sigma^2}{N}} \right] \tag{2.14}$$

上式は標準正規分布 $N(0, 1)$ の $(100 - \alpha)$ ％信頼区間 $[-z_\alpha, z_\alpha]$ をもとに評価されます．例えば，95 ％信頼区間の場合は $z_5 = 1.96$ です．z_α の値を α ごとにまとめた表は標準正規分布表と呼ばれ，同表から得られた値を (2.14) 式に代入することで，母平均の信頼区間が評価されます．

　(2.14) 式内の母分散 σ^2 の値は実際にはわからないため，σ^2 を不偏分散 $\widehat{\sigma}^2$ で置き換えて区間推定します．σ^2 とは異なり推定量である $\widehat{\sigma}^2$ は，それ自体がばらつきを持ちます．結果として，$\widehat{\mu}_t$（を基準化したもの）は，**t 分布**（t distribution）と呼ばれるガウス分布よりも少し裾の広い分布（図 2.6）に従うことになり，信頼区間は少し広がります．具体的な $100 - \alpha$ ％信頼区間は以下の式で与えられます．

$$\left[\widehat{\mu} - t_\alpha^{(DF)} \sqrt{\frac{\widehat{\sigma}^2}{N}}, \quad \widehat{\mu} + t_\alpha^{(DF)} \sqrt{\frac{\widehat{\sigma}^2}{N}} \right] \tag{2.15}$$

$t_\alpha^{(DF)}$ は t 分布をもとに与えられる定数で，α と自由度（DF）ごとに値を持ちます．$\hat{\sigma}^2$ に推定量 $\hat{\mu}$ が含まれるため，自由度は $DF = N - 1$ となります（(2.13) 式参照）．例えば，サンプルサイズ N が 10（自由度 9）で 95 ％信頼区間を求める場合，$t_5^{(9)} = 2.2622$ です．$t_\alpha^{(DF)}$ の値を α ごと・自由度ごとにまとめた表は t 分布表と呼ばれ，同表を参照することで信頼区間が求められます．

なお，サンプルサイズ（自由度）が大きくなるにつれて t 分布はガウス分布に近づくため，N が大きい場合は (2.14) 式でも (2.15) 式でも区間の推定結果はほぼ同じになります．

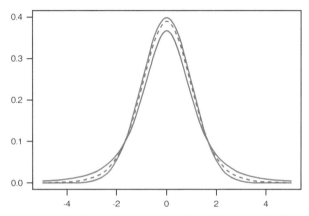

図 2.6　ガウス分布と t 分布の比較．灰色はガウス分布 $N(0, 1)$，青点線は自由度 10 の t 分布，青実線は自由度 3 の t 分布です．自由度 10 の t 分布の方がガウス分布により近いことが確認できます．

2.13　仮説検定

いま，新規開業した鉄道沿線の 10 地点の地価を調査したところ，鉄道開業後に標本平均が 1 万円上昇していたとします．確かに 1 万円の上昇はありましたが，その値は標本（今回の場合は調査地点）が変わるたびに変化します．果たして標本平均の 1 万円の上昇をもって「沿線地価が変化した」と主張してよいのでしょうか．このことを確認するために**仮説検定**(hypothesis testing)が役に立ちます．

仮説検定では，**帰無仮説**（null hypothesis）と**対立仮説**（alternative hypothesis）のどちらが正しいのかを標本データから推測することで主張の正否を判定します．帰無仮説とは文字通り無に帰したい仮説であり，この仮説を棄却する（誤りであることを示す）ことで，主張の正当性を示します．例えば「地価が変化した」という仮説を検定する場合の帰無仮説は，「地価は変化していない」です．一方，対立仮説は帰無仮説と逆の仮説であり，上の例であれば「地価は変化した」となります．帰無仮説が棄却された場合は「地価が変化した」という対立仮説が採択され，帰無仮説が棄却されない場合は「地価は変化したとはいえない」という結論になります．

この話を一般化し，「パラメータ θ は 0 ではない」という主張に対する仮説検定を考えます．上の例の場合，θ は地価の変化額です．仮説検定は次のような手順で行われます．

(1) 帰無仮説と対立仮説の設定

(2) 有意水準の決定

(3) 検定統計量の計算

(4) 判定

手順 (1) の帰無仮説は「$\theta = 0$ である」，対立仮説は「$\theta = 0$ でない」となります．手順 (2) の**有意水準**（significance level）とは判定を行う基準となる確率で，誤判定を招かないように設定されます．仮説検定における誤判定には以下の 2 つがあります．

- 第 1 種の過誤（type I error）：帰無仮説が正しいにもかかわらず帰無仮説を棄却
- 第 2 種の過誤（type II error）：帰無仮説が誤りであるにもかかわらず帰無仮説を採択

一般に，前者は「効果（や変化）がない（例：$\theta = 0$）にもかかわらず，あると判定してしまう誤り」，後者は「効果があるにもかかわらず，ないと判定してしまう誤り」です．有意水準とは，第 1 種の過誤の発生確率を表します．そのため，有意水準は小さく設定する必要がありますが，0 ％ にしてしまうと必ず帰無仮説が採択されることになり，検定になりません．そのため，伝統的に有意水準は 5 ％ に設定されることが多く，より厳しい基準で効果の存在を示したい場合は 1 ％，その逆の場合は 10 ％ が用いられることが多いです．

　手順 (3) では検定のための統計量である**検定統計量**（test statistic）を求めます．検定統計量は問題設定によって使い分ける必要がありますが，推定量 $\widehat{\theta}$ がガウス分布に従い，かつその分散がわかっている場合は，以下で定義される **z 値**（z-value）が使えます．

$$z = \frac{\widehat{\theta} - \theta_0}{\sqrt{\sigma_{\widehat{\theta}}^2}} \tag{2.16}$$

θ_0 は帰無仮説で主張する値であり，今回の例の場合 $\theta_0 = 0$ です．帰無仮説が正しい場合，z 値は標準正規分布に従うこととなり，$(100 - \alpha)$ ％ 信頼区間は $[-z_\alpha, z_\alpha]$ となります．言い換えれば，帰無仮説が正しい場合，z 値が $(100 - \alpha)$ ％ 信頼区間の外側で値をとる確率は α ％ です．例えば，帰無仮説が正しい場合，z 値が 95 ％ 信頼区間の外側で値をとる確率はわずか 5 ％ です．したがって，z 値がこの区間の外で値をとった場合は帰無仮説は誤りである可能性が高いです．この性質を利用して，**z 検定**（z-test）では，z 値が $(100 - \alpha)$ ％ 信頼区間の外側に入る場合は帰無仮説を棄却して「効果あり」という対立仮説を採択します．反対に z 値が $(100 - \alpha)$ ％ 信頼区間の内側に入る場合は帰無仮説が棄却できず，「効果があるとはいえない」と判定します．まとめると，有意水準 α ％ の仮説検定では，$100 - \alpha$ ％ 信頼区間が帰無仮説の採択域，その外が棄却域となります（図 2.7 (左)）．

　残念ながら，通常，推定量の分散 $\sigma_{\widehat{\theta}}^2$ は事前にはわかりません．そのような場合，推定量の分散を不偏分散 $\widehat{\sigma}_{\widehat{\theta}}^2$ で置き換えることで定義される **t 値**（t-value）を用いる **t 検定**（t-test）が使えます．

$$t = \frac{\widehat{\theta} - \theta_0}{\sqrt{\widehat{\sigma^2_{\widehat{\theta}}}}}$$

(2.17)

帰無仮説の下では，t 値の $100 - \alpha$ ％信頼区間は $[-t_\alpha^{(DF)}, t_\alpha^{(DF)}]$ となります．例えば，自由度 9，有意水準 5 ％の場合の信頼区間は $[-2.2622,\ 2.2622]$ です．z 検定と同様，標本データから得られた t 値が $(100 - \alpha)$ ％信頼区間の外側に入る場合は，有意水準 α ％で帰無仮説は棄却され，「効果あり」という対立仮説が支持されます．反対に $(100 - \alpha)$ ％信頼区間に入る場合は，帰無仮説は棄却できず「効果があるとはいえない」と判定します．

以上では「$\theta = 0$ である」のような仮説を検定しましたが，例えば「$\theta > 0$ である」のような一定以上（または以下）であるかについての検定も可能です．前者のような，θ の両側に棄却域がくる仮説検定は**両側検定**（two-sided test）と呼びます（図 2.7(右)）．一方で，後者では棄却域は上側でのみ定義されます．このような検定は**片側検定**（one-sided test）と呼びます（図 2.7）．本書では特に断りがない限り両側検定を行います．

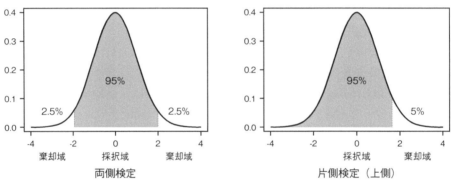

図 2.7 採択域（灰色）と棄却域（白色）のイメージ

2.14 尤度

2.11 節では，母集団がガウス分布に従うことを仮定した上で，標本データ $x_1, \ldots, x_N$ から母集団の分布 $x \sim N(\widehat{\mu}, \widehat{\sigma}^2)$ を推定しましたが，推定された分布のあてはまりのよさを評価するために**尤度**（likelihood）が役立ちます．尤度とは，確率分布からの無作為抽出によって標本データ $x_1, \ldots, x_N$ が生成される確率を表す量であり，尤度が大きいことは，データに対するあてはまりのよい分布であることを意味します．パラメータの集合を $\boldsymbol{\theta}$ とすると尤度は $p(x_1, \ldots, x_N | \boldsymbol{\theta})$ のように表現できます．ここで $A|B$ は「B が与えられた（すでにわかっている）下での A」を表します．一例としてガウス分布 $N(\mu, \sigma^2)$ を考えます．パラメータは $\boldsymbol{\theta} \in \{\mu, \sigma^2\}$ です．この例の場合，各標本が独立と仮定すると，$p(x_1, \ldots, x_N | \boldsymbol{\theta}) = p(x_1 | \boldsymbol{\theta}) p(x_2 | \boldsymbol{\theta}), \ldots, p(x_N | \boldsymbol{\theta})$ のように分解できます．$p(x_i | \boldsymbol{\theta})$ はパラメータ $\boldsymbol{\theta}$ が与えられた下での標本 x_i の出やすさを表し，同様の出やすさを標本ごとに評価して，その積をとったものが尤度となります（各標本が独立な場合）．具体的なイメージについては図 2.8 を参照ください．

尤度は分布の山の高い位置に観測値が分布しているほど大きくなります（例えば図 2.8(左)）．

なお，尤度を最大化するようにパラメータを推定する方法は**最尤法**（maximum likelihood method）と呼ばれ，今日広く用いられています．一般に，最尤法の推定量である**最尤推定量**(maximum likelihood estimator) は漸近的（サンプルサイズが十分に大きい時に近似的）に不偏性，有効性，正規性を有することが知られており，標本が大きい場合に性質のよい推定量となります．

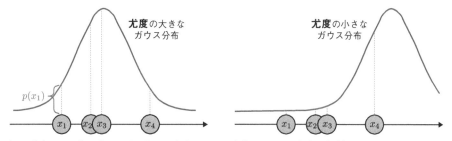

図 2.8 ガウス分布 $N(\mu, \sigma^2)$ のあてはめにおける尤度のイメージ（$p(x_i|\boldsymbol{\theta})$ は $p(x_i)$ と省略）．x_1, x_2, x_3, x_4 は標本であり，その尤度は $p(x_1, x_2, x_3, x_4) = p(x_1)p(x_2)p(x_3)p(x_4)$ となります．図に示したように $p(x_1)$ は x_1 における縦棒の高さを表し，各観測値における縦棒の長さの積で尤度は定義されます．したがって，左のガウス分布の尤度は大きくなり，右のガウス分布の尤度は小さくなります．このように，尤度を用いることで，分布に対するデータのあてはまりのよさが評価できます．

2.15 ベイズ推定

これまでは，標本データを確率変数とみなしてパラメータの真値（定数）を推定したり仮説検定したりする方法を紹介しましたが，このような統計の流儀は頻度論といわれます．一方，今日広く用いられている別のアプローチに**ベイズ統計**(Bayesian statistics)があります．ベイズ統計では，パラメータを確率変数とみなして，標本データ（定数）をもとに確率的な推論を行います．

ベイズ統計では以下の**ベイズの定理**（Bayes's theorem）を使います．

$$p(\boldsymbol{\theta}|\mathbf{x}) = \frac{p(\mathbf{x}|\boldsymbol{\theta})p(\boldsymbol{\theta})}{\int p(\mathbf{x}|\boldsymbol{\theta})p(\boldsymbol{\theta})d\boldsymbol{\theta}} \tag{2.18}$$

$\mathbf{x} = \{x_1, \ldots, x_N\}$ は標本データ，$p(\mathbf{x}|\boldsymbol{\theta})$ は同データの尤度です．$p(\boldsymbol{\theta})$ は**事前分布**（prior distribution）と呼ばれ，データが与えられる前のパラメータ $\boldsymbol{\theta}$ の分布を表します．$p(\boldsymbol{\theta}|\mathbf{x})$は**事後分布**（posterior distribution）と呼ばれ，データが与えられた下でのパラメータの分布を表します．一般に，事後分布のように A が与えられた下での B の分布は**条件付き分布**（conditional distribution）と呼ばれ，$p(B|A)$ のように表現します．分母は確率の総和を 1 とするための基準化の意味しかないため，無視すると，(2.18) 式は（事後分布）$\propto$（尤度）$\times$（事前分布）となっています（$\propto$ は比例を表す）．ベイズ統計では，この関係をもとに事後分布をデータから推定することで，各種のパラメータに関する推論を行います．

事前分布は，分析者の持つ仮説などを表現する分布です．例えば空間統計分野では，「近所とは性

質が類似するはず」という仮説を表現するために用いられます（詳細は第 10 章参照）．事前分布の選定に際しては，**共役事前分布**（conjugate prior distribution）かどうかが判断基準の一つとなります．共役事前分布とは，事後分布が事前分布と同じ確率の分布になるように設定された事前分布であり，一例は表 2.2 に示す通りです．例えばデータ分布を $x \sim N\left(\mu, \sigma^2\right)$，平均パラメータ μ の事前分布をガウス分布 $\mu \sim N(a, b^2)$ とした場合，μ の事後分布もまたガウス分布 $N\left(\mu_{post}, \sigma_{post}^2\right)$ となります．ただし $\mu_{post} = \left(\frac{N}{\sigma^2} + \frac{1}{b^2}\right)^{-1}\left(\frac{N}{\sigma^2}\widehat{\mu} + \frac{a}{b^2}\right)$，$\sigma_{post}^2 = \left(\frac{N}{\sigma^2} + \frac{1}{b^2}\right)^{-1}$ です．このように，共役事前分布を使えば，事後分布が積分などを含まない形で得られるため事後分布の推定が容易になります．

表 2.2　共役事前分布の例

事後分布	尤度（データ分布）	共役事前分布
ガウス分布	ガウス分布（平均が未知）	ガウス分布
逆ガンマ分布	ガウス分布（分散が未知）	逆ガンマ分布
逆ウィシャート分布	多変量ガウス分布（分散は未知）	逆ウィシャート分布
ガンマ分布	ポアソン分布	ガンマ分布

　上の例では，パラメータ μ の分布を決めるために a や b^2 を仮定しましたが，それらのようにパラメータの事前分布を決めるパラメータは**ハイパーパラメータ**（hyperparameter）と呼ばれます．今回の場合，a はなんらかの事前情報に基づいて与えられる期待値 a で，b^2 はその不確かさを表すものと解釈できます．分散 b^2 が小さいほど事前情報は確からしく，特に $b^2 = 0$ の場合は $\mu_{post} = a$，$\sigma_{post}^2 = 0$ となり，事前情報のみから事後分布が与えられることになります．反対に，b^2 が大きいほど事前情報は不確かであり，特に $b^2 = \infty$ の場合は $\mu_{post} = \widehat{\mu}$，$\sigma_{post}^2 = \sigma^2$ となり，データへのあてはまり（尤度）のみから事後分布が与えられることとなります．多くの場合，ハイパーパラメータは両ケースの中間的な値をとり，事前情報とデータへのあてはまり（尤度）を折衷することで事後分布をモデル化します．

　パラメータの事後分布 $p(\boldsymbol{\theta}|\mathbf{x})$ を推定する代表的な方法に，**マルコフ連鎖モンテカルロ法**（Markov Chain Monte Carlo method; **MCMC 法**）があります．事後分布を求めるには $\int p(\mathbf{x}|\boldsymbol{\theta})p(\boldsymbol{\theta})d\boldsymbol{\theta}$ を求める必要がありますが（(2.18) 式参照），この計算は容易ではありません．そこで MCMC 法では，パラメータのサンプリングを繰り返すことで，事後分布を近似します．MCMC 法の適用に際しては，ハイパーパラメータは事前に値を設定するか，またはそれらにも分布を仮定して他のパラメータと一緒に推定することもできます．後者の場合，モデルには p(データ | パラメータ)p(パラメータ | ハイパーパラメータ)p(ハイパーパラメータ) のような階層性を仮定するため，**階層ベイズモデル**（hierarchical Bayesian model）と呼ばれます．

　ベイズ推定の具体例については 3.10 節などを参照ください．

第3章

回帰モデルの基本

3.1 統計モデルとは

　統計的な仮定をもとに，標本データの背後にある現象を数式で表したものを**統計モデル**（statistical model），あるいは単に**モデル**（model）といいます．例えば，ある店舗の売上yを以下のモデルで表現することを考えます．

$$y = ax \tag{3.1}$$

xは近隣の居住人口，aはパラメータです．(3.1) 式は，居住人口xが1単位増えると売上がa増えることを表します．このようにモデルで現象を記述することを，**モデル化**または**モデリング**（modeling）といいます．無論，モデルは現実を完全に説明するものではなく，あくまでも一定の仮定の下での表現に過ぎないのですが，傾向の把握や問題解決を行う上では役立ちます．

　本章では，基礎的な統計モデルである**回帰モデル**（regression model）とその推定手法について紹介します．なお，回帰モデルによる分析は**回帰分析**（regression analysis）と呼ばれます．

3.2 単回帰モデル

　回帰分析では**説明変数**（explanatory variable）と**被説明変数**（explained variable）の関係を分析します．回帰分析を行うことで，例えば居住人口（説明変数）が店舗売上（被説明変数）に及ぼす影響や，駅までの距離（説明変数）が家賃（被説明変数）に及ぼす影響などが推定できます．

　説明変数が1つの回帰モデルは，**単回帰モデル**（univariate regression model）と呼ばれます．標本データ内のi番目の被説明変数をy_i，説明変数をx_iとすると，単回帰モデルは以下となります．

$$y_i = \beta_0 + \beta_1 x_i + \varepsilon_i \tag{3.2}$$

β_0は**定数項**（intercept），β_1は**回帰係数**（regression coefficient）と呼ばれるパラメータです．図3.1に示すように，定数項β_0は$x_i = 0$の時の被説明変数の期待値を表し，回帰係数β_1は説明変数x_iが1単位増えた時の被説明変数の変化量を表します．例えば，説明変数が居住人口（単位：千人），被説明変数が売上（単位：万円）の場合に回帰係数β_1が5となることは，「居住人口が千人増えた場合，売上は5万円増加する」ことを意味します．図3.1にも示したように，$\beta_0 + \beta_1 x_i$は説明変数から被説明変数を予測する直線であり，**回帰直線**（regression line）とも呼ばれます．

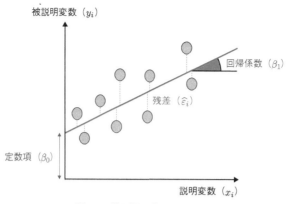

図 3.1　単回帰モデルのイメージ

ε_i は説明変数で説明されない要因を捉える項であり，**誤差項**（error term）と呼ばれます．基本的な回帰分析では次の仮定が置かれます．

$$E\left[\varepsilon_i\right] = 0 \tag{3.3}$$

$$Var\left[\varepsilon_i\right] = \sigma^2 \tag{3.4}$$

$$Cov\left[\varepsilon_i, \varepsilon_j\right] = 0 \tag{3.5}$$

$$Cov\left[x_i, \varepsilon_j\right] = 0 \tag{3.6}$$

(3.4) 式は誤差項の分散が一様に σ^2 であること（等分散性）を，(3.5) 式は誤差項間の共分散は 0 であり，各誤差項は互いに無相関であること（無相関性）を仮定しています．なお，説明変数と誤差項が無相関という性質 (3.6) 式は，通常は自動的に満たされますが，説明変数が確率変数の場合は必ずしも満たされません（第 9 章参照）．

　基礎的な回帰モデルを用いる際は，誤差項の等分散性や無相関性が満たされているかどうかを慎重に確認する必要があります．例えば，図 3.2(中) に示すように，説明変数が大きくなるにつれて誤差項の分散が大きくなるような場合は等分散性が満たされません．また図 3.2(右) に示すように，時刻が近いほど誤差項が類似した値をとりやすいような場合は無相関性が満たされません（時刻の近い誤差項同士が相関を持つため）．同様に，誤差項が特定の地域で高い値をとりやすいような場合も無相関性は満たされず（場所の近い誤差項同士が相関を持つため），この点は空間統計分析で特に問題となります．一般に，誤差項の等分散性や無相関性が満たされない場合，回帰モデルから推定される回帰係数の推定量の有効性が失われ，有意性などが適切に評価されなくなるため，誤差項の分散不均一や誤差項間の相関を考慮したモデルが必要となります．

　仮定 (3.3) 〜 (3.6) 式に加え，誤差項の正規性（ガウス分布に従う性質）(3.7) 式も仮定されます．

$$\varepsilon_i \sim N(0, \sigma^2) \tag{3.7}$$

この仮定は回帰係数の仮説検定や最尤推定を行う際に必要となります．

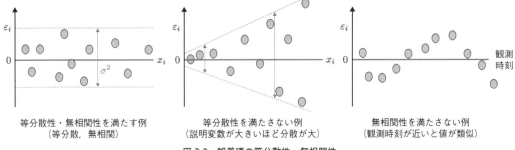

図 3.2　誤差項の等分散性・無相関性

3.3　最小二乗法

$\{\beta_0, \beta_1\}$ になんらかの推定値 $\{\widehat{\beta_0}, \widehat{\beta_1}\}$ が与えられたとすると，被説明変数の予測値は期待値 $\widehat{y_i} = \widehat{\beta_0} + \widehat{\beta_1} x_i$ で与えられます．したがって，観測値 y_i と予測値 $\widehat{y_i}$ とのズレを表す**残差** (residual) (3.8) 式が，誤差項の実現値として得られます（図 3.1）．

$$\widehat{\varepsilon}_i = y_i - \widehat{\beta_0} - \widehat{\beta_1} x_i \tag{3.8}$$

残差が正であることは観測値が予測値より大きいことを（予測値が過小），負であることはその逆を意味します．

通常最小二乗法（ordinary least squares; **OLS**）とは，**残差二乗和**（sum of squared error; **SSE**，(3.9) 式）を最小化することで回帰係数と定数項を推定する方法です．

$$SSE = \sum_{i=1}^{N} \left(y_i - \widehat{\beta_0} - \widehat{\beta_1} x_i \right)^2 \tag{3.9}$$

2 乗することで符号が揃えられるため，大ざっぱにいえば，残差が絶対値でみて小さくなるように定数項と回帰係数が推定されます．SSE を最小化する推定量 $\widehat{\beta_0}$ と $\widehat{\beta_1}$ は以下の式で与えられます．

$$\widehat{\beta_0} = \overline{y} - \overline{x}\widehat{\beta_1}, \qquad \widehat{\beta_1} = \frac{\sum_{i=1}^{N} (x_i - \overline{x}) (y_i - \overline{y})}{\sum_{i=1}^{N} (x_i - \overline{x})^2} \tag{3.10}$$

$\overline{y} = \frac{1}{N} \sum_{i=1}^{N} y_i$, $\overline{x} = \frac{1}{N} \sum_{i=1}^{N} x_i$ です．なお，最小二乗推定量（(3.10) 式）は y_i の加重和の形で書き直すことができ，このような特性を持つ推定量を**線形推定量**といいます．また推定量 (3.10) 式の分散も OLS により得られます．例えば $\widehat{\beta_1}$ の分散の推定量 $\widehat{\sigma}^2_{\beta_1} = Var\left[\widehat{\beta_1}\right]$ は以下の式となります．

$$\widehat{\sigma}^2_{\beta_1} = \frac{\widehat{\sigma}^2}{\sum_{i=1}^{N} (x_i - \overline{x})^2} \tag{3.11}$$

ここで，$\widehat{\sigma}^2 = SSE/(N-1)$ は誤差項の不偏分散です．$\sigma_{\beta_1}^2$ は回帰係数の有意性検定などに用いられます．

　最小二乗法から得られる推定量 (3.10) 式は，誤差項が (3.4)，(3.5)，(3.6) 式を満たす場合，不偏性を有する線形推定量の中で分散を最小化する推定量である**最良線形不偏推定量** (best linear unbiased estimator; **BLUE**) となることが知られています（ガウス - マルコフ定理；Gauss-Markov theorem）．したがって，最小二乗推定量は推定量の望まれる性質である不偏性と有効性を満たします．また，一致性を満たすことも容易に確認できます．このため，最小二乗推定量 $\widehat{\beta}_0$ と $\widehat{\beta}_1$ は望ましい性質を持つ推定量といえます．なお，等分散性 (3.4) 式と無相関性 (3.5) 式のみが満たされない場合，最小二乗推定量は不偏性を満たしますが，有効性は満たされません．この場合，$\widehat{\sigma}_{\beta_1}^2$ が適切に推定されなくなるため，次節で説明する仮説検定は誤った分析結果を与えることになります．(3.6) 式も満たされない場合は不偏性も満たされなくなります．

3.4　パラメータの仮説検定

　第 2 章で標本が変わるたびにパラメータ推定値も変化することを説明しましたが，このことは定数項や回帰係数にもいえます．仮に回帰係数の推定値が 1.0 となったとして，この結果から「回帰係数は 0 ではない」，「説明変数 x_i は y_i に影響している」のように結論付けてよいのでしょうか．このことを確認するために t 検定を使います．

　回帰係数 β_1 に対する仮説検定の帰無仮説と対立仮説は次の通りです．

- 帰無仮説：$\beta_1 = 0$ である
- 対立仮説：$\beta_1 = 0$ でない

誤差項の正規性 (3.7) 式の下では，回帰係数の推定値はガウス分布 $\widehat{\beta}_1 \sim N(\beta_1, \sigma_{\beta_1}^2)$ に従います．このことを利用すると，t 値は次のように定義できます．

$$t = \frac{\widehat{\beta}_1}{\sqrt{\widehat{\sigma}_{\beta_1}^2}} \tag{3.12}$$

単回帰分析において t 値は自由度 $N-2$ の t 分布に従うことが知られています．これは推定量 $\widehat{\sigma}_{\beta_1}^2$ に定数項と回帰係数の推定量が含まれており，自由度が 2 つ失われるためです（有効なサンプルサイズが N から $N-2$ に減少．第 2 章参照）．

　整理すると，単回帰分析では最初に回帰係数と定数項を推定します．推定された回帰係数の有意性検定は，(3.12) 式を用いた t 検定（自由度 $N-2$）により行います．既述の通り，無相関性や等分散性が満たされない場合は有効性が満たされなくなり，$\widehat{\sigma}_{\beta_1}^2$ が適切に推定されなくなるため，誤った仮説検定の結果が得られることとなります．空間データ分析では，この無相関性が満たされないことが，多くの場合問題となります（第 9 章参照）．

3.5　単回帰モデルの精度

推定された単回帰モデルのあてはまりのよさは，以下で定義される**決定係数**（coefficient of determination）で評価できます．

$$R^2 = 1 - \frac{\sum_{i=1}^{N}(y_i - \widehat{y_i})^2}{\sum_{i=1}^{N}(y_i - \overline{y})^2},\tag{3.13}$$

$\sum_{i=1}^{N}(y_i - \overline{y})^2$ は被説明変数の総変動を表します．一方，$\sum_{i=1}^{N}(y_i - \widehat{y_i})^2$ は残差二乗和であり，残差変動を表します．決定係数は総変動に占める残差変動の割合を評価し，0 から 1 の間の値をとります．決定係数が 1 に近いことは残差変動の割合が少なくモデルの精度がよいことを，反対に決定係数が 0 に近いことは残差変動の割合が大きくモデルの精度が悪いことを意味します．

3.6　重回帰モデル

ここまでは説明変数が 1 つの場合の単回帰分析について説明をしました．説明変数が 2 つ以上の場合は，**重回帰分析**（multiple regression analysis）と呼ばれます．重回帰分析で用いられる重回帰モデルは以下のように与えられます．

$$y_i = \beta_0 + \sum_{k=1}^{K} x_{i,k}\beta_k + \varepsilon_i\tag{3.14}$$

上式は K 個の説明変数 $x_{i,1},\ldots,x_{i,K}$ からの影響を，回帰係数 $\beta_1,\ldots,\beta_K$ で推定するモデルです．重回帰モデルの予測値は $\widehat{y_i} = \widehat{\beta_0} + \sum_{k=1}^{K} x_k\widehat{\beta_k}$，残差は $\widehat{\varepsilon_i} = y_i - \widehat{\beta_0} - \sum_{k=1}^{K} x_{i,k}\widehat{\beta_k}$ です．単回帰と同様，定数項と各回帰係数は最小二乗法で推定され，その推定量は BLUE となります．

重回帰の回帰係数の有意性検定にも t 検定を用います．ただし，t 値の評価に用いる分散推定量 $\widehat{\sigma}^2_{\beta_k}$ には，回帰係数 K 個と定数項の各推定量が含まれることになるため，有効なサンプルサイズは $N - (K+1)$ 個まで減少します．したがって，自由度 $N - K - 1$ の t 分布を使います．

単回帰モデルの精度評価には決定係数を使いましたが，決定係数には，説明変数の数を増やすほど値が改善するという特性があるため，いくらでも説明変数を増やすことが可能な重回帰モデルの精度指標としては問題があります．そのため，重回帰モデルの精度評価には**自由度調整済み決定係数**（adjusted R^2; R^2_{adj}）が用いられます．

$$R^2_{adj} = 1 - \frac{N-1}{N-K-1}\frac{\sum_{i=1}^{N}(y_i - \widehat{y_i})^2}{\sum_{i=1}^{N}(y_i - \overline{y})^2},\tag{3.15}$$

自由度調整済み決定係数とは，モデルの自由度を決める K の大きさに応じて決定係数を下方修正することで，モデルの精度を適切に評価しようという指標です．R^2 と同様，R^2_{adj} が 1 に近いことはモデルの精度が良好であることを意味します．なお，R^2_{adj} はおおむね 0 から 1 の間の値をとりますが，

負値をとることもあります．自由度調整済み決定係数はモデル選択（例：どの説明変数を用いるか）などに用いることもできます．

3.7　実用上の注意

　回帰分析の実用に際してはいくつか注意があります．まず，被説明変数と説明変数の関係は必ずしも線形ではありません．例えば，図 3.3 のように非線形な関係があるかもしれません．回帰分析に際しては，まずは説明変数を横軸，被説明変数を縦軸としてプロットしてみるなどして変数間に線形関係があるかを確認し，必要に応じて，被説明変数または説明変数（あるいは両方）に対して対数変換などの変換を行うことで，変数間の関係を線形に近づけることが望ましいです．なお，第7部で紹介する加法モデルなどを用いて，非線形な関係を直接推定することもできます．

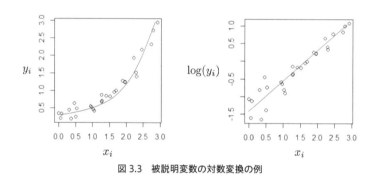

図 3.3　被説明変数の対数変換の例

　また，できる限り誤差項が等分散性や無相関性を満たすようにモデルを立てる必要があります．残差のプロットは，それらの性質が満たされているかを事後的に確認する上で役立ちます．例えば横軸を説明変数の値，縦軸を残差の値として2次元プロットを作成した時に，説明変数 x_i が大きくなるにつれて残差のばらつきが大きくなるような傾向がみられた場合は，誤差項は等分散性を満たしていないことが疑われます．このような場合，以下の式のように重み ω_i を用いて分散の違いを明示的に考慮する必要があります．

$$y_i = \beta_0 + \beta_1 x_i + \varepsilon_i \qquad E\left[\varepsilon_i\right] = 0, \qquad Var\left[\varepsilon_i\right] = \omega_i \sigma^2 \tag{3.16}$$

上の例であれば，重みには x_i を用いることができます．両辺を $\sqrt{\omega_i}$ で割ると以下の式となります．

$$y_i^* = \beta_0 1_i^* + \beta_1 x_i^* + \varepsilon_i \qquad E\left[\varepsilon_i\right] = 0, \qquad Var\left[\varepsilon_i\right] = \sigma^2 \tag{3.17}$$

$y_i^* = \frac{y_i}{\sqrt{\omega_i}}$, $1_i^* = \frac{1_i}{\sqrt{\omega_i}}$, $x_i^* = \frac{x_i}{\sqrt{\omega_i}}$ です．上式は等分散性を仮定する通常の回帰モデルと同一です．そのため，被説明変数を y_i^*，説明変数を 1_i^* と x_i^* とした通常の回帰モデル (3.17) 式に最小二乗法を適用することで，分散不均一性を考慮したモデル (3.16) 式の回帰係数が推定できます．以上のように重みを調整して回帰係数を推定する方法は，**重み付き最小二乗法**（weighted least squares; **WLS**）と呼ばれます．

また，誤差項（残差）の無相関性が満たされない場合は，残差間の相関を明示的に考慮する必要があります．特に空間データの場合，地理的に近接した 2 地点における残差は似た値となる場合が多いため，残差が近所と強く相関するという性質を仮定したモデルが用いられます．このことについては第 8 章以降に詳しく説明します．

上記以外の注意点に，**多重共線性**（multicollinearity）があります．これは 2 つ以上の説明変数間に強い相関関係がみられることです．例えば，住宅価格を分析するための回帰モデルで，駅までの直線距離と駅までの道路距離の両方を説明変数とした場合，両者間には強い相関関係が現れると考えられます．多重共線性がみられる場合，どちらの説明変数からの影響なのかが識別できなくなり，回帰係数の推定値が不安定になります．多重共線性の有無を確認するための統計量に**分散拡大要因**（variance inflation factor; **VIF**）があります．k 番目の説明変数に対する VIF は以下の式で定義されます．

$$VIF\,[x_{i,k}] = \frac{1}{1 - R_k^2} \tag{3.18}$$

R_k^2 は k 番目の説明変数を被説明変数，それ以外の全説明変数を説明変数とする回帰モデルの決定係数です．VIF>5 の場合は多重共線性が疑われ，VIF>10 の場合は深刻な多重共線性があるとされます．特に VIF>10 の場合は，例えば説明変数を減らすなどして VIF が十分に小さくなるように工夫する必要があります．

3.8　具体例

本節では，後の章でも使用するボストン住宅価格データ（Boston housing dataset）を用いて回帰分析の実例を紹介します．なお本章では概要のみを紹介します．データの詳細や実装方法については第 9 章を参照ください．

被説明変数は住宅価格の対数値（単位：1,000 ドル）とします．対数値を使うことにしたのは，実数を用いる場合よりも自由度調整済み決定係数が改善したためです．説明変数は，犯罪率，広い住居率（25,000 平方フィート以上の区画を持つ住居の割合），NOx 濃度（一酸化窒素の濃度（ppm））とします．各説明変数の VIF は犯罪率（1.216），広い住居率（1.592），NOx 濃度（1.364）となり，多重共線性はみられませんでした．

回帰モデルの推定結果は表 3.1 の通りです．**p 値**（p-value）は帰無仮説が正しい確率を表し，t 値から計算されています．p 値が 0.1 以下であれば 10 ％ 水準で，0.05 以下であれば 5 ％ 水準で，0.01 以下であれば 1 ％ 水準で有意な影響があると判定します．p 値から，すべての回帰係数が 1 ％ 水準で統計的に有意となっており，すべての説明変数が住宅価格に影響していると推定されました．また，回帰係数の符号は犯罪率（負），広い住居率（正），NOx 濃度（負）であり，「犯罪が少なく，広い家で，NOx 濃度が低い（空気のきれいな）街区の住宅価格が高い」という直感に合う結果となりました．また，自由度調整済み決定係数からは住宅価格の総変動の約 34.7 ％ が今回の重回帰モデルで説明されたことがわかります（残りの 65.3 ％ は残差変動）．

表 3.1 回帰分析の結果

説明変数	係数	標準誤差	t 値	p 値	有意性
定数項	3.615	0.009	40,83	0.000	***
犯罪率	-0.018	0.002	-10.07	0.000	***
広い住居率	0.003	0.134	-6.36	0.000	***
NOx 濃度	-0.979	0.001	3.53	0.000	***
決定係数	0.398				
自由度調整済み決定係数	0.347				

3.9 最尤法

　回帰モデルは最尤法で推定することもできます．単回帰の場合，最尤法では誤差項に正規性を仮定した以下の式を考えます．

$$y_i = \beta_0 + \beta_1 x_i + \varepsilon_i, \qquad \varepsilon_i \sim N\left(0, \sigma^2\right) \tag{3.19}$$

上式は $y_i \sim N\left(\beta_0 + \beta_1 x_i, \sigma^2\right)$ とも書け，被説明変数 y_i が回帰直線を中心とするガウス分布に従うことを意味します（図 3.4(左)）．図 3.4 の右で示したように，(3.19) 式の最尤推定では，$N(\beta_0 + \beta_1 x_i, \sigma^2)$ に対する各 y_i の尤度（図中の $p(y_i)$）を評価して，それらの積をとることで標本データ全体の尤度を評価します．基礎的なガウス分布のあてはめの場合と同様（2.14 節参照），被説明変数 y_i が分布の中央（回帰直線）付近に集中しているほど尤度が大きくなります．この性質を利用して，最尤法では標本データ全体の尤度 $p(y_1, \ldots, y_N | \beta_0, \beta_1, \sigma^2)$ を最大化することでパラメータを推定します．なお，数値的な安定性などを考慮して，実際には対数尤度 $\log p(y_1, \ldots, y_N | \beta_0, \beta_1, \sigma^2)$ が最大化されることが多いです．

　回帰係数の最尤推定量は最小二乗推定量に一致します．一方，誤差分散の推定量は不偏分散 $\hat{\sigma}^2 = SSE/(N-1)$ ではなく，$\hat{\sigma}^2_{ML} = SSE/N$ となり下方バイアスがかかります．これは最尤推定量の不偏性や有効性が漸近的にしか保証されないためです．最尤法はサンプルサイズ N が十分に大きい場合に用いることが望ましいです．実際，$\hat{\sigma}^2$ と $\hat{\sigma}^2_{ML}$ の差は N が大きくなるにつれて限りなく小さくなります．

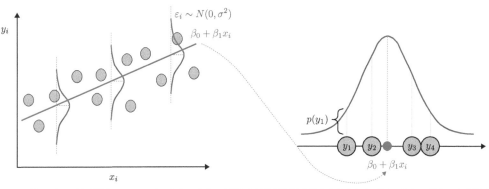

図 3.4　回帰モデルの最尤推定のイメージ．左図のように被説明変数が回帰直線を中心としたガウス分布に従うことを仮定します．その上で右図のように各 y_i に対する尤度 $p(y_i)$（図中の灰色の縦棒の長さ）を評価して，それらの積をとることで標本データ全体の尤度を評価します．

少し一般化して，重回帰モデルを行列表記した以下の式を考えます．

$$\mathbf{y} = \mathbf{X}\beta + \varepsilon, \qquad \varepsilon \sim N\left(\mathbf{0}, \sigma^2 \mathbf{C}\right) \tag{3.20}$$

ただし，

$$\mathbf{y} = \begin{bmatrix} y_1 \\ \vdots \\ y_N \end{bmatrix}, \qquad \mathbf{X} = \begin{bmatrix} 1 & x_{1,1} & \cdots & x_{1,K} \\ \vdots & \vdots & \ddots & \vdots \\ 1 & x_{N,1} & \cdots & x_{N,K} \end{bmatrix}, \qquad \beta = \begin{bmatrix} \beta_1 \\ \vdots \\ \beta_K \end{bmatrix},$$

$$\varepsilon = \begin{bmatrix} \varepsilon_1 \\ \vdots \\ \varepsilon_N \end{bmatrix}, \qquad \mathbf{C} = \begin{bmatrix} c_{1,1} & \cdots & c_{1,N} \\ \vdots & \ddots & \vdots \\ c_{N,1} & \cdots & c_{N,N} \end{bmatrix} \tag{3.21}$$

です．また $\mathbf{0}$ は 0 を並べたベクトルです．(3.20) 式は誤差項の共分散行列 $\mathbf{C}$ を明示した回帰モデルです．$c_{i,j}$ は標本 i と j の相関の強さを表します．基礎的な回帰モデルでは誤差項の無相関性が仮定され $\mathbf{C} = \mathbf{I}$（単位行列：対角要素 $c_{i,j}$ が 1，非対角要素が 0 の行列）とされますが，例えば図 3.2 にも示したように誤差項は時間的な相関や空間的な相関を持つことがあります．そのような場合，行列 $\mathbf{C}$ は単位行列とはならずその対角要素以外にもゼロではない値が入ります．

(3.20) 式の対数尤度は以下の式で与えられます．

$$\log p(\mathbf{y}|\beta, \sigma^2) = -\frac{N}{2}\log(2\pi) - \frac{1}{2}\log|\sigma^2\mathbf{C}| - \frac{1}{2\sigma^2}(\mathbf{y} - \mathbf{X}\beta)'\mathbf{C}^{-1}(\mathbf{y} - \mathbf{X}\beta) \tag{3.22}$$

「 $'$ 」は転置を表します．上式を最大することで得られる β と σ^2 の最尤推定量は以下となります．

$$\widehat{\beta} = (\mathbf{X}'\mathbf{C}^{-1}\mathbf{X})^{-1}\mathbf{X}'\mathbf{C}^{-1}\mathbf{y} \tag{3.23}$$

$$\widehat{\sigma}^2_{ML} = \frac{1}{N}(\mathbf{y} - \mathbf{X}\beta)'\mathbf{C}^{-1}(\mathbf{y} - \mathbf{X}\beta) \tag{3.24}$$

$\mathbf{C} = \mathbf{I}$ の場合，(3.23) 式は通常最小二乗法の推定量に一致します．残念ながら，対数尤度や推定量には行列式 $|\mathbf{C}|$ と逆行列 $\mathbf{C}^{-1}$ が含まれており，それらの計算量はサンプルサイズ N の増加に伴って N^3 ずつ指数的に増大していきます（$\mathbf{C} = \mathbf{I}$ でない場合）．例えば，サンプルサイズが 2 倍になると計算量は 8 倍です．この性質のため，誤差項に相関がみられる場合の最尤法は計算負荷が大きくなります．この点は空間的な相関関係を捉えようという空間統計学においても深刻な問題とされており，第 7 部でも紹介するような，計算効率よく空間モデルを推定するための手法が提案されてきました．

尤度はあてはまりのよさの指標ではありますが，パラメータを増やすにつれて必ず数値は改善するため，モデル選択などに用いるべきではありません（パラメータのより多いモデルが必ず選択されるため）．そこで，パラメータ数に応じたペナルティを課すことで，モデルの精度を適切に評価しようという **Akaike information criterion**（AIC）や **Bayesian information criterion**（BIC）が提案されてきました．

$$AIC = -2\log p\left(\mathbf{y}|\boldsymbol{\beta}, \sigma^2\right) + 2P \tag{3.25}$$

$$BIC = -2\log p\left(\mathbf{y}|\boldsymbol{\beta}, \sigma^2\right) + P\log(N) \tag{3.26}$$

P はパラメータ数で，例えば (3.20) 式の場合は $P = K + 2$ です（+2 は定数項および分散パラメータ）．AIC や BIC の最小化によって最良のモデルを選択することができます．なお，AIC は小標本の場合にはバイアスがかかり，複雑すぎるモデルを選ぶ傾向があるため，この点を修正した **corrected AIC**（AICc）なども用いられます．

3.10 ベイズ推定

重回帰モデル (3.20) 式はベイズ推定することもできます．2.15 節に従ってパラメータ $\boldsymbol{\beta}$，σ^2 の事後分布を推定するために，まずは尤度と事前分布を指定します．すでに説明した通り，尤度は (3.22) 式です．回帰係数ベクトルと分散パラメータに対する事前分布は，それぞれガウス分布（$N(\boldsymbol{\mu_\beta}, \sigma^2_\beta \mathbf{I})$）と逆ガンマ分布（$IG(\theta_1, \theta_2)$）で与えることにします．

具体的には，誤差項に正規性を仮定した以下のようなモデルを仮定します．

$$\begin{aligned} \mathbf{y} = \mathbf{X}\beta + \varepsilon, \quad & \varepsilon \sim N\left(\mathbf{0}, \sigma^2\mathbf{C}\right) \\ \boldsymbol{\beta} \sim N\left(\boldsymbol{\mu_\beta}, \sigma^2_\beta\mathbf{I}\right), \quad & \sigma^2 \sim IG(\theta_1, \theta_2) \end{aligned} \tag{3.27}$$

$\boldsymbol{\mu_\beta}, \sigma^2_\beta, \theta_1, \theta_2$ はハイパーパラメータです．例えば $\sigma^2_\beta = \infty$ の場合，回帰係数の推定量は最小二乗推定量に一致し，$\sigma^2_\beta = 0$ の場合は事前に設定する $\boldsymbol{\mu_\beta}$ に一致します．ハイパーパラメータにも分布を仮定して階層モデルとすることで，それらを推定することもできますが，ここでは固定値で与えることとします．パラメータの分布に関する事前知識がない場合は，分散を極端に大きくした，漠然とした

事前分布（vague prior）を用いることができます．例えば，第 9 章で紹介する CARBayes パッケージでは $\boldsymbol{\mu_\beta} = \mathbf{0}$，$\sigma_{\boldsymbol{\beta}}^2 = 10^5$ がデフォルトで仮定されています．また，同パッケージに倣い $\theta_1 = 1$，$\theta_2 = 0.01$ に固定します．

　以上の仮定の下で，パラメータ $\{\boldsymbol{\beta}, \sigma^2\}$ の事後分布は以下の式で表現できます．

$$p(\boldsymbol{\beta}, \sigma^2 | \mathbf{y}) \propto p(\mathbf{y} | \boldsymbol{\beta}, \sigma^2) p(\boldsymbol{\beta}) p(\sigma^2) \tag{3.28}$$

$p(\mathbf{y} | \boldsymbol{\beta}, \sigma^2)$ は尤度，$p(\boldsymbol{\beta})$ と $p(\sigma^2)$ は事前分布です．ここでは MCMC 法の一つである**ギブスサンプリング**（Gibbs sampling）により事後分布 $p(\boldsymbol{\beta}, \sigma^2 | \mathbf{y})$ を推定する方法を紹介します．ここでサンプリングとは，確率分布からの無作為抽出によりパラメータの値をランダムに与える操作を意味します．ギブスサンプリングでは「モデル内のパラメータを Q 個のブロックに区切り，そのうちの $Q-1$ 個を固定した上で（条件づけた上で），残り 1 つをサンプリング」という操作を繰り返すことで事後分布を近似します．例えば $\boldsymbol{\beta}$ を固定する場合，σ^2 の事後分布 $p(\sigma^2 | \mathbf{y}, \boldsymbol{\beta})$ は以下の式となります．

$$p(\sigma^2 | \mathbf{y}, \boldsymbol{\beta}) \propto p(\mathbf{y} | \boldsymbol{\beta}, \sigma^2) p(\sigma^2) \tag{3.29}$$

(3.29) 式では $\boldsymbol{\beta}$ は固定値とされ，分布を持たない（ばらつきを持たない）ため，$p(\boldsymbol{\beta})$ は消失します．表 2.2 で説明したように，逆ガンマ分布はガウス分布（分散が未知）の共役事前分布です．したがって，$p(\sigma^2 | \mathbf{y}, \boldsymbol{\beta})$ もまた逆ガンマ分布となり，容易にサンプリングできます．同様に σ^2 を固定する場合，$\boldsymbol{\beta}$ の事後分布 $p(\boldsymbol{\beta} | \mathbf{y}, \sigma^2)$ は以下の式となります．

$$p(\boldsymbol{\beta} | \mathbf{y}, \sigma^2) \propto p(\mathbf{y} | \boldsymbol{\beta}, \sigma^2) p(\boldsymbol{\beta}) \tag{3.30}$$

尤度 $p(\mathbf{y} | \boldsymbol{\beta}, \sigma^2)$ はガウス分布（平均が未知），$p(\boldsymbol{\beta})$ もまたガウス分布のため，表 2.2 の共役性から，事後分布 $p(\boldsymbol{\beta} | \mathbf{y}, \sigma^2)$ もガウス分布となります．したがって，$\boldsymbol{\beta}$ も容易にサンプリングできます．以上より，条件付き分布 (3.29) 式と (3.30) 式からのサンプリングを交互に繰り返すことで，$\boldsymbol{\beta}$ と σ^2 の事後分布が推定できます．

　サンプリングされるパラメータ値には初期値依存性があるため，サンプリングは十分な回数繰り返した上で，初期値依存が疑われる最初期のサンプルは捨てる必要があります．例えば「反復回数 10,000 回で最初の 2,000 回分は除外」などは，典型的な設定の一つです．反復回数が十分だったかどうかの検定には，第 10 章で紹介する Geweke 統計量などが使えますが，もし不十分と判定された場合は反復回数を増やす必要があります．仮に 10,000 回で十分だった場合，8,000 個のサンプルされたパラメータの値が得られているため，例えばそれらの平均値である事後平均は点推定値として用いることができ，分散値である事後分散はその不確実性評価に用いることができます．また，事後分布の形状は，8,000 個のヒストグラムから確認できます．

　なお，(3.29) 式と (3.30) 式にも尤度が含まれているため，最尤法と同様の理由で計算負荷が大きくなる点には注意が必要です．

第4章 Rの基本

4.1　本章の目的と概要

　本章では，R言語で統計解析を行うための最小限の基本事項を紹介します．本章はRをあまり使用したことがない方向けとなっています．すでにR言語に慣れ親しんでいる方は，本章は飛ばして第5章まで進んでください．

　本書の執筆の際の環境は以下の通りです．

- OS　　　：Mac Pro 11. 1 64GB
- R　　　　：バージョン 4.0.2
- RStudio：バージョン 1.2.5001

4.2　Rのインストール

　R言語とは統計解析に特化したオープンソースのプログラミング言語で，無料で使えます．幅広い分野でのデータの分析に用いられており，空間データの分析にも広く使われてきました．

　R本体や各種パッケージ（後述）は**CRAN**（Comprehensive R Archive Network）と呼ばれるウェブサイトで管理されており，CRAN本家（https://cran.r-project.org/）または世界各国のミラーサイトからダウンロードできます．例えば日本では統計数理研究所（https://cran.ism.ac.jp/）と山形大学（https://ftp.yz.yamagata-u.ac.jp/pub/cran/）がミラーサイトを運営しています（2021年12月現在）．Windowsをお使いの方は，上記いずれかのサイトにアクセス後，「Download R for Windows」→「install R for the first time」の順でリンクをたどればRがインストールできます．Macをお使いの方は「Download R for (Mac) OS X」→「R-**.pkg (**はバージョン番号)」の順でたどるとインストールできます．なお，本書はRバージョン4.0.2を使いますが，適宜最新のバージョンをお使いください．

4.3　RStudio のインストール

RStudio は R の総合開発環境（Integrated Development Environment）です．RStudio を使うことで，プログラミングや作図，ファイルの管理などがしやすくなるため，本書でも RStudio を使うこととします．RStudio は専用ウェブサイト（https://rstudio.com/products/rstudio/）から「RStudio Desktop」→「Download RStudio Desktop」→ Free の下の「Download」の順でクリックすると無償でインストールできます．インストール後は，RStudio がアプリケーションに追加され，これをクリックすることで RStudio が起動します．

　RStudio を起動すると図 4.1 のような 4 窓が表示されます．左上の窓はコードを作成するためのスクリプトであり，R スクリプトと呼ばれます．R スクリプト上でコードを作成した後に「Ctrl ＋ Enter」を入力すると，左下のコンソール画面上でコードが実行されます．例えば図 4.1 は，以下を R スクリプトに入力して実行した後の様子です．

```
> 1+1
> 3-2
> 3*2
> 3/2
```

右上は保存した変数（後述）や作成したコードの履歴が残る窓です．右下は図やヘルプなどの表示を行う窓です．各窓の大きさは窓枠をドラッグすることで自由に変更できます．

　新たな R スクリプトを作成する場合は図 4.1 の「赤枠」→「R Script」で作成されます．また，作成後に保存する場合は，図 4.1 の「青枠」をクリック後に保存先とファイル名を指定すれば保存ができます．保存されるファイルは「ファイル名.R」です．同ファイルは青枠から選択することで再び開くことができます．

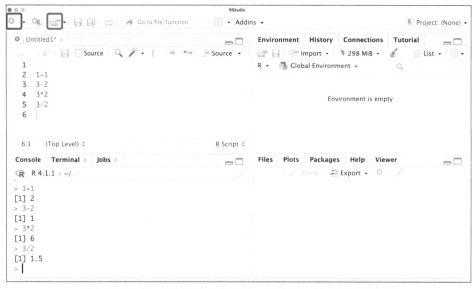

図 4.1　RStudio．赤枠はスクリプト作成，青枠はファイル保存の際に使用

4.4　変数

　R では，計算結果を変数に代入したり保存することができます．例えば，「1+1」の計算結果を変数 a に保存するコマンドは次の通りです．

```
> a <- 1 + 1
```

「<-」は代入を表し，1+1 を a に代入しています．したがって，計算後に a を入力・実行すると 2 が出力されます．

```
> a
[1] 2
```

例えば，以下のように変数を用いて通常の数値と同じような演算が可能です．

```
> b<-3
> a+b
[1] 5

> a^b
[1] 8

> 10+a
[1] 12
```

4.5　関数

　演算を行うための幅広い関数も利用できます．例えば，10 の自然対数の評価には log 関数を使います．

```
> log(10)
[1] 2.302585
```

関数内で指定する変数は**引数**（argument）といいます．例えば，log 関数の引数は対数変換したい数値であり，10 を指定しました．また，例えば常用対数（対数の底が 10）を評価したい場合であれば，もう一つの引数 base を 10 とします．

```
> log(10, base=10)
[1] 1
```

関数の使い方や引数がわからない場合は，「? 関数名」と入力するとヘルプページ（英語）が表示されます．例えば，log 関数のヘルプは図 4.2 の通りです．このページから，常用対数を評価するには log10 関数を使って log10(10) のようにしてもよかったことなどが確認できます．

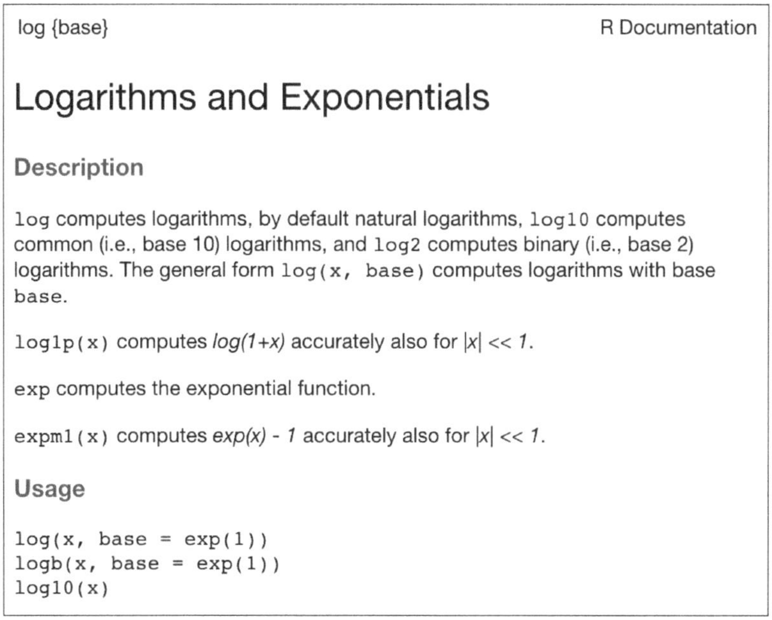

---

log {base}　　　　　　　　　　　　　　　　　　　　　　R Documentation

Logarithms and Exponentials

Description

log computes logarithms, by default natural logarithms, log10 computes common (i.e., base 10) logarithms, and log2 computes binary (i.e., base 2) logarithms. The general form log(x, base) computes logarithms with base base.

log1p(x) computes *log(1+x)* accurately also for |*x*| << 1.

exp computes the exponential function.

expm1(x) computes *exp(x) - 1* accurately also for |*x*| << 1.

Usage

```
log(x, base = exp(1))
logb(x, base = exp(1))
log10(x)
```

図 4.2　関数のヘルプの例（一部）

R 上には数多くの関数が存在しますが，基本的にはヘルプなどを参考に引数を指定して実行する流れになります．また，R に最初から搭載されている以外の関数を外部パッケージから読み込むこと

ができます．詳しくは 4.11 節を参照ください．

4.6　ベクトル

ベクトル（vector）とは，要素を 1 列に並べたものです．例えば [1,2,3] というベクトルを生成して変数 a に代入するコマンドは次の通りです．

```
> a<-c(1,2,3)
```

ここで c 関数はベクトルを生成する関数で，コンマで区切られた各要素をベクトル化します．変数 a を出力すると，ベクトルが生成されたことが確認できます．

```
> a
[1] 1 2 3
```

なお，連続した整数からなるベクトルは「（最初の数）:（最後の数）」のように入力しても生成できます．例えば，a は以下のコマンドでも生成できます．

```
> a<-1:3
> a
[1] 1 2 3
```

R ではベクトルや行列の要素の抽出には角括弧 [ ] を使用します．具体的には，ベクトルの i 番目の要素は [i] と入力すると抽出できます．例えば，ベクトル a の第 2 要素を抽出するコマンドは次の通りです．

```
> a[2]
[1] 2
```

また，2 番目と 3 番目の要素を抽出するコマンドは次の通りです．

```
> a[2:3]
[1] 2 3
```

あるいは，c 関数を使用した以下のコマンドでも抽出可能です．

```
> a[c(2:3)]
[1] 2 3
```

文字列のベクトルを作ることもできます．

```
> a2<-c("A","B","C")
> a2
[1] "A" "B" "C"
```

R では "A" のようにダブルクォーテーション（または 'A'）で囲むことで文字列と認識されます.

4.7　行列

ベクトルが 1 列なのに対し, **行列**（matrix）は行（横）と列（縦）からなる 2 次元です. 行列は matrix 関数で生成できます. 例えば, 2 行 3 列の行列 $\begin{bmatrix} 1 & 3 & 5 \\ 2 & 4 & 6 \end{bmatrix}$ を R 上で生成して変数 b に代入するコマンドは次の通りです.

```
> b<-matrix(c(1,2,3,4,5,6),nrow=2,ncol=3)
```

ここで nrow は行数, ncol は列数です. c(1,2,3,4,5,6) は行列の要素を与えるベクトルで, デフォルトでは 1 列目から列ごとに値が代入されます（行ごとに値を代入したい場合は, matrix 関数内で byrow=TRUE と指定します）. 以下は出力結果です.

```
> b
     [,1] [,2] [,3]
[1,]    1    3    5
[2,]    2    4    6
```

R 上には行列演算のための幅広い関数が実装されています. 例えば, 転置には t 関数, 逆行列の計算には solve 関数, 行列式の計算には det 関数がそれぞれ用意されています. 以下は b の転置, 行列 $c = \begin{bmatrix} 1 & 3 \\ 2 & 4 \end{bmatrix}$ の逆行列と行列式の計算例です.

```
> t(b)
     [,1] [,2]
[1,]    1    2
[2,]    3    4
[3,]    5    6

> c<-matrix(c(1,2,3,4),nrow=2,ncol=2)
> solve(c)
     [,1] [,2]
[1,]   -2  1.5
[2,]    1 -0.5

> det(c)
[1] -2
```

また，行列同士の積は演算子「%*%」で評価できます．例えば，c と b の積 $\left(\begin{bmatrix} 1 & 3 \\ 2 & 4 \end{bmatrix}\begin{bmatrix} 1 & 3 & 5 \\ 2 & 4 & 6 \end{bmatrix}\right)$ は次のコマンドで評価します．

```
> c%*%b
      [,1]   [,2]   [,3]
[1,]    7     15     23
[2,]   10     22     34
```

行列の要素は [行番号，列番号] のようなコマンドで抽出可能です．例えば，$b = \begin{bmatrix} 1 & 3 & 5 \\ 2 & 4 & 6 \end{bmatrix}$ の 2 行 3 列にアクセスするコマンドは以下です．

```
> b[2,3]
[1] 6
```

また，[行番号，] と入力すると特定行の全要素，[，列番号] と入力すると特定列の全要素が抽出できます．例えば，2 行目を抽出するコマンドは次の通りです．

```
> b[2,]
[1] 2 4 6
```

そのほか，例えば 1 行目の 1 〜 2 列目だけ抽出したい場合は，行と列を次のように指定します．

```
> b[1,1:2]
[1] 1 3
```

4.8　データフレーム

データフレーム（data frame）とは，データを格納する形式であり，行列形式と同様に 2 次元配置ではありますが，行列形式とは異なり数値や文字列といったさまざまな形式のデータが列ごとに格納できます．データフレームは data.frame 関数で生成できます．例えば，1 列目が数値 c(10, 20, 30) で 2 行目が文字列 c("A", "B", "C") のデータフレームを変数 d に格納するコマンドは次の通りです．

```
> d<-data.frame(x=c(10,20,30),y=c("A","B","C"))
> d
   x y
1 10 A
2 20 B
3 30 C
```

ここでは x=c(10, 20, 30), y=c("A", "B", "C") とすることで変数名を x と y にしました．変数名は names 関数で確認できます．

```
> names(d)
[1] "x" "y"
```

また，次のように新たな文字列を代入すれば，変数名を変更することができます．

```
> names(d)<-c("num","text")
> d
  num text
1  10    A
2  20    B
3  30    C
```

行列と同様，データフレームの要素は [行番号，列番号] のように指定することで抽出できます．例えば，d の第 2-3 行の 2 列目だけ抽出するコマンドは次の通りです．

```
> d[2:3, 2]
[1] "B" "C"
```

4.9　リスト

リスト（list）とはデータを格納する別の形式であり，ベクトルや行列，データフレームといった形式の異なるデータを一つにまとめることのできる形式です．リストは list 関数を用いて生成します．例えば，ベクトル a2=c("A", "B", "C")，行列 b $=\begin{bmatrix} 1 & 3 & 5 \\ 2 & 4 & 6 \end{bmatrix}$，データフレーム d を要素に持つリストを変数 e に格納するコマンドは次の通りです．

```
> e<-list(a2, b, d)
```

生成されたリストは次の通りです．

```
> e
[[1]]
[1] "A" "B" "C"

[[2]]
     [,1] [,2] [,3]
[1,]    1    3    5
[2,]    2    4    6
```

```
[[3]]
  num text
1  10    A
2  20    B
3  30    C
```

リスト e の i 個目の要素は e[[i]] のように指定して抽出できます．例えば，2つ目の要素は次のコマンドで抽出できます．

```
> e[[2]]
     [,1] [,2] [,3]
[1,]    1    3    5
[2,]    2    4    6
```

行列である e[[2]] の要素は通常の行列と同様に抽出できます．例えば，e[[2]] の3列目は以下のコマンドで抽出できます．

```
> e[[2]][,3]
[1] 5 6
```

4.10 ファイルからのデータの読み込み

R を使用する際，通常は外部から標本データのファイルを読み込んで分析します．さまざまな形式のファイルが読み込めますが，ここでは CSV 形式のファイルを読み込む方法を紹介します．

まずは CSV ファイルの置かれたディレクトリを指定する必要があります．ディレクトリの指定には setwd 関数を使います．例えば，Mac のコンピュータでデスクトップ上の test というフォルダに CSV ファイルを置いた場合は setwd("/Users/****/Desktop/test") のように入力することでフォルダが指定できます（**** はアカウント名）．次に read.csv 関数を使って CSV ファイルを読み込みます．例えば，data.csv というファイルを読み込んで dat という名前で R 上に格納するコマンドは次の通りです．

```
> dat <-read.csv("data.csv")
```

以上により，データフレーム形式のデータ（dat）が R 上に読み込まれました．

4.11 外部パッケージの活用

R には数多くの関数が初期搭載されていますが，それ以外にも数多くの関数が外部から読み込めます．関数がまとめられたものは**パッケージ**（package）と呼ばれ，CRAN（またはミラーサイト）上で多数公開されています．2021年12月9日の時点で 18,577 個のパッケージが公開されており，空

間データの解析に特化したものも多数存在します．専門性の高い数多くの統計解析パッケージが無償利用できるのは，R の大きな利点です．

　パッケージを読み込むための手順は次の通りです．(i) install.packages 関数でパッケージをインストールする（初回のみ），(ii) library 関数で R 上にパッケージ内の関数を読み込む（R を開くたびに毎回）．

　例えば，第 7 章以降で紹介するパッケージ spdep を使用するためのコマンドは次の通りです．

```
> install.packages("spdep")
> library( spdep )
```

パッケージの具体的な使い方については次章以降で詳しくみていきます．

第 **5** 章

R による空間データの
処理・可視化の基本

5.1　本章の目的と概要

　本章では R を用いた空間データの基本的な処理の方法を紹介します．まずはデータの種類，データソース，座標参照系といった空間データを扱う際に必要なトピックについて紹介します．次に R を用いた実例を，地図化を中心に説明します．

　なお，本書では基礎的な作図のみを行うため説明は最小限ですが，R による地理情報処理は近年活発であり，数多くのパッケージや書籍が公開されています．関連する動向については Geocomputation with R（https://geocompr.robinlovelace.net/）や R で空間情報を扱うためのオープンな教材として公開されている「R を使った地理空間データの可視化と分析」（https://tsukubar.github.io/r-spatial-guide/）などが参考になります．それ以外にも有用なウェブサイトが多数存在しますので，例えば「r gis」のようなキーワードで検索することをおすすめします．

5.2　空間データの種類

　空間データにはさまざまなファイル形式が存在しますが，大きく**ベクタデータ**（vector data）と**ラスタデータ**（raster data）に分類できます．

　ベクタデータはポイント（点），ライン（線），ポリゴン（面）で構成されるデータ形式です．ポイントは観測点などの地点を，ラインは道路や河川などの線状の地物を，ポリゴンは市区町村や 1 km グリッドなどの空間領域を表現するために使用されます．各図形には属性データが与えられます．例えば社会経済分野では，市区町村のポリゴンごとに人口，従業者数，面積といった属性データが付与されたデータが広く用いられてきました．

　ベクタデータは，**シェープファイル**(shape file)と呼ばれる形式で保存・格納されます．シェープファイルは複数のファイルから構成されます．主な構成ファイルの拡張子とその役割は次の通りです．

- .shp：図形（点・線・面）を格納するファイル
- .shx：図形（点・線・面）と属性データの対応関係を記述するファイル
- .dbf：属性データを格納するテーブル
- .prj：座標系（後述）を格納するファイル

各ファイルは同じフォルダに入れておく必要があります．Rではシェープファイルさえ読み込めば，上記ファイルの情報が自動的に集約されて，1つのシェープファイルとして認識されます．

ラスタデータは，グリッド上に並んだセル（ピクセル）で構成される画像データです．各セルは属性として位置座標と数値を持ちます．ラスタデータは衛星画像や標高データ，土地被覆データなどによく用いられる形式です．

ベクタデータとラスタデータはともに広く用いられていますが，本書では，社会経済分野などでより広く用いられているベクタデータに焦点をあてます．

5.3 空間データの収集方法

空間データを公開する数多くのウェブサイトが存在します．例えば以下は，我が国で広く使われているウェブサイトの一例です．

- 国土数値情報ダウンロードサービス（https://nlftp.mlit.go.jp/ksj/）
  - ▶ 国土交通省が提供するウェブサイト．地形，土地利用，行政区域，交通網，防災，公的施設などに関する幅広いデータをシェープファイル形式で公開しています．
- 地図で見る統計（統計GIS）（https://www.e-stat.go.jp/gis）
  - ▶ 政府統計ポータルサイト内のウェブサイト．国勢調査（人口など），事業所・企業統計調査，経済センサス，農林業センサスの統計データが市区町村やメッシュのポリゴンとともに公開されています．
- G空間情報センター（https://www.geospatial.jp/gp_front/）
  - ▶ 行政や民間が保有する数多くの空間データ（有償または無償）を収集・公開するウェブサイト．2021年8月10日の時点で7,198件（うち4,827件には無償タグあり）のデータが登録されており，全国56都市の3D都市モデル（Project PLATEAU；https://www.mlit.go.jp/plateau/）の無償公開なども開始されました．
- GoogleEarthEngine（https://earthengine.google.com/）
  - ▶ 40年以上前から現在までにさまざまな人工衛星から観測された膨大な衛星画像（前処理済み）を収集・公開・分析するためのウェブサイト

以上に加え，空間データを読み込むためのRのパッケージも多数存在し，それらによるデータの収集も可能です．例えば tidycensus パッケージを使えば，米国の国勢調査データを指定の集計単位と年度で読み込むことができます．また，世界中の道路などの地物の情報を収集するウェブサイトOpenStreetMap（https://www.openstreetmap.org/）のデータを読み込むパッケージ osmdata なども便利です．

5.4　空間データの R 上での形式

　R 上で空間データを格納するための形式はいくつかありますが，ここでは近年標準的に用いられている sf 形式（simple features 形式）について解説します．sf 形式は地物をデータとして格納したり参照したりするための国際規格であり，同形式のデータを扱うための R パッケージ sf を用いて処理や視覚化を行います．例えば，シェープファイルを sf 形式のデータとして読み込むには st_read 関数，反対に R 上の sf 形式のデータをシェープファイルとして出力する場合は st_write 関数を使います（st は spatial and temporal の略）．

　なお，sf パッケージが 2016 年に公開される以前は，sp という別の形式が空間データの標準規格として使われていました．現在でも sp 形式のデータは使われています．幸い，sp 形式のデータは st_as_sf 関数でただちに sf 形式に変換できます．反対に，sf 形式のデータは as_Spatial 関数で sp 形式に変換できます．

5.5　座標参照系 : CRS

　座標参照系（coordinate reference system; **CRS**）とは位置を 2 次元座標で示すための規格です．空間データの位置座標はなんらかの CRS に基づいて与えられています．CRS には，地球を球体とみなして緯度経度で位置座標を定義する**地理座標系**（geographic coordinate system）と，一部地域を平面に投影して km などで位置座標を定義する**投影座標系**（projected coordinate system）があります．

　WGS84（World Geodesic System（世界測地系）1984）は米国が構築・維持している標準的な地理座標系であり，全球の位置を緯度経度で表すものとして広く使われています．また，我が国固有の地理座標系に日本測地系（JGD2011）もありますが，両者にはほとんどズレがなく，ほぼ同じと考えてよいといわれています．一方，我が国で用いられる投影座標系には平面直角座標系と UTM 座標系があります．平面直角座標系は日本を 19 ゾーン（1 〜 19 系）に分割して，各ゾーンに対して与えられた原点座標を中心に平面に投影しようという座標系です．UTM 座標系は全球を 6 度ごとに分割して平面に投影しようというものです．

　各座標系には **EPSG**（European Petroleum Survey Group）**コード**という番号が割り振られています．例えば WGS84 のコードは 4326，JGD2011 は 6668 です．平面直角座標系のコードはゾーン（系）によりますが，例えば東京を含む第 9 系のコードは 6677 です．EPSG コードに関する情報は専用ウェブサイト（https://epsg.org/）にまとまっており，国ごとの検索なども可能です．後述の実例紹介では，この EPSG コードを用いて空間データの CRS を定義します．

5.6　sf パッケージによる空間データ処理の実例

　ここでは，都道府県別の人口を R で生成・視覚化してみましょう．まずは本章で使用するパッケージ NipponMap, sf, RColorBrewer をインストールして読み込みます．

```
> install.packages( c("sf", "NipponMap", "RColorBrewer"))
> library( sf )
> library( NipponMap )
> library(RColorBrewer)
```

ここでは NipponMap パッケージ内に格納されている jpn.shp を使用した例を紹介します．まずは同ファイルを読み込みます（下記コードに限っては，内部ファイルを読み込むためのものであり，通常は使わないため，詳細は理解されなくても問題ありません）．

```
> shp <- system.file("shapes/jpn.shp", package = "NipponMap")[1]
```

system.file 関数はパッケージ内部のファイルを探すための関数です．各自が分析データを用意する通常の場合であれば，上のコードは不要で，次からが必要となります．read_sf 関数を用いてシェープファイルを R に読み込みます．

```
> pref<- read_sf(shp)
```

通常は shp 部分には "ファイル名 .shp" のようにファイル名が入ります．pref は，都道府県ごとの図形情報（ポリゴン）と属性情報を格納した sf 形式のデータであり，詳細は以下の通りです．

```
> pref
Simple feature collection with 47 features and 5 fields
Geometry type: POLYGON
Dimension:     XY
Bounding box:  xmin: 127.6461 ymin: 26.0709 xmax: 148.8678 ymax: 45.5331
CRS:           NA
# A tibble: 47 × 6
   SP_ID jiscode name       population region                      geometry
   <chr> <chr>   <chr>           <dbl> <chr>                      <POLYGON>
 1 1     01      Hokkaido      5506419 Hokkaido ((139.7707 42.3018, 139.8711 42.6623, …
 2 2     02      Aomori        1373339 Tohoku   ((140.8727 40.48187, 140.6595 40.4018,…
 3 3     03      Iwate         1330147 Tohoku   ((140.7862 39.85982, 140.8199 39.86421…
 4 4     04      Miyagi        2348165 Tohoku   ((140.2802 38.01415, 140.2802 38.01417…
 5 5     05      Akita         1085997 Tohoku   ((140.7895 39.86026, 140.8253 39.6481,…
 6 6     06      Yamagata      1168924 Tohoku   ((140.2802 38.01415, 140.2799 37.97209…
 7 7     07      Fukushima     2029064 Tohoku   ((140.2799 37.9721, 140.2799 37.97209,…
 8 8     08      Ibaraki       2969770 Kanto    ((139.7322 36.08471, 139.7058 36.13276…
 9 9     09      Tochigi       2007683 Kanto    ((139.4263 36.33584, 139.3703 36.3661,…
10 10    10      Gunma         2008068 Kanto    ((139.3836 36.35887, 139.6541 36.213, …
# … with 37 more rows
```

上記から，47のポリゴン（都道府県）からなるデータであることや，以下の6つが都道府県ごとの属性データとして与えられていることなどが確認できます．

- SP_ID ：都道府県コード（整数）
- jiscode ：都道府県コード（文字列）
- name ：都道府県名
- population：人口
- region ：地方名
- geometry ：都道府県ごとのポリゴンの幾何情報（図形の頂点の位置座標など）

pref の CRS は st_crs 関数で確認することができます．

```
> st_crs(pref)
Coordinate Reference System: NA
```

上記から，CRS が NA であり，指定されていないことがわかります．指定なしでも地図は作れますが，CRS を指定することで，より規格に整合した地図が作れます．そこで，上記データの CRS を設定します．pref の座標は緯度経度で与えられていることから，その EPSG コードは WGS84 のコードである 4326 で与えることができます．CRS コードは sf パッケージでは以下のように指定します．

```
> st_crs(pref) <- 4326
```

st_crs 関数により WGS84 が適切に設定されたことが確認できます（一部のみ表示）．

```
> st_crs(pref)
Coordinate Reference System:
  User input: EPSG:4326
  wkt:
GEOGCRS["WGS 84", DATUM["World Geodetic System 1984",
(以下略)
```

なお，CRS を設定したことで，幾何に関するさまざまな演算が行えるようになります．例えば以下は関連する演算を行うための関数の例です．

- st_coordinates 関数：位置座標の計算
- st_area 関数 ：面積の計算
- st_centroid 関数 ：重心点の抽出
- st_distance 関数 ：距離の計算
- st_union 関数 ：同じ属性値を持つ地物を一つの地物に統合
- st_buffer 関数 ：点または面から一定距離のバッファを発生

なお，st_coordinates 関数はポリゴンの頂点の座標を返します．ポリゴンの重心点の座標が知りたい場合は st_coordinates(st_centroid(pref)) のようにする必要があります．

　WGS84 では位置座標が緯度経度で定義されますが，WGS84 のデータを用いて上記の演算を行うと，面積や距離が緯度経度単位で評価されるなど，単位の解釈が困難です．この問題への対処として，データの座標系を別の座標系に変換する操作である**投影変換**（projection transformation）により，位置座標をメートルなどの別の単位に変換することができます．例えば WGS84 から平面直角座標系第 9 系（EPSG コード：6677）への変換は，st_transform 関数を用いて以下のコマンドで行います．

```
> pref_tr<-st_transform(pref, crs=6677)
```

メートル単位に変換された位置座標（都道府県別のポリゴンの重心点）は，下記のコマンドで抽出できます．

```
> st_coordinates(st_centroid(pref_tr))
          X        Y
1 196224.28 810081.2
2  84655.71 532108.6
3 131703.12 399919.8
4  96017.96 273316.2
（以下略）
```

5.7　sf パッケージによる地図化の実例

　sf パッケージを用いた地図の実例として都道府県別人口を地図化します．ただし，みやすさのために沖縄県は除外します．そのために都道府県別（name）が "Okinawa" ではない行を抽出します．

```
> pref2<-pref[pref$name != "Okinawa",]
```

次に，都道府県別人口を地図化します．そのための最も基礎的なコマンドは以下の通りです．

```
> plot( pref2[, "population"] )
```

population

2.0e+06　　6.0e+06　　1.0e+07

図 5.1　都道府県別人口の地図化結果

図 5.1 のように作図されましたが，より魅力的な地図とするためのさまざまな工夫が可能です．例えば RColorBrewer パッケージでは，幅広いカラーパレットが提供されており，それらを使って配色が変更できます．パレットの一覧は下記コマンドで出力できます．出力結果は図 5.2 です．

```
> display.brewer.all()
```

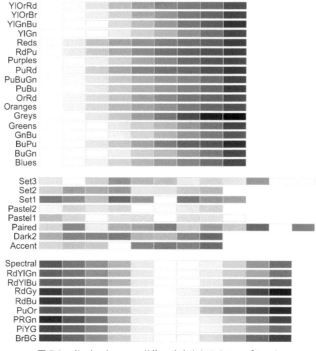

図 5.2　display.brewer.all() で出力されるカラーパレット

例えば，色分け数（nc）を 7 として，"RdYlGn"（Red-Yellow-Green の略称）を配色に使う場合のコマンドは以下の通りです．2 行目では brewer.pal 関数で色分け数 nc のカラーパレット pal を生成し，3 行目ではこのパレットを使用した地図を作成しています．axes=TRUE とすることで緯度経度が表示され，nbreaks=nc とすることで，人口を nc 箇所で区切って色分けしています．なお，デフォルトでは等間隔で色分けされます．作図結果は図 5.3 の通りです．

```
> nc        <-7
> pal       <- brewer.pal(nc, "RdYlGn")
> plot(pref2[, "population"],pal=pal, axes=TRUE, nbreaks=nc)
```

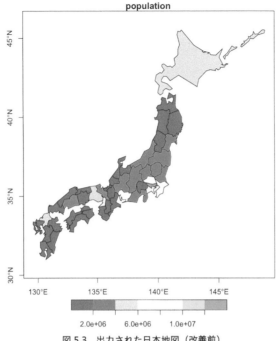

図 5.3　出力された日本地図（改善前）

図 5.3 にはまだ改善の余地があります．例えば以下のような改善が可能です．

- 大半の都道府県が赤色となっておりみづらい → 色分けのしきい値を変更
- 人口の少ない都道府県が赤なのは直感に反する → rev 関数でパレットを反転
- 凡例がみづらい → 凡例のサイズを変更
- 余白が目立つ → XY 軸の表示範囲 xlim と ylim を変更

1 点目を踏まえ，まずは色分けのしきい値（breaks）を以下のように手動で設定することにします．

```
> breaks    <-c(0, 1000000, 2000000, 3000000, 5000000, 8000000, max(pref2$population))
```

色の数はしきい値（最大最小含む）より 1 少ないので，nc は自動的に以下になります．

```
> nc        <-length(breaks)-1
```

その他の改善点も反映させたコマンドは次のようになり，plot 関数の出力として図 5.4 の地図が得られます．なお，key.pos = 1 は凡例の位置を指定する引数，key.length = 0.8 は凡例の長さを指定する引数です．

```
> pal        <-rev( brewer.pal(nc, "RdYlGn") )
> plot(pref2[, "population"],pal=pal, axes=TRUE,xlim=c(130.5,145),ylim=c(31,46),
         breaks=breaks, key.pos = 1,key.length = 0.8)
```

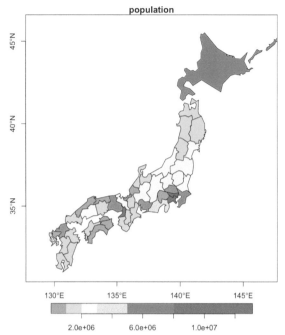

図 5.4　出力された日本地図（改善後）

　以上のように，R を用いれば空間データが簡単に地図化できます．コードを一度作成すれば，それ以降は同じコードでただちに作図ができるため，多数の地図の作成も効率よく進めることができます．また，詳細は割愛しますが，出力された地図を jpeg ファイルに自動変換する jpeg パッケージや，png ファイルに変換する png パッケージなどもあります．

　本書では簡単な視覚化しか必要としないため，地図化に関する説明は最小限にとどめますが，最近はより柔軟に地図を作成・加工するための R パッケージも公開されてきています．例えば視覚化のための幅広い機能を有する ggplot2 パッケージや，OpenStreetMap 上で地図を表示させたりアプリケーション開発したりできる leaflet パッケージはその代表例です．詳しくは本章の冒頭で紹介したウェブサイトなどを参照ください．

第**2**部

基礎 編

地域データの記述統計

## 第6章

空間相関と近接行列

6.1　空間相関と空間異質性

空間データの基本的な性質の一つに，「近所と相関関係を持つ」という**空間相関**[1]（spatial correlation）があります．Fisher (1935) が「After choosing the area we usually have no guidance beyond the widely verifiable fact that patches in close proximity are commonly more alike, as judged by the yield of crops, than those which are apart（遠くの区画よりも近くの区画の方が収量が類似する，という性質以上に作物収量をよく説明する一般的性質は存在しない）」と述べるなど，空間相関の重要性は古くから指摘されてきましたが，その研究が活発化したのは Tobler (1970) によって空間相関が地理学第一定理（The First Law of Geography）に位置付けられてからです．空間相関を無視することで分析結果が歪む問題は，当時は地図パターン問題などと呼ばれており，地理学者を悩ませていました．そのような背景もあり，空間相関を考慮して空間データを適切に分析するための手法が古くから求められてきました．

空間データのもう一つの基本的性質に，「場所ごとに性質が異なる」という**空間異質性**（spatial heterogeneity）があり，しばしば地理学の第二定理（The Second Law of Geography）に位置付けられます．例えば，「都心と郊外では物価が異なる」や「北海道と九州では気温が異なる」などは空間異質性の例です．空間異質性は，通常の回帰モデルなどでも推定可能なため，空間相関ほど活発には研究されてきませんでした．その一方で，回帰係数の場所ごとの違いのようなパラメータの空間異質性を，通常の統計モデルで捉えることは必ずしも容易ではありません．そのため，パラメータを場所ごとに推定する手法が空間統計学で開発されてきました．例えば，第13章で紹介する地理的加重回帰はその一例です．また，第20〜22章で紹介する加法モデルも空間異質性を捉える手法とみなすことができます．

本章では，空間統計分析を行う上で特に重要な性質である空間相関について説明します．

※1　空間的自己相関（spatial autocorrelation）や空間従属性（spatial dependence）などとも呼ばれます．

6.2　正の空間相関と負の空間相関

　空間相関には，近所と似た傾向を持つという正の空間相関と，近所と逆の傾向を持つという負の空間相関があります．例えば，人口密度の高い東京都の近隣県もまた人口密度が高いことは正の空間相関の一例です．一方，顧客の奪い合いの結果，売上の大きな店舗の周辺に売上の小さな店舗が多くなることは負の空間相関の一例です．一般に，正の空間相関を持つ空間データは図 6.1(左) のような滑らかな空間パターンとなり，負の空間相関を持つ場合は図 6.1(右) のような非滑らかなチェッカーボード型の空間パターンとなります．空間相関がみられない場合は両者の中間的な無作為な空間パターンとなります（図 6.1(中)）.

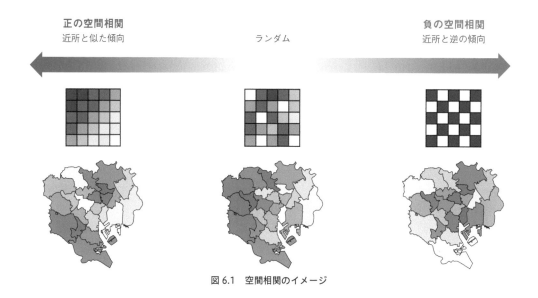

図 6.1　空間相関のイメージ

　空間データには，多くの場合正の空間相関がみられます．正の空間相関には次のような誘因があります.

- 土地属性の影響
  - ▶ 例えば住宅地価の場合であれば，鉄道駅が開業すると駅周辺は利便性が向上するため，地価が高騰します．一方，工場が開業すると，騒音や大気汚染の影響を懸念して工場周辺の地価は下落するかもしれません．以上の結果，駅周辺は一様に地価が高く，工場周辺は一様に地価が低いという，正の空間相関パターンが現れます．また，近所同士では利便性や気象条件，地形などが似ることが多いため，類似した傾向が現れやすいという点もあります.
- 相互作用の結果
  - ▶ 例えば，あるガソリンスタンドがガソリン価格を下げたとします．すると，顧客を奪われないための対抗策として近隣のガソリンスタンドも値下げをするかもしれません．さらに，それを

みたその近隣のガソリンスタンドも同様に値下げをするかもしれません．以上のような相互作用の結果，価格の安いガソリンスタンドが特定の地域に集中するという正の空間相関パターンが現れます．

　一方，負の空間相関は空間競争の結果として現れるといわれています．例えば店舗売上の場合であれば，ある店が周辺店舗の顧客を奪った場合，その店舗の売上は増加する一方で，周辺店舗の売上は減少します．結果として，売上のよい店舗の周辺に売上の悪い店舗が分布するという負の空間相関パターンが現れます．

6.3　近さの定義

　空間相関をモデル化するためには，近所を定義する必要があります．定義方法には，(a) 近隣ゾーンとその他のゾーンに分ける方法と，(b) 距離減衰関数を用いる方法があります．(a) では近隣ゾーンを次のように定義します（図 6.2）．

(a-1) 境界を共有するゾーン（ルーク型）
(a-2) 境界または点を共有するゾーン（クイーン型）
(a-3) 最近隣 k ゾーン
(a-4) 一定距離以内のゾーン

チェスの駒の動きになぞらえて，(a-1) は**ルーク型**，(a-2) は**クイーン型**と呼ばれます．ルーク型とクイーン型では 2 次隣接（隣接の隣接）までを近隣とみなすことや，k 次隣接までを近接とみなすこともできます（図 6.2）．(a-3) と (a-4) はゾーンの地理的重心（または市役所などの代表点の位置座標）間の距離をもとに判定されます．最近隣 4 ゾーンは標準的に用いられる設定の一つです．

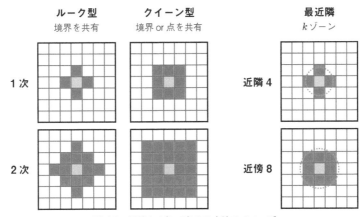

図 6.2　近接を 1/0 で与える方法のイメージ

(b) では，例えば以下のような距離減衰関数が用いられます．

(b-1) $w_{i,j} = 1/d_{i,j}^{\alpha}$ (6.1)

(b-2) $w_{i,j} = \exp(-d_{i,j}/r)$ (6.2)

ここで $d_{i,j}$ はゾーン i と j の重心点間の距離，α と r は距離減衰の速さを決めるパラメータです．図 6.3 からもわかるように，(6.1) 式は直近により大きな重みを与える一方で，(6.2) 式は比較的遠くにも重みを与えます．

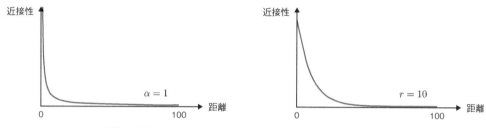

図 6.3　距離で近接性を評価する方法（左：$w_{i,j} = 1/d_{i,j}^{\alpha}$，右：$w_{i,j} = \exp(-d_{i,j}/r)$ ）

どの定義を用いるかは問題設定にもよりますが，対象地域が陸続きであれば (a-1) ルーク型や (a-2) クイーン型が標準的に用いられます．一方，例えば我が国のような島国の場合に (a-1) や (a-2) を用いると，隣接ゾーンが存在しない孤立ゾーンが現れてしまい（都道府県別の分析の場合なら沖縄県や北海道など），空間相関がモデル化できなくなる場合があるため，孤立ゾーンが現れない (a-3) の最近隣 k ゾーンを用いるのが便利です．距離に基づく方法の (b-1) と (b-2) を用いることもできますが，α や r の設定方法が恣意的になりがちな点が課題となります．

6.4　近接行列

ゾーン i と j の近さ $w_{i,j}$ を第 (i, j) 要素に持つ行列（$N \times N$；N はゾーン数）は**近接行列**（proximity matrix）と呼ばれます．例えば，東京都，神奈川県，埼玉県，千葉県の近接性をルーク型で評価した場合，近接行列は図 6.4，または以下の式のようになります．

$$\begin{bmatrix} 0 & 1 & 1 & 1 \\ 1 & 0 & 0 & 1 \\ 1 & 0 & 0 & 0 \\ 1 & 1 & 0 & 0 \end{bmatrix}$$ (6.3)

なお，近接行列の対角要素は 0 とされます．これは同一ゾーン内の空間相関は考慮しないことを意味します．

図 6.4 都道府県間の近接行列の例. ここではルーク型を仮定

6.5 近接行列の行基準化

近接行列は**行基準化**（row-standardization）されることがあります. 行基準化とは行和を 1 に揃える操作です. 例えば,（6.3）式を行基準化すると以下の式になります.

$$
\begin{bmatrix}
0 & 1/3 & 1/3 & 1/3 \\
1/2 & 0 & 0 & 1/2 \\
1 & 0 & 0 & 0 \\
1/2 & 1/2 & 0 & 0
\end{bmatrix}
\tag{6.4}
$$

行基準化を行うことでパラメータが解釈しやすくなる利点や, 推定が安定する利点があり, 特に空間計量経済学（第 9 章参照）では行基準化した近接行列が標準的に用いられています.

6.6 spdep による近接行列の生成と視覚化

本章では, R を用いた近接行列の生成と視覚化の方法について紹介します. まず, ここで使用する R パッケージ sf, NipponMap, spdep を呼び出します.

```
> install.packages(c( "sf", "NipponMap", "spdep" ))
> library( sf ); library( NipponMap ); library( spdep )
```

1 行目のように c 関数で囲むことで, 複数のパッケージがまとめてインストールできます. また, 2 行目のように「;」で複数行を 1 行にまとめることができます.

ここでは第 5 章で用いた都道府県データを用いて, 都道府県（沖縄県除く）間の近接行列を生成・視覚化します. まずは第 5 章と同様にデータを読み込んで, CRS を指定します.

```
> shp          <- system.file("shapes/jpn.shp", package = "NipponMap")[1]
> pref0        <- read_sf(shp)
> pref0b       <- pref0[pref0$name != "Okinawa",]
> st_crs(pref0b) <- 4326          #WGS84 の EPSG コードを指定
```

のちほど距離に基づく近接行列を紹介しますが，第 5 章でも解説した通り，位置座標が緯度経度で与えられている pref0b では適切な距離計算が困難です．そこで本章では，投影変換によって pref0b の座標系を平面直角座標系第 9 系に変換します．これにより，perf0b は原点（関東の 1 点）を中心とした 2 次元平面に投影されることとなり，メートルなどによる距離計算が可能となります．投影変換のコマンドは第 5 章と同様です．

```
> pref<-st_transform(pref0b,crs=6677)# 平面直角座標系第 9 系の EPSG コードを指定
```

ルーク型またはクイーン型の近接行列は，spdep の poly2nb 関数で以下のように生成できます．

```
> nb1       <- poly2nb(pref)
> nb1
Neighbour list object:
Number of regions: 46
Number of nonzero links: 144
Percentage nonzero weights: 6.805293
Average number of links: 3.130435
1 region with no links:
1
```

nb1 は，nb 形式という近接情報を格納する形式のオブジェクトです．poly2nb 関数はデフォルトではクイーン型の近接行列を生成します．ルーク型の近接行列を生成する場合は queen=FALSE を poly2nb 関数内で指定してください．

生成したクイーン型の近接行列は，次のコマンドで描画できます．

```
> coords<- st_coordinates(st_centroid(pref))
> plot(st_geometry(pref), col="white", border="grey")
> plot(nb1, coords, add=TRUE, col="red",cex=0.01,lwd=1.5)
```

1 行目で各都道府県の重心点の位置座標（coords）を抽出して，2 行目では st_geometry 関数で抽出した都道府県のポリゴンをプロットしています．col はポリゴンの色，border はその枠線（都道府県境界）の色です．3 行目では add=TRUE とすることで，都道府県のプロットに近接行列（nb1）を表すグラフを重ね合わせています．グラフの接点は重心点（coords）で，近隣と判定された都道府県ペアの重心点間が線で結ばれます．なお，col は線の色，cex は線の太さ，lwd は線の太さです．出力結果は図 6.5 の通りです．

ここで，北海道は他県と陸続きではないので隣接ゾーンは存在しないことになります．したがって，北海道と他県の間には空間相関が存在しないという強い仮定を置くことになります．そのため，今回のように対象地域に島がある場合は，ルーク型やクイーン型を用いることが適切ではない場合があります．

図 6.5　クイーン型の近接行列の視覚化結果

　一方，最近隣 4 ゾーンで近接行列を定義するコマンドは以下の通りです．1 行目では，近隣 4 ゾーンを knearneigh 関数で探索して近傍情報を knn 形式のオブジェクトとしてまとめ，2 行目では knn2nb 関数で nb 形式に変換しています．

```
> knn   <- knearneigh(coords,4)
> nb2   <- knn2nb(knn)
```

地図化のためのコマンドは以下の通りです（出力結果は図 6.6）．

```
> plot(st_geometry(pref), border="grey")
> plot(nb2, coords, add = TRUE, col="red",cex=0.01,lwd=1.5)
```

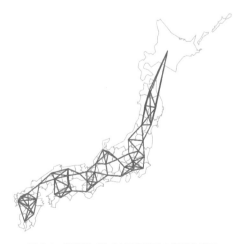

図 6.6　4 近傍に基づく近接行列の視覚化結果

最近隣 k ゾーンを用いた場合は，全ゾーンが最寄りの k ゾーンと必ず隣接することになり，孤立するゾーンが現れないため，実用上便利です．近傍数 $k = 4$ はよく仮定されますが，別の数でも計算可能です．例えば，k=8 の場合のコマンドは以下の通りです（出力結果は図 6.7）．

```
> nb3<-knn2nb(knearneigh(coords,8))
> plot(st_geometry(pref), border="grey")
> plot(nb3, coords,add = TRUE, col="red",cex=0.01,lwd=1.5)
```

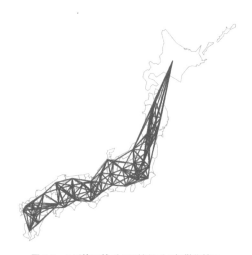

図 6.7　8 近傍に基づく近接行列の視覚化結果

近傍数 8 の場合，離れた都道府県同士も近隣とみなされてしまうため（例えば北海道と新潟県），近傍数 4 の方が直感に合います．

　一定距離内のゾーンを近接とする場合は dnearneigh 関数を用います．例えば，近隣とみなす最小距離を 0 km，最大距離を 150 km とする場合のコマンドは以下の通りです（出力結果は図 6.8）．

```
> nb4<-dnearneigh(coords,d1=0, d2= 150000)
> plot(st_geometry(pref), border="grey")
> plot(nb4, coords,add = TRUE, col="red",cex=0.01,lwd=1.5)
```

図 6.8　重心点間の距離が 150 km 以内の場合に隣接とみなす近接行列の視覚化結果

近接行列（nb1 〜 nb4）が得られましたが，それらを次の第 7 章以降で説明する分析に使うためには，listw という別の形式に変換する必要があります．この変換には nb2listw 関数を使います．以下は nb3 に対する変換コマンドです．なお，nb2listw 関数はデフォルトでは近接行列を行基準化します．

```
> w3      <-nb2listw(nb3)
```

近接行列 w3 の各要素は，listw2mat 関数でさらに行列形式に変換することで確認可能です．

```
> w3mat <-listw2mat(w3)
> w3mat[1:5,1:5]
    [,1]   [,2]   [,3]    [,4]    [,5]
1  0.000  0.125  0.125   0.125   0.125
2  0.125  0.000  0.125   0.125   0.125
3  0.000  0.125  0.000   0.125   0.125
4  0.000  0.125  0.125   0.000   0.125
5  0.000  0.125  0.125   0.125   0.000
```

距離減衰関数で近接を定義する場合は dnearneigh 関数を使います．一例として，ここでは $w_{i,j} = 1/d_{i,j}$ を仮定します．ただし，最大距離は 500 km としました（d2=500000）．つまり，500 km 以上離れている場合は $w_{i,j} = 0$ として，重心点間の距離が 500 km 以内のペアのみについての近接性を $w_{i,j} = 1/d_{i,j}$ で評価します．行基準化された近接行列を listw 形式で格納するコマンドは次の通りです．

```
> nb5     <- dnearneigh(coords,d1=0, d2= 500000)
> glist   <- nbdists(nb5, coords)
> glist   <- lapply(glist, function(x) 1/x)
> w5      <- nb2listw(nb5, glist = glist)
```

上記 2 行目では，nbdists 関数で 500 km 以内のペア間についての距離 $d_{i,j}$ を評価して，3 行目で距離減衰関数 $w_{i,j} = 1/d_{i,j}$ を評価しています．4 行目では，その評価結果をもとに近接行列 w5 を listw 形式で格納しています．w5 の要素は次の通りです．

```
> w5mat          <- listw2mat(w5)
> w5mat[1:5,1:5]
          [,1]        [,2]        [,3]        [,4]        [,5]
1  0.00000000  0.4108674  0.29639764  0.00000000  0.29273493
2  0.09383480  0.0000000  0.20031174  0.10850007  0.23196875
3  0.03845470  0.1137939  0.00000000  0.12138502  0.18909922
4  0.00000000  0.0463174  0.09121511  0.00000000  0.07967006
5  0.03457338  0.1199595  0.17214020  0.09651305  0.00000000
```

大域空間統計量

7.1 本章の目的と概要

第6章ではゾーン間の空間的な近接関係を表現する方法を紹介しましたが，本章ではそれらを用いて空間相関を評価する方法を紹介します．評価指標には，標本全体に対する空間相関の強さを評価する**大域空間統計量**（global indicator of spatial association; **GISA**）と，ゾーンごとの局所的な空間相関の強さを評価する**局所空間統計量**（local indicator of spatial association; **LISA**）があります．以降，本章では代表的な GISA について紹介します．また，第8章では LISA を紹介します．

7.2 モランⅠ統計量

モランⅠ統計量（Moran's I statistic）は，N 個のゾーンで得られた標本データ $y_1, \ldots, y_N$ の空間相関を評価します（(7.1) 式）．

$$I = \frac{N}{\sum_i \sum_j w_{ij}} \frac{\sum_i \sum_j w_{ij}(y_j - \overline{y})(y_i - \overline{y})}{\sum_i (y_i - \overline{y})^2} \tag{7.1}$$

ここで $\overline{y}$ は標本平均です．第6章と同様，w_{ij} は近接行列の第 (i, j) 要素であり，ゾーン i と j の近さを表す既知の重みです．この統計量は，自ゾーン（$y_i - \overline{y}$）と近隣（$\sum_j w_{ij}(y_j - \overline{y})$）との相関の強さの評価指標であり，「自ゾーンが高いと近隣も高い」のような正の空間相関がみられる場合は正，「自ゾーンが高いと近隣は低い」のような負の空間相関がある場合は負となります（図7.1）[※1]．

[※1] 空間相関が存在しない場合のモランⅠ統計量の期待値は $-\frac{1}{N-1}$ です．したがって，厳密には $I > -\frac{1}{N-1}$ の場合に正の空間相関，$I < -\frac{1}{N-1}$ の場合に負の空間相関があることになります．ただし，N が大きくなるにつれて $-\frac{1}{N-1}$ は 0 に近づくため，漸近的には正か負かで空間相関関係が判定できます．

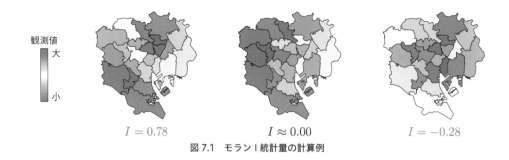

図 7.1　モラン I 統計量の計算例

　近接行列が行基準化されている場合，モラン I 統計量の理論上の最大値は 1 となり，「1 に近いほど正の空間相関が強く，0 に近いほどランダムな空間分布に近い」という通常の相関係数と似た解釈が可能となります．この場合，以下が正の空間相関の強さの目安となります．

- $I = 0.90 \sim 1.00$：極めて強い
- $I = 0.75 \sim 0.90$：強い
- $I = 0.50 \sim 0.75$：中程度
- $I = 0.25 \sim 0.50$：弱い
- $I = 0.00 \sim 0.25$：微弱

大抵の地域データが正の空間相関を持つことを踏まえると，この目安は実用上便利です．

　モラン I 統計量を用いることで，空間相関の有無が検定できます．この仮説検定では，「観測値がランダムな空間分布を持つ」という帰無仮説の下で得られるモラン I 統計量の z 値を用います．

$$z[I] = \frac{I - E[I]}{\sqrt{Var[I]}} \tag{7.2}$$

帰無仮説の下でのモラン I 統計量の期待値 $E[I] = -\frac{1}{N-1}$ と分散 $Var[I]$ はただちに求めることができます．$z[I]$ は帰無仮説の下で標準正規分布に従うため，z 検定（第 2 章参照）による仮説検定が可能です．

　実例として，都道府県別人口のモラン I 統計量を評価します．使用するパッケージは第 6 章と同様です．

```
> library(rgdal)
> library(spdep)
> library(RColorBrewer)
> library(NipponMap)
```

第 6 章と同様，ここでは都道府県データ（沖縄県を除く）を利用します．

```
> shp             <- system.file("shapes/jpn.shp", package = "NipponMap")[1]
> pref0           <- read_sf(shp)
> pref0b          <- pref0[pref0$name != "Okinawa",]
> st_crs(pref0b)  <- 4326
> pref            <- st_transform(pref0b,crs=6677)
```

ここでは，最近隣 4 ゾーンに基づく近接行列を行基準化したものを用います．第 6 章と同様，近接行列を nb 形式で生成したのちに，listw 形式に変換します．

```
> coords <- st_coordinates(st_centroid(pref))
> knn    <- knearneigh(coords,4)
> nb2    <- knn2nb(knn)
> w      <- nb2listw(nb2)
```

人口データは（pref）から取り出します．

```
> pop <- pref$population
```

人口のモラン I 統計量は，spdep パッケージの moran.test 関数を用いた以下のコマンドで評価できます．

```
> moran <- moran.test(pop, listw=w)
> moran
        Moran I test under randomisation

data:  pop
weights: w

Moran I statistic standard deviate = 3.7896, p-value = 7.546e-05
alternative hypothesis: greater
sample estimates:
Moran I statistic       Expectation          Variance
     0.310751996       -0.022222222       0.007720491
```

出力のうち，Moran I statistic がモラン I 統計量，Expectation が $E[I]$，Variance が $V[I]$ です．また，Moran I statistic standard deviate はそれらから得られた $z[I]$ です．この値を用いて空間相関が検定されます．moran.test 関数では，正の空間相関の有無を検定する片側検定（対立仮説：$I > E[I]$），負の空間相関を検定する片側検定（対立仮説：$I < E[I]$），正または負の空間相関を検定する両側検定（$I \neq E[I]$）が行えます．それらは，それぞれ moran.test の引数 alternative を "greater"，"less"，"two.sided" とすることで実行されます．今回はデフォルトの正の空間相関の片側検定（対立仮説：$I > E[I]$）を行っています．得られた p 値は 7.546e-05（e-05 は× 10^{-5} を意味します）となり，有意水準 1 ％で統計的に有意な正の空間相関があることが確認されました（p 値 ≤ 0.01）．例えば，東京都やその周辺の都道府県は一様に人口が大きいなど，人口分布にクラスタパタンがあることを踏まえると，この結果は直感に合います．

7.3　ギアリ C 統計量

ギアリ C 統計量（Geary's C statistic）とは，空間相関のもう一つの統計量であり，以下の式で定義されます．

$$C = \frac{N-1}{2\sum_i \sum_j w_{ij}} \frac{\sum_i \sum_j w_{ij}(y_j - y_i)^2}{\sum_i (y_i - \overline{y})^2} \tag{7.3}$$

C は 0 以上の値をとり，$C < 1$ であることは正の空間相関，$C = 1$ であることはランダム，$C > 1$ であることは負の空間相関があることを意味します（図 7.2）．モラン I 統計量と同様，仮説検定には「空間相関が存在しない」という帰無仮説の下で得られる z 値 $\left(z[C] = \frac{C-E[C]}{\sqrt{Var[C]}}\right)$ が用いられます．

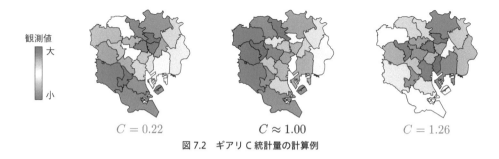

$$C = 0.22 \qquad C \approx 1.00 \qquad C = 1.26$$

図 7.2　ギアリ C 統計量の計算例

ギアリ C 統計量は，spdep の geary.test 関数を用いて以下のコマンドで計算できます．

```
> geary <- geary.test(pop, listw=w)
> geary

        Geary C test under randomisation

data:  pop
weights: w

Geary C statistic standard deviate = 1.5765, p-value = 0.05746
alternative hypothesis: Expectation greater than statistic
sample estimates:
Geary C statistic        Expectation          Variance
      0.82041038          1.00000000        0.01297709
```

Geary C statistic がギアリ C 統計量，Expectation と Variance が帰無仮説の下での期待値と分散，Geary C statistic standard deviate がそれらから得られた z 値です．モラン I 統計量の時と同様，デフォルトでは正の空間相関の片側検定を行うものの（alternative ="greater"），負の空間相関の片側検定（alternative = "less"），正または負の空間相関（alternative = "two.sided"）の両側検定も行えます．デフォルトの仮説検定から得られた p 値は 0.05746 であり，10 ％ 水準で統計的に有意な正の空間相関があるという判定結果となりました（p 値 ≤ 0.1）．

7.4　モラン I 統計量とギアリ C 統計量の関係

　モラン I 統計量は近隣との相関関係に基づいて空間相関を評価しており，自ゾーンと近隣がともに平均以上（$y_i - \overline{y} > 0$ かつ $\sum_j w_{ij}(y_j - \overline{y}) > 0$），または平均以下（$y_i - \overline{y} < 0$ かつ $\sum_j w_{ij}(y_j - \overline{y}) < 0$）となる傾向がある場合に正となります．反対に，自ゾーンと近隣に逆の傾向がみられる場合は負になります（自ゾーンが平均以上だが近隣は平均以下，または自ゾーンが平均以下だが近隣は平均以上）．

　一方，ギアリ C 統計量は近隣との差に基づいて空間相関を評価します．自ゾーンと近隣との差 $y_j - y_i$ が小さくなりやすい場合に正となり，大きくなりやすい場合に負となります．差を用いた方が局所的な傾向が反映されやすいなど，両者に多少の違いはありますが，両統計量はおおむね似た傾向を示します（図 7.3）．モラン I 統計量の方がより広く用いられている点を踏まえると，多くの場合はモラン I 統計量を用いれば十分かもしれません．

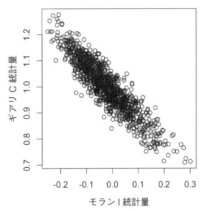

図 7.3　乱数を用いて都道府県ごとのシミュレーションデータを生成して，モラン I 統計量とギアリ C 統計量を 1,000 回評価してプロットした図．この図から，両統計量の間には強い相関関係があることが確認できます．なお，空間相関が強まるほどモラン I 統計量は大きくなる一方で，ギアリ C 統計量は小さくなる点に注意してください．

7.5　G/G* 統計量

　空間異質性，特に空間的な集積の指標として，以下の式で定義される **G 統計量**（G statistic）が知られています．

$$G = \frac{\sum_i \sum_j w_{ij} y_i y_j}{\sum_i \sum_j y_i y_j} \tag{7.4}$$

G 統計量は，例えば人口，売上高，患者数といった非負の観測値に対する統計量です．G は 0 以上の値をとり，その値が小さい（0 に近い）ことは観測値がランダムな空間分布を持つことを，反対に大きいことは大きな観測値が特定の地域に集中していることを意味します．

　G 統計量は自ゾーンの観測値を無視した指標であるため（$w_{ii} = 0$ のため．第 6 章参照），空間集

積の指標としての解釈が難しい面があります．そこで，自ゾーンと近隣の両方を考慮した空間集積の統計量として，**G* 統計量**（G* statistic）が用いられてきました．

$$G^* = \frac{\sum_i \sum_j w_{i,j}^* y_i y_j}{\sum_i \sum_j y_i y_j} \tag{7.5}$$

$w_{i,j}^*$ は，$i = j$ の場合は 1，$i \neq j$ の場合は w_{ij} です．G* 統計量は自ゾーンを含む近隣における空間集積の指標と解釈でき，人口，犯罪，産業などの集積するホットスポットの検出などに幅広く用いられてきました．なお，G/G* 統計量は次の第 8 章で紹介する局所空間統計量としての活用が特に活発です．

　G 統計量は spdep の globalG.test 関数に実装されています．7.4 節までは行基準化した行列を用いましたが，G 統計量を提案した Getis and Ord (1995) にならい，ここでは行基準化なしの近接行列を用いることにします．行基準化なしの行列は，nb2listw 関数で近接行列を生成する際に style = "B" と指定することで出力されます（B は Binary coding の頭文字）．

```
> w_b <- nb2listw( nb2, style="B" )
```

G 統計量は，globalG.test 関数を用いて以下のコマンドで評価できます．

```
> G <- globalG.test( pop, listw = w_b )
```

G* 統計量もほぼ同じコマンドで評価できます．唯一の違いは，include.self 関数で近接行列の対角項を 1 に置き換えたことです．

```
> w_b2  <- nb2listw(include.self(nb2),style="B")
> Gstar <- globalG.test(pop, listw=w_b2)
```

G* 統計量の評価結果は以下の通りです．G 統計量（Global G statistic），帰無仮説の下での期待値（Expectation）と分散（Variance），z 値（standard deviate）が出力されています．globalG.test 関数は，デフォルトでは帰無仮説を「空間集積が存在しない（z 値 = 0）」，対立仮説を「空間集積が存在する（z 値 > 0）」とした片側検定を行います．検定で得られた p 値（p-value）より，帰無仮説は 1 ％ 水準で棄却され，人口には統計的に有意な空間集積が存在することが確認されました．

```
> Gstar
        Getis-Ord global G statistic

data:  pop
weights: w_b2

standard deviate = 5.8294, p-value = 2.781e-09
alternative hypothesis: greater
sample estimates:
Global G statistic          Expectation               Variance
      1.685832e-01         1.111111e-01           9.720024e-05
```

## 第8章

局所空間統計量

8.1 本章の目的と概要

局所空間統計量（LISA）は各ゾーン周辺の局所的な空間特性を評価するための統計量で，第 7 章で紹介した大域空間統計量とは以下の式のような関係があります．

$$GISA = \frac{1}{N} \sum_{i=1}^{N} LISA_i \tag{8.1}$$

つまり，大域空間統計量をゾーンごとに分解したものが局所空間統計量です．局所空間統計量は産業，疫病，生物などの空間パターンの分析に幅広く用いられてきました．本章では，代表的な局所空間統計量である**ローカルモラン I 統計量**，**ローカルギアリ C 統計量**，**（ローカル）G* 統計量**を紹介します．

8.2 ローカルモラン I 統計量

ローカルモラン I 統計量（local Moran's I statistic）は，モラン I 統計量をゾーンごとに分解することで得られる統計量（$I = \frac{1}{N} \sum_{i=1}^{N} I_i$）で，以下の式で定義されます．

$$I_i = \frac{1}{m}(y_i - \overline{y}) \sum_j w_{ij}(y_j - \overline{y}) \tag{8.2}$$

$m = \frac{1}{n-1} \sum_{i=1, i \neq j}^{I} (y_i - \overline{y})^2 - \overline{y}^2$ は，I を分解した過程で現れる定数です．グローバルなモラン I 統計量と同様，I_i は自分と周辺の相関に着目した指標であり，自分と周辺が似た傾向を持つ（正の空間相関がある）場合は正，逆の傾向を持つ（負の空間相関がある）場合は負となります．また自分と周辺に相関がない場合は 0 付近の値をとります．

ローカルモラン I 統計量を用いることで，空間相関の有無がゾーンごとに検定できます．この検定には「ゾーン i の周辺には空間相関が存在しない」という帰無仮説の下で得られる z 値を使います．

$$z[I_i] = \frac{I_i - E[I_i]}{\sqrt{Var[I_i]}} \tag{8.3}$$

$E[I_i]$ と $Var[I_i]$ は帰無仮説の下での期待値と分散です．

　第7章と同様の都道府県データを用いて，ローカルモラン I 統計量を計算します．都道府県別人口のローカルモラン I 統計量は，spdep の localmoran 関数を用いた以下のコマンドで評価できます．

```
> lmoran  <- localmoran(pop, listw=w)
```

第7章と同様，pop は都道府県別人口，w は最近隣4ゾーンに基づく近接行列です．出力された lmoran の最初の5行は以下の通りです．Ii は I_i，E.Ii は $E[I_i]$，Var.Ii は $V[I_i]$，Z.Ii は $z[I_i]$，Pr(z!=E(Ii)) は空間相関が存在しないという帰無仮説に対する p 値です．

```
> lmoran[1:5,]
          Ii         E.Ii     Var.Ii        Z.Ii  Pr(z!=E(Ii))
1 -0.46908802  -0.02222222  0.2049491  -0.9870841    0.8381993
2  0.24505303  -0.02222222  0.2049491   0.5903856    0.2774661
3  0.25057324  -0.02222222  0.2049491   0.6025793    0.2733943
4  0.07649885  -0.02222222  0.2049491   0.2180655    0.4136891
5  0.27932578  -0.02222222  0.2049491   0.6660909    0.2526765
```

出力結果の解説が必要な場合は，「? 関数名」と入力すると出力される関数ごとのヘルプが便利です．例えば localmoran 関数の場合は，図 8.1 のようなページが出力されます（一部省略）．ページ内の「Value」から各出力変数の定義が確認できます．

```
> ?localmoran
```

---

localmoran {spdep}　　　　　　　　　　　　　　　　　　　　R Documentation

Local Moran's I statistic

Description

The local spatial statistic Moran's I is calculated for each zone based on the spatial weights object used. The values returned include a Z-value, and may be used as a diagnostic tool. The statistic is:

$$I_i = \frac{(x_i - \bar{x})}{\{\sum_{k=1}^{n}(x_k - \bar{x})^2\}/(n-1)}\{\sum_{j=1}^{n}w_{ij}(x_j - \bar{x})\}$$

, and its expectation and variance are given in Anselin (1995).

Usage

```
localmoran(x, listw, zero.policy=NULL, na.action=na.fail,
        alternative = "greater", p.adjust.method="none", mlvar=TRUE,
        spChk=NULL, adjust.x=FALSE)
                                .
                                .
                                .
```

Value

Ii   local moran statistic

E.Ii   expectation of local moran statistic

Var.Ii   variance of local moran statistic

Z.Ii   standard deviate of local moran statistic

Pr()   p-value of local moran statistic

図 8.1　localmoran 関数のヘルプ

　ローカルモラン I 統計量の計算結果を地図上にプロットします．プロットするためのコマンドは次の通りです．

```
> pref$lmoran<- lmoran[, "Ii"]
> breaks     <-c( -5, -2, -1, -0.5, 0, 0.5, 1, 2, 5 )
> nc         <- length(breaks)-1
> pal        <- rev( brewer.pal(n = nc, name = "RdYlBu" ))
> plot(pref[,"lmoran"], pal = pal, breaks=breaks)
```

lmoran

図 8.2　ローカルモラン I 統計量の評価結果

1行目で，ローカルモラン I の評価値を都道府県別ポリゴンデータ（pref）のデータテーブル内に lmoran という変数名で追加しています．2行目以降は，第5章と同様，色の区切り位置（breaks）と色分け（pal）を指定して，plot 関数でプロットしています．プロット結果は図 8.2 です．この結果から，東京都周辺に強い正の空間相関がみられることが確認できます．東京都だけでなくその周辺の神奈川県や埼玉県も人口が大きいことを踏まえると，この結果は直感に合います．一方，山梨県ではローカルモラン I 統計量が負となっており，負の空間相関があると推定されました．比較的人口の少ない山梨県と隣接する都道府県には，人口の大きな埼玉県，東京都，神奈川県などが含まれることを踏まえると，この結果もまた直感に合います．

　次に，ローカルモラン I 統計量の統計的有意性を確認するために p 値をプロットします．なお，1行目は古いバージョンの spdep パッケージでは回らない可能性があります．エラーが出た場合は install.packages 関数などで spdep パッケージをアップデートすることをすすめます．

```
> pref$lmoran_p<- lmoran[, "Pr(z!=E(Ii))"]
> breaks        <-c( 0, 0.01, 0.05, 0.10, 1 )
> nc            <- length(breaks)-1
> pal           <- rev( brewer.pal(n = nc, name = "YlOrRd" ))
> plot(pref[,"lmoran_p"], pal = pal, breaks=breaks)
```

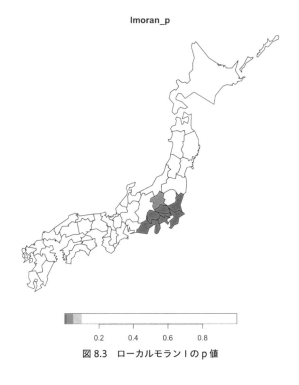

lmoran_p

$$0.2 \quad 0.4 \quad 0.6 \quad 0.8$$

図 8.3 ローカルモラン I の p 値

出力結果は図 8.3 です．この図では，赤は 1 ％ 水準，薄いオレンジは 10 ％ 水準で統計的に有意であることを意味します．この結果から，東京都付近には 1 ％ 水準で統計的に有意な正の空間相関がみられ，東京周辺には人口の大きな都道府県が集中していることが確認されました．また，山梨県でみられた負の空間相関も統計的に有意となりました．以上のように，ローカルモラン I 統計量は空間データの分布パターンをゾーンごとに評価したり，検定することのできる便利なツールです．

8.3　モラン散布図

　ローカルモラン I 統計量の定義式である (8.2) 式をみると，I_i は次の場合に正となることがわかります．

- High-High：自ゾーンと周辺がともに平均以上（ホットスポット）
  - ▶ $y_i - \overline{y} > 0$ かつ $\sum_j w_{ij}(y_j - \overline{y}) > 0$
- Low-Low　：自ゾーンと周辺がともに平均以下（クールスポット）
  - ▶ $y_i - \overline{y} < 0$ かつ $\sum_j w_{ij}(y_j - \overline{y}) < 0$

一方，I_i は次の場合に負となります．

- High-Low ：自ゾーンが平均以上だが周辺は平均以下（一人勝ち）
  - ▶ $y_i - \overline{y} > 0$ かつ $\sum_j w_{ij}(y_j - \overline{y}) < 0$
- Low-High ：自ゾーンは平均以下だが周辺は平均以上（一人負け）
  - ▶ $y_i - \overline{y} < 0$ かつ $\sum_j w_{ij}(y_j - \overline{y}) > 0$

このように，ローカルモランＩ統計量の背後にある空間相関パターンは，$y_i - \overline{y}$ と $\sum_j w_{ij}(y_j - \overline{y})$ に基づいて 4 分割できます．そこで横軸を $y_i - \overline{y}$，縦軸を $\sum_j w_{ij}(y_j - \overline{y})$ として各標本をプロットします．このプロットは**モラン散布図**（Moran scatterplot）と呼ばれます．モラン散布図は以下のコマンドで出力できます．

```
> moran.plot(pop, listw=w, labels=pref$name, pch=20)
```

ここで labels は図中の各点に対するラベルであり，都道府県名（pref$name）を使用します．pch は都道府県ごとのシンボル（点）のデザインを指定するコマンドで，20 は黒点です．図 8.4 中の右上がホットスポット，左下がクールスポット，右下が一人勝ち，左上が一人負けです．作図結果より，東京都や神奈川県を含む一部都道府県がホットスポットである点，大阪府が一人勝ちしている点などが確認できます．なお，ラベルが図の範囲外に出てしまう場合は，引数 xlim で横軸の表示範囲を変更できます．

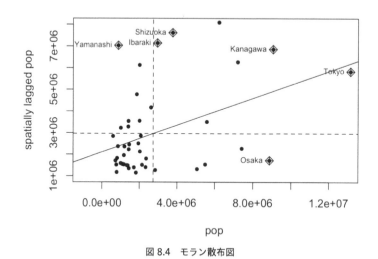

図 8.4 モラン散布図

8.4 ローカルギアリ C 統計量

モラン I 統計量と同様，ギアリ C 統計量もゾーンごとの局所統計量に分割できます．

$$c_i = \frac{1}{m} \sum_j w_{ij}(y_j - y_i)^2 \tag{8.4}$$

m はギアリ C 統計量を分解する過程で現れる定数です．グローバルなギアリ C 統計量と同様，c_i は 0 以上の値をとり，$c_i < 1$ であれば正の空間相関，$c_i = 1$ であればランダム，$c_i > 1$ であれば負の空間相関パターンがゾーン i の周辺に存在することを意味します．また，差分に基づくため，ローカルモラン I 統計量よりも局所的傾向を強く反映して空間相関を評価します．

8.5 ローカル G/G* 統計量

次の（ローカル）G 統計量は，空間集積の検定統計量として幅広く用いられています．

$$G_i = \frac{\sum_j w_{ij} y_j}{\sum_i y_i} \tag{8.5}$$

グローバルな G 統計量と同様，G_i は人口や生産額のような 0 以上の値をとるデータを対象とします．G_i は 0 以上の値をとり，G_i が大きいことはゾーン i の周辺に大きな観測値が集中していることを表します．グローバルな G 統計量と同様，G_i は自ゾーンの観測値を無視するため，空間集積の指標としては解釈の面で難があります．そこで，自ゾーンも含む近隣ゾーンにおける空間集積の度合いを評価する G_i^* 統計量が用いられてきました．

$$G_i^* = \frac{\sum_j w_{i,j}^* y_j}{\sum_i y_i} \tag{8.6}$$

ここで $w_{i,j}^* = \begin{cases} 1 & if\ i = j \\ w_{ij} & if\ i \neq j \end{cases}$ です．

一例として，G_i^* 統計量を用いて人口の空間集積度合いを都道府県別に評価します．まずは，グローバルな G* 統計量と同様，`include.self` 関数と `nb2listw` 関数で $w_{i,j}^*$ を要素とする近接行列を生成します．

```
> w_b2 <- nb2listw(include.self(nb2))
```

G_i^* 統計量は `localG` 関数で評価します．都道府県別人口の G_i^* 統計量を評価するコマンドは以下です．

```
> lG <- localG(pop, listw=w_b2)
```

なお，`localG` 関数では G_i^* 統計量自体ではなく，「空間集積は存在しない」という帰無仮説の下で評価した G_i^* 統計量の z 値（$z[G_i^*]$）が出力されます．その最初の 5 県の出力結果は以下の通りです．

```
> lG[1:5]
[1] -0.3720075 -1.1317626 -1.1317626 -1.0169059 -1.1317626
```

計算された $z[G_i^*]$ は，ローカルモラン I 統計量と同様の以下のコマンドで地図化できます．

```
> pref$lG    <- lG
> breaks    <-c(-5, -2.58, -1.96, -1.65, 0, 1.65, 1.96, 2.58, 5)
> nc        <- length(breaks)-1
> pal       <- rev(brewer.pal(n = nc, name = "RdYlBu"))
> plot(pref[,"lG"], pal=pal, breaks=breaks)
```

ここでは，z 値の有意水準 10 ％，5 ％，1 ％の臨界値を用いた色分けを行いました．出力結果は図 8.5 となります．有意水準 1 ％で統計的に有意な都道府県は濃い赤としました．この図から，東京都を中心とする広域に人口が集積している傾向が確認できます．

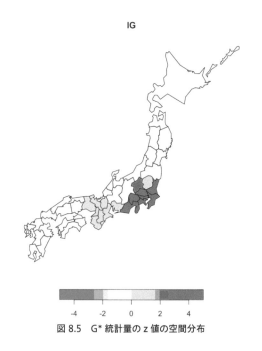

図 8.5　G* 統計量の z 値の空間分布

第 3 部

基礎 編

地域データの統計モデリング

第9章

同時自己回帰モデル

9.1 SAR モデルと CAR モデル

都道府県や市区町村のようなゾーンごとの地域データのモデル化には，**同時自己回帰**（simultaneous autoregressive; **SAR**）**モデル**と**条件付き自己回帰**（conditional autoregressive; **CAR**）**モデル**が用いられてきました．

SAR モデルは，ゾーン間の空間相関関係を文字通り同時にモデル化するもので（図 9.1(左)），各ゾーンが相互的・同時多発的に影響し合うような空間的相互作用を仮定します．例えば，国や地域間の相互影響を受けて決まると考えられる社会経済状況のモデル化には SAR モデルが向いています．実際に SAR モデルは，地域間の相互作用を考慮しながら政策の影響評価などを行うためのモデルとして，計量経済学の一分野である**空間計量経済学**（spatial econometrics）で広く用いられています．

CAR モデルは，周辺の観測値が与えられているという条件の下で，周辺との空間相関をモデル化します．例えば図 9.1 右の例であれば，観測値 y_2，y_3，y_4 が与えられた下で y_1 をモデル化します．CAR モデルは，相互作用がモデル化しづらいため社会経済分析ではあまり用いられない反面，計算効率がよく，またベイズ統計との親和性が高いため，生物の空間分布パターンを推定するために生態学で用いられたり，疾病リスクの空間パターンを分析するために空間疫学で用いられたりしてきました．

本章では SAR モデルについて，空間計量経済学の動向も交えて説明します．第 10 章では CAR モデルについて説明します．

同時自己回帰モデル
（SAR モデル）

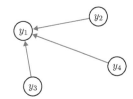

条件付き自己回帰モデル
（CAR モデル）

図 9.1　同時自己回帰（SAR）モデルと条件付き自己回帰（CAR）モデルのイメージ

9.2 SAR モデル

いま，ゾーンごとに被説明変数 y_i が与えられているとします．最も基礎的な SAR モデルは以下の式で y_i をモデル化するものです．

$$y_i = \rho \sum_{j=1}^{N} w_{i,j} y_j + \beta_0 + \varepsilon_i \qquad \varepsilon_i \sim N(0, \sigma^2) \tag{9.1}$$

β_0 は定数項，$w_{i,j}$ はゾーン i と j の近さを表す空間重み，ρ は空間相関の強さを決めるパラメータです（後述）．SAR モデルを行列表記すると以下の式となります．

$$\mathbf{y} = \rho \mathbf{W} \mathbf{y} + \beta_0 \mathbf{1} + \boldsymbol{\varepsilon} \qquad \boldsymbol{\varepsilon} \sim N(\mathbf{0}, \sigma^2 \mathbf{I}) \tag{9.2}$$

$\mathbf{0}$ はゼロベクトル，$\mathbf{I}$ は単位行列です．ただし，

$$\mathbf{y} = \begin{bmatrix} y_1 \\ y_2 \\ \vdots \\ y_N \end{bmatrix}, \quad \mathbf{W} = \begin{bmatrix} 0 & w_{1,2} & \cdots & w_{1,N} \\ w_{2,1} & 0 & \cdots & w_{2,N} \\ \vdots & \vdots & \ddots & \vdots \\ w_{N,1} & w_{N,2} & \cdots & 0 \end{bmatrix}, \quad \mathbf{1} = \begin{bmatrix} 1 \\ 1 \\ \vdots \\ 1 \end{bmatrix}, \quad \boldsymbol{\varepsilon} = \begin{bmatrix} \varepsilon_1 \\ \varepsilon_2 \\ \vdots \\ \varepsilon_N \end{bmatrix} \tag{9.3}$$

です．

行列 $\mathbf{W}$ はゾーン間の結びつきの強さを表す行列であり，空間計量経済学では**空間重み行列**（spatial weight matrix）と呼ばれます．この行列は近接行列を行基準化（各行和が 1 になるように基準化）することで与えられます．例えばルーク型の隣接性を仮定すると，$\begin{bmatrix} 東京 \\ 千葉 \\ 神奈川 \\ 埼玉 \end{bmatrix}$ の近接行列は $\begin{bmatrix} 0 & 1 & 1 & 1 \\ 1 & 0 & 0 & 1 \\ 1 & 0 & 0 & 0 \\ 1 & 1 & 0 & 0 \end{bmatrix}$ になります（第 6 章の図 6.4 参照）．この行列を行基準化すると以下になります．

$$\begin{bmatrix} 0 & 1/3 & 1/3 & 1/3 \\ 1/2 & 0 & 0 & 1/2 \\ 1 & 0 & 0 & 0 \\ 1/2 & 1/2 & 0 & 0 \end{bmatrix} \tag{9.4}$$

例えば 1 行目は，「東京都は，千葉県から 1/3，神奈川県から 1/3，埼玉県から 1/3 の影響を受ける」ということを意味します．このような解釈のしやすさは行基準化が広く用いられる理由の一つです．

パラメータ ρ が正であることは正の空間的相関がみられることを，負であることは負の空間相関がみられることを，0 付近の値であることは空間相関が存在しないことを意味します．ρ のとりうる範囲は次式となることが知られています．

$$1/\omega_{\min} < \rho < 1/\omega_{\max} \tag{9.5}$$

$\omega_{\max}$ は $\mathbf{W}$ の最大固有値，$\omega_{\min}$ は最小固有値です．行基準化した結果，最大固有値 $\omega_{\max}$ は 1 となるため，ρ の範囲は実際には以下となります．

$$1/\omega_{\min} < \rho < 1 \tag{9.6}$$

したがって，ρ が 1 に近いほど正の空間相関が強く，0 に近いほど弱いと解釈できます．ほとんどの社会経済データが正の空間相関を持つことを踏まえると，正の空間相関の強さが一目で判断できるこの性質は実用上便利です．なお，行基準化した場合，(9.6) 式が満たされる限りは SAR モデルの尤度関数に含まれる log(行列式) が必ず解を持ち，最尤法によるパラメータ推定が可能となることが知られています（3.9 節参照）．このように，行基準化は，モデルが解釈しやすくなるだけでなく推定の安定化にもつながるため，次の 9.3 節以降で紹介する空間計量モデルを用いた多くの実証分析で仮定されてきました．

9.3 SAR モデルと空間計量経済学

　空間計量経済学では，国・地域間の空間相関を柔軟にモデル化するために SAR モデルが幅広く拡張されてきました．具体的には表 9.1 に整理した通りです．各モデルは，被説明変数，説明変数，誤差項のどれに空間相関を仮定するかが異なりますが，いずれも SAR モデルの拡張とみなすことができます．

　被説明変数の空間相関を考慮することは国・地域間の相互作用や影響関係をモデル化する上で，誤差項の空間相関を考慮することは誤差項を無相関化して回帰係数を適切に推定・検定する上で，特に役立ちます（第 3 章参照）．また，説明変数からの空間相関の仮定は周辺への波及効果（9.7 節参照）を推定する上で特に役立ちます．全要素に空間相関を仮定する Manski モデルが最も網羅的ですが，推定が不安定となるため，通常は同モデル以外の 6 つからモデルが選ばれます．

　以降では，空間計量経済学で特に幅広く用いられている空間ラグモデル，空間エラーモデル，空間ダービンモデルを中心に，実例を交えて紹介します．

表 9.1　空間計量経済モデルの整理．なお各モデルは別の名称で呼ばれることもあります．

モデルの主な呼称	空間相関		
	被説明変数	説明変数	誤差項
空間ラグモデル (SLM)	■		
SLX モデル		■	
空間エラーモデル (SEM)			■
空間ダービンモデル (SDM)	■	■	
空間ダービンエラーモデル (SDEM)		■	■
SARAR モデル	■		■
Manski モデル	■	■	■

9.4 空間ラグモデル

空間ラグモデル（spatial lag model; **SLM**）は被説明変数の空間相関を考慮するモデルであり，以下の式で定義されます．

$$y_i = \rho \sum_{j=1}^{N} w_{i,j} y_j + \sum_{k=1}^{K} x_{i,k} \beta_k + \varepsilon_i \qquad \varepsilon_i \sim N(0, \sigma^2) \tag{9.7}$$

空間ラグモデルを用いることで地域間の空間的相互作用が分析できます．例えば，被説明変数 y_i が州別のタバコ価格であるとします．いま A 州でタバコを値下げしたとすると，そのことを知った周辺の B 州や C 州でもタバコが値下げされるかもしれません．さらに，そのことを知った B 州と C 州の近隣州でもタバコが値下げされるかもしれません．このように，社会経済変数は地域間の相互作用の影響で変動することがあります．(9.7) 式は，以上のような相互作用を繰り返した結果として至る長期的な均衡状態を記述するモデルとして導出可能です．$\rho \sum_{j=1}^{N} w_{i,j} y_j$ は，上述の例のような被説明変数（タバコ価格）が近隣ゾーンに与える影響を評価する項であり，ρ が正に大きいことは「周りで価格が高ければ自分も価格を高くする」のような共起傾向（正の空間相関）が強いことを意味します．反対に，ρ が負に大きいことは「周りは価格が高いけれど自分は価格を安くする」のような逆の傾向（負の空間相関）が強いことを意味します．後者は空間競争の結果として生じることが知られています．例えば，大型店舗への顧客の集中の結果として，「売上の大きな店舗の周辺に，売上の小さな店舗が多い」のような負の空間相関パターンが現れます．

空間相関項 $\sum_{j=1}^{N} w_{i,j} y_j$ を説明変数の一つとみなせば，空間ラグモデルは通常の線形回帰モデルと同じ形です．同モデルの回帰係数を最小二乗推定法で推定してよいのでしょうか．ここで，空間相関項内の y_j は (9.7) 式で定義される確率変数であり，回帰モデルの前提条件である誤差項と説明変数の無相関性 (3.6) 式は必ずしも満たされません．残念ながら，(9.7) 式の下では $\sum_{j=1}^{N} w_{i,j} y_j$ と誤差項 ε_i は相関を持つことが示せます．つまり $Cov\left[\sum_{j=1}^{N} w_{i,j} y_j, \varepsilon_j\right] \neq 0$ です．誤差項と説明変数が相関を持つ場合，回帰係数の推定量はもはや不偏とならないため，(9.7) 式を最小二乗推定するべきではありません．そのため，各パラメータの推定には最尤法や空間二段階最小二乗法などが用いられてきました（9.8 節参照）．

9.5 空間エラーモデル

空間エラーモデル（spatial error model; **SEM**）は誤差項の空間相関を考慮するモデルであり，以下の式で定義されます．

$$y_i = \sum_{k=1}^{K} x_{i,k} \beta_k + u_i \qquad u_i = \lambda \sum_{j=1}^{N} w_{i,j} u_j + \varepsilon_i \qquad \varepsilon_i \sim N(0, \sigma^2) \tag{9.8}$$

λ は誤差項の空間的相関の強さを表すパラメータです．誤差項の空間相関は，モデルから抜け落ちた

重要変数（除外変数：omitted variable）が存在する場合に現れます．例えば住宅価格を被説明変数，最寄駅までの距離を説明変数とする単回帰モデル（[住宅価格] $= \beta_0 + \beta_1$[最寄駅距離] $+$ [誤差項]）を考えます．仮に公園までの距離が除外変数であり，公園付近で価格が高騰していたとしても，その影響は同モデルの回帰項では捉えられず，誤差項に吸収されてしまいます．また，海までの距離なども考慮していないため，仮に海辺で価格が高騰していたとしても，その影響は誤差項に吸収されてしまいます．以上の結果，誤差項は公園や海付近に大きな値が集中するような空間相関パターンを持つことになります．第 3 章で説明したように，誤差項間に相関がみられる場合は，回帰係数の統計的有意性は適切に評価されません．したがって，空間エラーモデルの推定にも通常の線形回帰モデルを用いてはいけません．

　残念ながら，被説明変数に影響する可能性のあるあらゆる変数を説明変数として考慮することは，データ取得の困難さなどの点で必ずしも容易ではありません．次善策として，空間エラーモデルでは，除外変数の影響で現れる誤差項 u_i の空間相関パターンを捉えます．あらゆる空間データが空間相関を持つという地理学第一定理（第 6 章参照）をふまえると，除外変数の影響が空間相関を持つという仮定は妥当です．パラメータ λ を推定することで，誤差項の空間相関パターンやその強さを推定します．

　空間エラーモデルを用いて誤差項の空間相関を除外することで，残差は無相関化され，適切なパラメータ推定や有意性検定が可能となります．

9.6　空間ダービンモデル

空間ダービンモデル（spatial durbin model; **SDM**）は，以下の式で定義されます．

$$y_i = \rho \sum_{j=1}^{N} w_{i,j} y_j + \sum_{k=1}^{K} \sum_{j=1}^{N} w_{i,j} x_{j,k} \gamma_k + \sum_{k=1}^{K} x_{i,k} \beta_k + \varepsilon_i \qquad \varepsilon_i \sim N(0, \sigma^2) \qquad (9.9)$$

$\sum_{j=1}^{N} w_{i,j} x_{j,k}$ は説明変数が周辺ゾーンに及ぼす影響を表し，係数 γ_k でその強さを推定します．同モデルの右辺第 1 項は被説明変数の近隣への空間波及，第 2 項は説明変数の近隣への空間波及を表します．このモデルは，後述の直接効果と間接効果を推定する上で有用であり，幅広く用いられています．なお，(9.9) 式で $\rho = 0$ としたモデルは **Spatial lag of X（SLX）モデル**と呼ばれます．

9.7　直接効果・間接効果

　線形回帰モデルの回帰係数 β_k は「説明変数 $x_{i,k}$ が 1 単位増加した時の被説明変数 y_i の変化量」を表します．数式で書くと $\beta_k = \partial y_i / \partial x_{i,k}$ であり，回帰モデルを $x_{i,k}$ で微分すると同式が得られます．残念ながら，空間計量経済モデルの回帰係数は必ずしも $\partial y_i / \partial x_{i,k}$ と一致しません．したがって，回帰係数の解釈には注意が必要です．

　一方，空間計量経済モデルからも $\partial y_i / \partial x_{i,k}$ は評価できます．同一ゾーン内での説明変数の影響を表すこの量は，**直接効果**（direct effect）と呼ばれます．一方，「ゾーン i の説明変数 $x_{i,k}$ が 1 単位増加した時のゾーン j の被説明変数の変化量」である $\partial y_j / \partial x_{i,k}$ を考えることもできます．他のゾーン

に波及するこの効果は**間接効果**（indirect effect）と呼ばれます．通常の線形回帰モデルとは異なり，空間計量経済モデルでは空間重み行列によって各ゾーンが関連付けられた結果として，この間接効果が現れます．

　ここでは空間ラグモデルを例に直接・間接効果を求めてみましょう．最初に空間ラグモデル (9.7) 式を行列表記に直します．

$$\mathbf{y} = \rho \mathbf{W}\mathbf{y} + \mathbf{X}\boldsymbol{\beta} + \boldsymbol{\varepsilon} \qquad \boldsymbol{\varepsilon} \sim N(\mathbf{0}, \sigma^2 \mathbf{I}) \tag{9.10}$$

ここで，

$$\mathbf{X} = \begin{bmatrix} 1 & x_{1,1} & \cdots & x_{1,K} \\ 1 & x_{2,1} & \cdots & x_{2,K} \\ \vdots & \vdots & \ddots & \vdots \\ 1 & x_{N,1} & \cdots & x_{N,K} \end{bmatrix}, \qquad \boldsymbol{\beta} = \begin{bmatrix} \beta_0 \\ \beta_1 \\ \vdots \\ \beta_K \end{bmatrix} \tag{9.11}$$

です．両辺にある $\mathbf{y}$ をまとめると以下の式となります．

$$\mathbf{y} = (\mathbf{I} - \rho \mathbf{W})^{-1} \mathbf{X}\boldsymbol{\beta} + (\mathbf{I} - \rho \mathbf{W})^{-1} \boldsymbol{\varepsilon} \qquad \boldsymbol{\varepsilon} \sim N(\mathbf{0}, \sigma^2 \mathbf{I}) \tag{9.12}$$

この式から直接効果と間接効果を求めると，以下のようになります．

$$\begin{bmatrix} \partial y_1/\partial x_{1,k} & \partial y_1/\partial x_{2,k} & \cdots & \partial y_1/\partial x_{N,k} \\ \partial y_2/\partial x_{1,k} & \partial y_2/\partial x_{2,k} & \cdots & \partial y_2/\partial x_{N,k} \\ \vdots & \vdots & \ddots & \vdots \\ \partial y_N/\partial x_{1,k} & \partial y_N/\partial x_{2,k} & \cdots & \partial y_N/\partial x_{N,k} \end{bmatrix} = (\mathbf{I} - \rho \mathbf{W})^{-1} \beta_k \tag{9.13}$$

直接効果 $\partial y_i/\partial x_{i,k}$ は行列 $(\mathbf{I} - \rho \mathbf{W})^{-1} \beta_k$ の i 番目の対角要素，間接効果 $\partial y_j/\partial x_{i,k}$ は同行列の j 行 i 列の非対角要素となります．実用上は直接効果の要約統計量として行列 $(\mathbf{I} - \rho \mathbf{W})^{-1} \beta_k$ の対角要素の平均値が用いられ，間接効果の要約統計量として $(\mathbf{I} - \rho \mathbf{W})^{-1} \beta_k$ の非対角要素の行和の平均値が用いられます．それらで直接・間接効果を評価することで，説明変数が同一ゾーン内に及ぼす影響だけでなく，周辺ゾーンへの影響も評価できます．

　$(\mathbf{I} - \rho \mathbf{W})^{-1} \beta_k$ は次のように級数展開できます．

$$(\mathbf{I} - \rho \mathbf{W})^{-1} \beta_k = (\mathbf{I} + \rho \mathbf{W} + \rho^2 \mathbf{W}^2 + \rho^3 \mathbf{W}^3 + \ldots)\beta_k \tag{9.14}$$

$\mathbf{I}$ は自分への影響，$\rho \mathbf{W}$ は隣接ゾーンへの影響，$\rho^2 \mathbf{W}^2$ は隣の隣への影響，$\rho^3 \mathbf{W}^3$ は隣の隣の隣への影響を表します．このように空間ラグモデルから得られる間接効果は，高次の波及までを考慮した，大域的な波及効果を評価するものです．

　続いて，説明変数の空間相関のみを考慮するモデルである SLX モデルを考えます．

$$\mathbf{y} = \mathbf{W}\mathbf{X}\boldsymbol{\gamma} + \mathbf{X}\boldsymbol{\beta} + \boldsymbol{\varepsilon} \qquad \boldsymbol{\varepsilon} \sim N(\mathbf{0}, \sigma^2 \mathbf{I}) \tag{9.15}$$

$\boldsymbol{\gamma}$ は γ_k を第 k 要素に持つ縦ベクトルです．SLX モデルの直接・間接効果を求めると以下のようになります．

$$
\begin{bmatrix}
\partial y_1/\partial x_{1,k} & \partial y_1/\partial x_{2,k} & \cdots & \partial y_1/\partial x_{N,k} \\
\partial y_2/\partial x_{1,k} & \partial y_2/\partial x_{2,k} & \cdots & \partial y_2/\partial x_{N,k} \\
\vdots & \vdots & \ddots & \vdots \\
\partial y_N/\partial x_{1,k} & \partial y_N/\partial x_{2,k} & \cdots & \partial y_N/\partial x_{N,k}
\end{bmatrix}
= \beta_k \mathbf{I} + \mathbf{W}\gamma_k
\tag{9.16}
$$

$\mathbf{W}$ の対角要素が 0 であることをふまえると，直接効果は一様に β_k，間接効果は $\mathbf{W}\gamma_k$ の非対角要素で与えられることがわかります．(9.16) 式からわかるように，SLX モデルを仮定した場合，間接効果は隣接ゾーンへの影響のみを考慮した，局所的な波及効果を評価するものとなります．

　空間ラグモデルや SLX モデルと同様に各モデルの直接・間接効果を評価すると，表 9.2 のようになります．被説明変数の空間相関を考慮する各モデル（SLM, SARAR, SDM, Manski）は大域的スピルオーバー効果を推定し（表 9.1），説明変数の空間相関を考慮するモデル（SLX, SDEM, SDM, Manski）は局所的効果を推定します．空間ラグモデルのように大域的効果だけを仮定すると，直接効果と間接効果（の要約統計量）の比率は説明変数によらず一定となるため，やや柔軟性に欠けます．一方，SLX モデルのように説明変数の空間相関を考慮すると，直接効果と間接効果の比率は β_k と γ_k に応じて説明変数ごとに変化することとなり，柔軟です．そのため，特に最近は，空間ダービンモデル（SDM）や空間ダービンエラーモデル（SDEM）のような説明変数の空間相関も考慮するモデルが広く用いられています．

表 9.2　直接効果と間接効果の要約統計量（空間重み行列は行基準化されていると仮定）

モデル	直接効果	間接効果
線形回帰, SEM	β_k	0
SLM, SARAR	$(\mathbf{I} - \rho\mathbf{W})^{-1}\beta_k$ の対角要素の平均値	$(\mathbf{I} - \rho\mathbf{W})^{-1}\beta_k$ の対角要素以外の行和の平均値
SLX, SDEM	β_k	$\gamma_k\ (=\gamma_k\mathbf{W}$ の対角要素以外の行和の平均値$)$
SDM, Manski	$(\mathbf{I} - \rho\mathbf{W})^{-1}(\beta_k\mathbf{I} + \gamma_k\mathbf{W})$ の対角要素	$(\mathbf{I} - \rho\mathbf{W})^{-1}(\beta_k\mathbf{I} + \gamma_k\mathbf{W})$ の対角要素以外の行和の平均値

9.8　パラメータ推定

　最尤法は空間計量経済モデルの標準的なパラメータ推定法の一つであり，R パッケージ spdep やその後継である spatialreg に実装されています．どのモデルの場合も，基本的には (9.12) 式のように $\mathbf{y}$ についてまとめることで，(3.22) 式のような行列式などを持つ尤度関数が導出でき，これを最大化することで推定を行います．尤度の評価には，計算量の大きな $\mathbf{I} - \rho\mathbf{W}$ の行列式を求める必要があり，計算効率の観点で課題がありました．しかしながら，近年までに最尤法の幅広い高速近似手法が提案されており，それらは spdep や spatialreg に実装されています．最尤法の一般的性質によ

れば，空間計量経済モデルに対する最尤推定の精度は，サンプルサイズが十分に大きく，被説明変数がガウス分布に従う場合に特に性能がよくなります．

　最尤法以外では，**空間二段階最小二乗法**（spatial 2-stage least squares）や一般化モーメント法も広く用いられています．それらは行列式計算が不要なため，大規模データにも適用できます．また，最尤法とは異なり，ガウス分布に従わないデータに対しても頑健なため応用研究で人気があります．同推定法は R パッケージ sphet に実装されています．

　上記以外にも，MCMC 法によるベイズ推定もよく用いられます．MCMC 法を用いれば，ゾーンごとの分散不均一性の考慮のような柔軟な拡張が可能となります．空間計量経済モデルを MCMC 法で推定するための関数は，spatialreg パッケージに実装されています．なお，空間計量経済モデルを含む SAR モデルの MCMC 法による推定では，$\mathbf{I} - \rho\mathbf{W}$ の行列式計算を繰り返すために計算量が大きくなりがちですが，次の第 10 章で紹介する CAR モデルの場合は，この計算の計算量が極めて小さくなります．そのため，CAR モデルの推定には MCMC 法がより広く用いられています．

9.9 spatialreg を用いた実例

9.9.1 概要

　本節では，空間計量経済モデルの住宅価格データへの応用例を紹介します．本節で使用するパッケージは spatialreg, spdep, car です．spatialreg は空間計量経済モデルを推定するための幅広い関数を提供するパッケージで，spdep の後継に位置付けられています．spdep は空間重み行列を生成するために必要です．

```
> library(spatialreg)
> library(spdep)
> library(car)
```

ボストン住宅価格データを用います．このデータを以下のコマンドで読み込みます．

```
> data(boston)
```

上記コマンドで，街区別の住宅価格データ（boston.c）と，街区間の隣接関係をまとめたデータ（boston.soi）が読み込まれます．boston.c は以下のようなものです．

```
> boston.c[1:5,]
      TOWN TOWNNO TRACT     LON     LAT MEDV CMEDV    CRIM ZN INDUS CHAS   NOX    RM  AGE
1   Nahant      0  2011 -70.955 42.2550 24.0  24.0 0.00632 18  2.31    0 0.538 6.575 65.2
2 Swampscott    1  2021 -70.950 42.2875 21.6  21.6 0.02731  0  7.07    0 0.469 6.421 78.9
3 Swampscott    1  2022 -70.936 42.2830 34.7  34.7 0.02729  0  7.07    0 0.469 7.185 61.1
4 Marblehead    2  2031 -70.928 42.2930 33.4  33.4 0.03237  0  2.18    0 0.458 6.998 45.8
5 Marblehead    2  2032 -70.922 42.2980 36.2  36.2 0.06905  0  2.18    0 0.458 7.147 54.2
```

```
     DIS RAD TAX PTRATIO      B LSTAT
1 4.0900   1 296    15.3 396.90  4.98
2 4.9671   2 242    17.8 396.90  9.14
3 4.9671   2 242    17.8 392.83  4.03
4 6.0622   3 222    18.7 394.63  2.94
5 6.0622   3 222    18.7 396.90  5.33
```

各変数の定義は表 9.3 の通りです．ここからは，住宅価格の中央値（修正値）である CMEDV を被説明変数とする分析事例を紹介します．

表 9.3　ボストン住宅価格データの変数

変数名	定義
TOWN	町の名称
TOWNNO	町の ID
TRACT	街区の ID
LON	経度
LAT	緯度
MEDV	住宅価格の中央値（1,000 ドル）
CMEDV	住宅価格の中央値（修正値；1,000 ドル）
CRIM	犯罪率
ZN	25,000 平方フィートを超える区画に分類される住宅地の割合
INDUS	街区に占める非小売業以外の業務地の割合
CHAS	チャーリーズ川ダミー（川沿いの街区は 1, さもなくば 0）
NOX	NO_x 濃度（10 ppm）
RM	1 戸あたりの平均部屋数
AGE	1940 年以前に建設された持ち家住宅の割合
DIS	ボストン市内の 5 つの雇用センターまでの距離（加重平均）
RAD	放射幹線道路に対する近接性
TAX	10,000 ドルあたりの全額固定資産税率
PTRATIO	教師一人あたりの生徒数
B	黒人比率
LSTAT	社会的弱者の割合

boston.soi は街区間の隣接性を nb 形式でまとめたものです（第 6 章参照）．

```
> boston.soi
Neighbour list object:
Number of regions: 506
Number of nonzero links: 2152
Percentage nonzero weights: 0.8405068
Average number of links: 4.252964
```

第 8 章と同様，ここでも nb2listw 関数を用いて，nb 形式の boston.soi から行基準化した空間重み行列(listw 形式)を生成します．nb2listw 関数ではデフォルトで行基準化した行列を生成します．

```
> w<-nb2listw(boston.soi)
```

9.9.2 節では，まずは基礎的な回帰モデルの R による推定方法を紹介し，その後，空間計量経済モデルの推定方法を紹介します．

9.9.2 回帰モデルの実例

回帰モデルへのあてはまりを高めるために，対数変換やべき乗変換（二乗値をとるなど）で被説明変数や説明変数を変換することが可能です．今回，被説明変数は CMEDV の対数値です．説明変数は，簡単のために CRIM，RM の二乗値，LSTAT の対数値のみとしました．まずは回帰項を定義します．

```
> formula <- log(CMEDV) ~ CRIM + I(RM^2) + log(LSTAT)
```

回帰項は [被説明変数] ~[説明変数1] +[説明変数2]+…のように指定します．この形式は formula 形式と呼ばれ，数式を認識するために使われます．上記のように，log 関数は formula 形式であっても使えます．一方，二乗「^2」は formula 形式ではそのままでは認識されません．そこで I 関数を使用します．この関数は関数内の数式をそのまま説明変数として使用するための関数で，I(RM^2) とすることで，RM の二乗値が説明変数となります．

回帰モデルは lm 関数で推定され，その結果は summary 関数を用いて以下のように出力されます．

```
> lmod       <- lm(formula, data=boston.c)
> summary(lmod)

Call:
lm(formula = formula, data = boston.c)

Residuals:
     Min       1Q   Median       3Q      Max
-0.71023 -0.11497 -0.01849  0.11974  0.90973

Coefficients:
             Estimate Std. Error t value Pr(>|t|)
(Intercept)  3.693343   0.094882  38.926  < 2e-16 ***
CRIM        -0.012073   0.001151 -10.487  < 2e-16 ***
I(RM^2)      0.008684   0.001343   6.468 2.36e-10 ***
log(LSTAT)  -0.405917   0.021624 -18.771  < 2e-16 ***
---
Signif. codes:  0 '***' 0.001 '**' 0.01 '*' 0.05 '.' 0.1 ' ' 1

Residual standard error: 0.2036 on 502 degrees of freedom
Multiple R-squared:  0.7528,    Adjusted R-squared:  0.7513
F-statistic: 509.5 on 3 and 502 DF,  p-value: < 2.2e-16
```

推定結果内の Estimate は推定された回帰係数，Std. Error はその標準誤差，t value は t 値，Pr(>|t|) は p 値です．さらに，右の印は回帰係数の統計的な有意性を示すもので，R では 10 ％ 水準で有意な場合は「.」，5 ％ 水準は「*」，1 ％ 水準は「**」，0.1 ％ 水準は「***」と表示されます．また，Adjusted R-squared は自由度調整済み決定係数です．その値は 0.7513 であり，75.13 ％ の変動を説明する比較的精度のよい回帰モデルが推定されたことがわかります．

説明変数間の多重共線性の診断統計量である分散拡大要因（VIF，第 3 章参照）は，car パッケージの vif 関数で以下のように評価できます．

```
> vif(lmod)
      CRIM      I(RM^2)   log(LSTAT)
  1.194527     1.809950     2.056629
```

一般に VIF が 10 以上の場合は深刻な多重共線性が疑われますが，VIF はいずれも 10 未満なので，深刻な多重共線性は存在しないと判定して，すべての説明変数を用いることとします．

第 3 章でも説明した通り，線形回帰モデルの残差に空間相関が存在する場合，誤差項は無相関であるという仮定が満たされなくなり，回帰係数の統計的な有意性が適切に評価されなくなります．そこで，残差の空間相関の統計的な有意性をモラン I 統計量で検定します．以下のように lm.morantest 関数を使うことで，残差のモラン I 統計量が評価できます．

```
> lm.morantest(lmod, w)

        Global Moran I for regression residuals

data:
model: lm(formula = formula, data = boston.c)
weights: w

Moran I statistic standard deviate = 17.454, p-value < 2.2e-16
alternative hypothesis: greater
sample estimates:
Observed Moran I      Expectation          Variance
    0.548341519      -0.004783038       0.001004255
```

Moran I statistic standard deviate はモラン I 統計量の z 値です．この値が ±1.96 以上であれば 5 ％ 水準で有意な空間相関が残差に存在するという判定となりますが，z 値は 17.454 となり，残差には強い正の空間相関が存在すると推定されました．空間相関を考慮したモデリングが必要です．

空間ラグモデルと空間エラーモデルのどちらを用いるべきかは，ラグランジュ乗数検定で評価できます．空間ラグモデルに対する同検定では帰無仮説「$\rho = 0$」と対立仮説「$\rho \neq 0$」の仮説検定を行い，空間エラーモデルに対する同検定では帰無仮説「$\lambda = 0$」と対立仮説「$\lambda \neq 0$」を検定します．もし両方で帰無仮説が棄却できなかった場合は通常の線形回帰モデル，「$\rho \neq 0$」のみが採択された場合は空間ラグモデル，「$\lambda \neq 0$」のみが採択された場合は空間エラーモデルが最良と判定します．「$\rho \neq 0$」

と「$\lambda \neq 0$」の両方が採択された場合は，後述の頑健ラグランジュ乗数検定で両モデルが再比較できます．ラグランジュ乗数検定は`lm.LMtests`関数を用いた以下のコマンドで実装できます．

```
> tres    <- lm.LMtests(lmod, w, test=c("LMlag","LMerr"))
> summary(tres)
        Lagrange multiplier diagnostics for spatial dependence
data:
model: lm(formula = formula, data = boston.c)
weights: w

        statistic parameter    p.value
LMlag   241.66            1 < 2.2e-16 ***
LMerr   294.52            1 < 2.2e-16 ***
---
Signif. codes:  0 '***' 0.001 '**' 0.01 '*' 0.05 '.' 0.1 ' ' 1
```

上記のように`test=c("LMlag","LMerr")`と指定すると，空間ラグモデルと空間エラーモデルに対する検定がそれぞれ行われます．statistic（ラグランジュ乗数）が大きいモデルはより強く支持されます．上記の結果では`LMerr`の値がより大きく，空間エラーモデルの方がやや強く支持されるという結果となりました．ただし両モデルとも統計的に有意となっており，どちらも線形回帰モデルよりはよいという結果となりました．

　このように両方が支持された場合は，被説明変数と誤差項に対する両空間相関のうちの一方が存在しない，という条件で他方の有意性を検定しようという頑健ラグランジュ乗数検定でモデルが再比較できます．空間ラグモデルに対するこの検定では，帰無仮説は「$\rho = 0$ $(with\ \lambda = 0)$」，対立仮説は「$\rho \neq 0$」です．空間エラーモデルの場合も同様に仮説が立てられます．両仮説検定は`test=c("RLMlag","RLMerr")`と指定することで実行されます．

```
> tres2    <- lm.LMtests(lmod, w, test=c("RLMlag","RLMerr"))
> summary(tres2)
        Lagrange multiplier diagnostics for spatial dependence
data:
model: lm(formula = formula, data = boston.c)
weights: w

        statistic parameter    p.value
RLMlag  28.739            1 8.281e-08 ***
RLMerr  81.601            1 < 2.2e-16 ***
---
Signif. codes:  0 '***' 0.001 '**' 0.01 '*' 0.05 '.' 0.1 ' ' 1
```

依然として両モデルが支持されてはいますが，statisticの値（頑健ラグランジュ乗数）に基づけば空間エラーモデル（`RLMerr`）がより強く支持されており，同モデルを使用すべきという結論となります．

　なお，後述のように精度比較によってモデルを選択することもできますが，ラグランジュ乗数検定

は空間計量経済モデルの推定なしに事前にモデル選択できるため，計算効率の面で利点があります．

9.9.3　空間ラグモデルの推定

spatialreg は空間計量経済モデルを推定するための主要パッケージです．ただし，本書執筆時の 2021 年時点は spdep からの移行期であり，両方に同名の関数があるため，以降では必要に応じて「spatialreg::関数名」のようにパッケージ名を明示して各関数を実行します．

まず，空間ラグモデルは lagsarlm 関数を用いた以下のコマンドで推定できます．

```
> slm    <-spatialreg::lagsarlm(formula,data=boston.c, listw=w, tol.solve=1.0e-20)
```

data でデータを，listw で空間重み行列（listw 形式）を指定します．tol.solve は逆行列計算における特異性の許容度合いを調整するパラメータです．この値を小さくすることでエラーが起こりにくくなりますが，特異に近い逆行列計算も許容することになり，計算が不安定になることがあります．今回は $1.0\mathrm{e}{-20} = 1 \times 10^{-20}$ としました（デフォルトでは 1×10^{-10}）．推定結果は次の通りです．

```
> summary(slm)

Call:spatialreg::lagsarlm(formula = formula, data = boston.c, listw = w)

Residuals:
      Min        1Q    Median        3Q       Max
-0.546861 -0.086643 -0.010181  0.081870  0.824637

Type: lag
Coefficients: (asymptotic standard errors)
               Estimate  Std. Error  z value  Pr(>|z|)
(Intercept)  1.61887039  0.13010114  12.4432 < 2.2e-16
CRIM        -0.00567131  0.00090516  -6.2655 3.716e-10
I(RM^2)      0.00809050  0.00100144   8.0789 6.661e-16
log(LSTAT)  -0.21325052  0.01929761 -11.0506 < 2.2e-16

Rho: 0.53278, LR test value: 255.71, p-value: < 2.22e-16
Asymptotic standard error: 0.028684
    z-value: 18.574, p-value: < 2.22e-16
Wald statistic: 345, p-value: < 2.22e-16

Log likelihood: 217.1909 for lag model
ML residual variance (sigma squared): 0.022828, (sigma: 0.15109)
Number of observations: 506
Number of parameters estimated: 6
AIC: -422.38, (AIC for lm: -168.68)
LM test for residual autocorrelation
test value: 18.682, p-value: 1.5444e-05
```

空間ラグパラメータ ρ（Rho）は 0.53278 となりました．p 値（p-value）は 2.22e-16 となり，有意な正の空間相関が被説明変数に存在することが確認できました．モデルの精度を示す AIC（Akaike Information Criterion）は -422.38 で，線形回帰モデル（AIC for lm: -168.68）よりも小さく，空間相関を考慮したことによるモデルの精度改善も確認できました．

Estimate は回帰係数，Std. Error は標準誤差，z value は z 値，Pr(>|z|) は p 値です．一般に，線形回帰モデルと比べると，回帰係数や t 値は絶対値でみて小さくなる傾向があり，有意性を表す p 値は大きくなる傾向があります．結果として，線形回帰モデルで有意であった説明変数が空間ラグモデルでは有意とならない場合があります．このように，空間相関を考慮して適切に回帰係数を推定・検定するために空間計量経済モデルは役立ちます．

9.9.4 空間エラーモデルの推定

空間エラーモデルは，errorsarlm 関数で以下のように推定できます．

```
> sem    <-spatialreg::errorsarlm(formula,data=boston.c, listw=w, tol.solve=1.0e-20)
> summary(sem)

Call:spatialreg::errorsarlm(formula = formula, data = boston.c, listw = w,
    tol.solve = 1e-20)

Residuals:
       Min         1Q      Median         3Q        Max
-0.73858852 -0.06948581 -0.00044309  0.08188814  0.57066495

Type: error
Coefficients: (asymptotic standard errors)
              Estimate Std. Error  z value  Pr(>|z|)
(Intercept)  3.5164302  0.0855920  41.0836  < 2.2e-16
CRIM        -0.0060987  0.0009698  -6.2886  3.204e-10
I(RM^2)      0.0078404  0.0010577   7.4125  1.239e-13
log(LSTAT)  -0.3278324  0.0212399 -15.4348  < 2.2e-16

Lambda: 0.73463, LR test value: 278.59, p-value: < 2.22e-16
Asymptotic standard error: 0.030276
    z-value: 24.264, p-value: < 2.22e-16
Wald statistic: 588.76, p-value: < 2.22e-16

Log likelihood: 228.6321 for error model
ML residual variance (sigma squared): 0.019741, (sigma: 0.1405)
Number of observations: 506
Number of parameters estimated: 6
AIC: -445.26, (AIC for lm: -168.68)
```

空間相関パラメータ（Lambda）は 0.73463 となり，残差に強い正の空間相関が確認されました．AIC は -445.26 で，線形回帰モデル（-168.68）や空間ラグモデル（-422.38）よりも精度がよいという結果となりました．この結果は頑健ラグランジュ乗数検定の結果と整合します．

9.9.5　空間ダービンモデルの推定

空間ダービンモデルは，`lagsarlm`関数で`type`を`"mixed"`と指定することで以下のように推定できます．

```
> sdm      <-spatialreg::lagsarlm(formula,data=boston.c, listw=w, tol.solve=1.0e-20,
+                                 type="mixed")
> summary(sdm)

Call:spatialreg::lagsarlm(formula = formula, data = boston.c, listw = w,
    type = "mixed", tol.solve = 1e-20)

Residuals:
        Min         1Q     Median         3Q        Max
-0.6490437 -0.0698256 -0.0094518  0.0761599  0.6934231

Type: mixed
Coefficients: (asymptotic standard errors)
                  Estimate  Std. Error   z value  Pr(>|z|)
(Intercept)     0.99000307  0.14402647    6.8738 6.253e-12
CRIM           -0.00555849  0.00097106   -5.7241 1.040e-08
I(RM^2)         0.00832871  0.00104284    7.9866 1.332e-15
log(LSTAT)     -0.29533987  0.02206327  -13.3860 < 2.2e-16
lag.CRIM       -0.00047502  0.00146725   -0.3238   0.74613
lag.I(RM^2)    -0.00269632  0.00154443   -1.7458   0.08084
lag.log(LSTAT)  0.19634142  0.03072640    6.3900 1.659e-10

Rho: 0.68365, LR test value: 277.75, p-value: < 2.22e-16
Asymptotic standard error: 0.033337
    z-value: 20.507, p-value: < 2.22e-16
Wald statistic: 420.54, p-value: < 2.22e-16

Log likelihood: 245.7987 for mixed model
ML residual variance (sigma squared): 0.019035, (sigma: 0.13797)
Number of observations: 506
Number of parameters estimated: 9
AIC: -473.6, (AIC for lm: -197.84)
LM test for residual autocorrelation
test value: 20.537, p-value: 5.8497e-06
```

回帰係数のうちの「`lag.`」が付されたものは**WX**に対する回帰係数，つまり「周辺への影響」を表す回帰係数です．この結果より，自ゾーンへの影響は`CRIM`（負），`I(RM^2)`（正），`log(LSTAT)`（負）が5％水準で有意であり，周辺ゾーンへの影響は`log(LSTAT)`（正）が5％水準で有意でした．AIC は -473.6 であり，空間ラグモデルやエラーモデルよりも精度が改善しました．

9.9.6　その他の空間計量経済モデルの推定

その他の主な空間計量経済モデルは以下のように推定できます.

空間ダービンエラーモデル（errorsarlm 関数にて etype="emixed" 指定）

```
> sdem    <-spatialreg::errorsarlm(formula,data=boston.c, listw=w, tol.solve=1.0e-20,
                           etype="emixed")
```

SLX モデル（lmSLX 関数）

```
> slx     <-spatialreg::lmSLX(formula,data=boston.c, listw=w)
```

SARAR モデル（sacsarlm 関数）

```
> sarar   <-spatialreg::sacsarlm(formula,data=boston.c, listw=w, tol.solve=1.0e-20)
```

　空間相関に基づく（頑健）ラグランジュ乗数検定によるモデル選択を 9.9.2 節で紹介しましたが，AIC や Bayesian Information Criterion（BIC）で精度を比較することもできます．AIC を比較すると空間ダービンエラーモデルが最良となります．なお，同モデルの AIC は以下のように評価できます.

```
> AIC(sdem)
[1] -483.6068
```

9.9.7　直接・間接効果の推定

　空間ラグモデル（SLM）と空間ダービンエラーモデル（SDEM）を例に直接・間接効果を評価します．評価には impacts 関数を使用します.

```
> spatialreg::impacts(slm,listw=w)
Impact measures (lag, exact):
               Direct      Indirect       Total
CRIM       -0.006215329 -0.005923107 -0.01213844
I(RM^2)     0.008866573  0.008449700  0.01731627
log(LSTAT) -0.233706327 -0.222718326 -0.45642465

> spatialreg::impacts(sdem,listw=w)
Impact measures (SDEM, estimable):
               Direct      Indirect       Total
CRIM       -0.007563603 -0.010328714 -0.01789232
I(RM^2)     0.009744417  0.006711158  0.01645558
log(LSTAT) -0.294836178  0.007506297 -0.28732988
```

ここで評価された Direct は直接効果，Indirect は間接効果です．また，Total は両者の和であり，**総効果**（total effect）と呼ばれます．前述の通り，空間ラグモデルを用いた場合は直接効果と間接効果の比率は各説明変数で一定となります．一方，空間ダービンエラーモデルの結果では log(LSTAT)

は直接効果が支配的であり，CRIM は直接・間接効果の両方が大きいという結果となりました．あるゾーンに社会的弱者が多い（LSTAT が増える）と同ゾーンの住宅価格が下がることや，あるゾーンで犯罪が多い（CRIM が増える）と，同ゾーンだけでなくその周辺ゾーンの住宅価格も下がることが推定されました．

　直接・間接効果の統計的有意性はモンテカルロシミュレーションによって評価できます．コマンドは以下の通りです．

```
> w2       <- as(w, "CsparseMatrix")
> trMat    <- spatialreg::trW(w2, type="mult")
> ires_sim<-spatialreg::impacts(sdem, tr=trMat, R=1000)
```

最初の 2 行はシミュレーションを高速で行うための処理で，シミュレーションで用いられる行列のトレース（対角成分の和）trMat を事前評価しています．最後の行では，trMat を用いたモンテカルロシミュレーションを実施しています．その際の反復回数は 1,000 回としています（R=1000）．各効果の統計的有意性の検定結果は以下の通りです．

```
> summary(ires_sim)
Impact measures (SDEM, estimable, n):
                  Direct      Indirect        Total
CRIM       -0.007563603 -0.010328714 -0.01789232
I(RM^2)     0.009744417  0.006711158  0.01645558
log(LSTAT) -0.294836178  0.007506297 -0.28732988
========================================================
Standard errors:
                  Direct     Indirect        Total
CRIM       0.0009974035 0.002119537 0.002615696
I(RM^2)    0.0011346379 0.002034812 0.002719874
log(LSTAT) 0.0212280958 0.037397033 0.044757490
========================================================
Z-values:
                Direct    Indirect       Total
CRIM        -7.583293 -4.8730982 -6.840366
I(RM^2)      8.588130  3.2981713  6.050123
log(LSTAT) -13.888960  0.2007191 -6.419705

p-values:
            Direct     Indirect      Total
CRIM       3.3751e-14 1.0986e-06 7.8990e-12
I(RM^2)    < 2.22e-16 0.00097317 1.4474e-09
log(LSTAT) < 2.22e-16 0.84091825 1.3654e-10
```

z 値（Z-values）と p 値（p-values）から，CRIM は直接効果も間接効果も負に有意，RM^2 は両効果が正に有意，log(LSTAT) は直接効果のみが負に有意となったことがわかります．以上から，犯罪件数は自ゾーンだけでなく周辺ゾーンの住宅価格も低下させる傾向や，社会的弱者が増えることは同一ゾーンの価格のみを低下させる傾向が，統計的に有意であることが確認できました．

第**10**章

条件付き自己回帰モデル

10.1 CAR モデルとは

　ゾーンごとに集計された患者数データを用いて，各ゾーンの疾病リスクを推定する問題を考えます．疾病にもよりますが，各ゾーンの患者数は 0 人や 1 人のように限られており，観測値が不確実な場合も多いです．例えば，図 10.1 の (右) は患者数データの一例です．図中の太枠で囲まれたゾーンの患者数は周囲よりも多いですが，このことが同ゾーンのリスクの高さに起因するのか，それともリスクは高くないけれどもたまたま集計期間中に患者が多かっただけなのかをこの図から判断することは困難です．どのようにして，限られた患者数データからゾーンごとの疾病リスクを評価すればよいでしょうか．

　生態学でも類似の問題に直面することがあります．絶滅危惧種や外来種などの空間分布パターンを推定するためにはゾーンごとの個体数のデータを使いますが，観測された個体数が限られている場合も多く，個体ごとの個別要因（気まぐれなど）の影響も受けるなか，少数のデータからうまく生物の空間分布パターンを推定する必要があります．

　以上のように，空間疫学や生態学では，観測数の限られた不確実な集計データの分析が必要な場合があります．**条件付き自己回帰**（conditional auto-regressive; **CAR**）**モデル**は，そういった不確実なデータの解析に用いられてきました．CAR モデルの推定には，多くの場合，MCMC 法などのベイズ推定法が用いられます．これは，CAR モデルの計算効率がよい点，条件付き分布を用いるという同モデルの性質がベイズ推定手法と相性がよい点などに起因します．

　第 9 章と同様，本章でもガウス分布に従う被説明変数を前提としますが，空間疫学や生態学の分野ではカウントデータ（患者数や動植物の個体数）を対象とした研究も活発です．CAR モデルを用いたカウントデータの解析については第 15 章を参照ください．

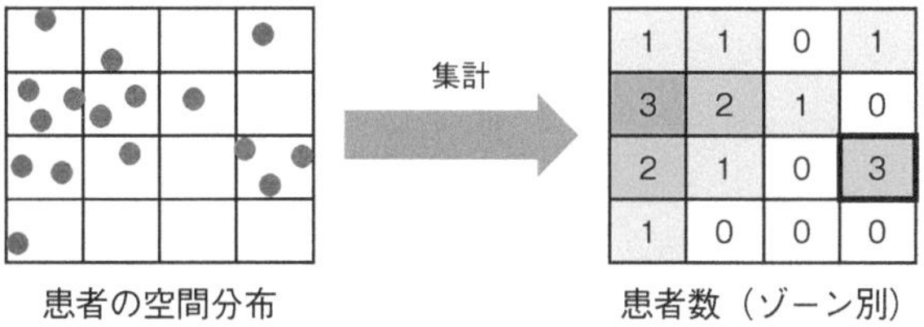

図 10.1　ゾーン別の患者数データの不確実性．左の赤点が患者の空間分布，右がそれらの集計値とします．プライバシー保護などの観点から，多くの場合，右図のように集計された患者数データのみが利用可能です．右図の太枠で囲ったゾーンの患者数は周囲よりも多いですが，このことが，同ゾーンの疾病リスクの高さに起因するのか，それとも偶発的要因に起因するのかは図を見ただけでは判断が困難です．

10.2　データモデル

ゾーン i の被説明変数 y_i は以下の式に従うと仮定します．

$$y_i = z_i + \varepsilon_i \qquad \varepsilon_i \sim N(0, \sigma^2) \tag{10.1}$$

z_i は地域特性（疾病リスクなど）を捉え，ε_i は個別特性や偶発的要因を吸収するための誤差項です．CAR モデルは，変数 z_i の空間相関パターンを捉えるための事前分布（2.15 節参照）として導入されるため，CAR 事前分布と呼ばれることもあります．

10.3　CAR モデル

　CAR モデルにはバリエーションがありますが，代表的なものに **ICAR**（intrinsic CAR）**モデル** があります．ICAR モデルは以下の式で空間相関変数 z_i をモデル化します．

$$z_i | z_{j \neq i} \sim N \left(\frac{\sum_j w_{ij} z_j}{\sum_j w_{ij}}, \frac{\tau^2}{\sum_j w_{ij}} \right) \tag{10.2}$$

$z_i | z_{j \neq i}$ は，ゾーン i 以外のゾーンにおける変数 $z_{j \neq i} \in \{z_1, \ldots, z_{i-1}, z_{i+1}, \ldots, z_N\}$ で条件づけられた変数 z_i です．つまり (10.2) 式は，他ゾーンの変数 $z_{j \neq i}$ の値がすでにわかっていると仮定して空間相関変数 z_i をモデル化します．$w_{i,j}$ はゾーン i と j の近接性を表し，通常はルーク型，またはクイーン型の隣接性を仮定して，1 または 0 で与えられます．ICAR モデルは，変数 z_i の期待値を隣接ゾーンの平均値（$\frac{\sum_j w_{ij} z_j}{\sum_j w_{ij}}$）で与えることで隣接ゾーンとの空間相関を考慮します．結果として，z_i は空間相関（空間的に滑らかな）パターンを持つこととなります．τ^2 は変数 z_i の分散であり，τ^2 が大きいほど空間相関で説明される変動は大きくなり，反対に $\tau^2 = 0$ の場合は z_i は一様の値となり，空間相関パターンは消失します．具体的なイメージは図 10.2 を参照ください．

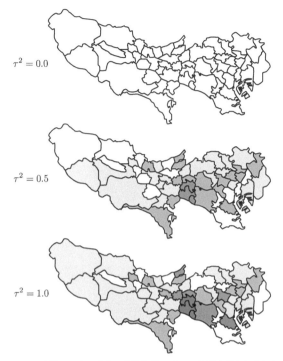

図 10.2 変数 z_i の空間分布．隣接行列にはルーク型を仮定しました．

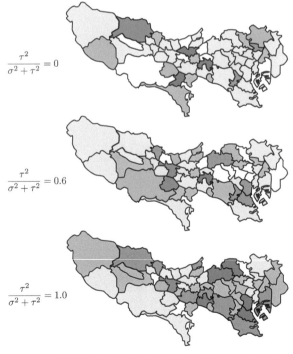

図 10.3 変数 $z_i + \varepsilon_i$ の空間分布．隣接行列にはルーク型を仮定しました．

(10.2) 式を (10.1) 式に代入すると，被説明変数 y_i は空間相関変数 z_i（分散 τ^2）と誤差項 ε_i（分散 σ^2）で説明されることになります．被説明変数の総変動に占める空間相関成分の割合は $\frac{\tau^2}{\sigma^2+\tau^2}$ となり，この値が 1 に近い（τ^2 が大きい）ほど空間相関成分の割合が大きくなり，図 10.3(下) のような滑らかな空間パターンが背後にあると推定されます．一方で，$\frac{\tau^2}{\sigma^2+\tau^2}$ が 0 に近い（σ^2 が大きい）ほど独立なノイズ成分の割合が大きくなり，図 10.3(上) のようなランダムな空間パターンが背後にあると推定されます．以上のようにして，疾病リスクなどの空間パターンを推定します．

なお，実際には説明変数も考慮した以下の式が多く使われます．

$$y_i = \sum_{k=1}^{K} x_{i,k}\beta_k + z_i + \varepsilon_i, \quad z_i|z_{j\neq i} \sim N\left(\frac{\sum_j w_{ij}z_j}{\sum_j w_{ij}}, \frac{\tau^2}{\sum_j w_{ij}}\right), \quad \varepsilon_i \sim N(0,\sigma^2) \quad (10.3)$$

上式は被説明変数を，説明変数からの影響，空間相関成分，ノイズ成分に分離するモデルであり，各成分の影響の大きさは $\beta_k, \tau^2, \sigma^2$ で評価します．(10.3) 式を疾病リスクのゾーン別推定に用いる場合であれば，$\sum_{k=1}^{K} x_{i,k}\beta_k + z_i$ が地域特性で説明される疾病リスクです．ε_i は地域特性で説明されない要因を表し，この項がデータの不確実性（ノイズ）を捉えます．

10.4 CAR モデルの種類

ICAR モデルには，弱い空間相関が捉えられないという短所があります．実際，ICAR モデル (10.2) 式を用いると，隣接ゾーンの疾病リスク $z_{j\neq i}$ が大きい場合は自ゾーンの期待値 $\frac{\sum_j c_{ij}z_j}{\sum_j c_{ij}}$ は必ず大きくなります．しかしながら，実際には，自ゾーンの疾病リスクは（周辺に影響されて多少大きいものの）隣接ゾーンほどではないかもしれません．このような弱い空間相関も捉えるために ICAR モデルは拡張・修正されてきました．代表的な拡張モデルには以下があります．

BYM モデル
$$z_i|z_{j\neq i} \sim N\left(\frac{\sum_j c_{ij}(z_j + \theta_j)}{\sum_j c_{ij}}, \frac{\tau^2}{\sum_j c_{ij}}\right), \quad \theta_j \sim N(0, s^2) \quad (10.4)$$

Leroux モデル
$$z_i|z_{j\neq i} \sim N\left(\frac{\rho\sum_j c_{ij}z_j}{\rho\sum_j c_{ij} + 1 - \rho}, \frac{\tau^2}{\rho\sum_j c_{ij} + 1 - \rho}\right) \quad (10.5)$$

Stern and Cressie モデル
$$z_i|z_{j\neq i} \sim N\left(\rho\frac{\sum_j c_{ij}z_j}{\sum_j c_{ij}}, \frac{\tau^2}{\sum_j c_{ij}}\right), \quad \rho \sim Unif(0,1) \quad (10.6)$$

BYM（Besag-York-Mollie）モデルは，ノイズ θ_j を加えることで弱い空間相関も捉えようとするもので，ノイズ分散 s^2 が 0 の場合に ICAR モデル (10.2) 式に一致します．Leroux モデルと Stern and Cressie モデルは，空間相関の強さを表すパラメータ ρ を導入することで弱い空間相関も捉えようというものであり，いずれも $\rho = 1$ の場合に ICAR モデルに一致します．反対に $\rho = 0$ の場合は独立なガウス分布となり，空間相関は存在しないという推定結果になります．BYM モデルと Leroux

モデルは，今日では標準的に用いられています．加えて，Leroux モデルは理論的にも実用上においても最良であるという指摘もあり，特に広く用いられています．

10.5 推定

SAR モデルとは異なり，CAR モデルの推定には MCMC 法が標準的に用いられています．これは以下の 3 つの理由によります．

(a) パラメータの不確実性が推定できる

患者数のような不確実なデータを扱う際は，パラメータ推定値もまた不確実となります（例：偶発的要因で被説明変数の値が変化すると，パラメータ推定値も大きく変わるなど）．MCMC 法を用いてパラメータを繰り返しサンプリングすることで，パラメータの不確実性が自然に考慮され，データの背後にある空間相関パターンやその不確実性が適切に評価されやすくなります．

(b) 親和性が高い

条件付き分布 $z_i|z_{j \neq i} \sim N\left(\frac{\sum_j c_{ij} z_j}{\sum_j c_{ij}}, \frac{\tau^2}{\sum_j c_{ij}}\right)$ をモデル化しようという CAR モデルは，同じく条件付き分布からのサンプリングを繰り返す MCMC 法にただちに組み込めます（3.10 節参照）．例えば (10.3) 式であれば，各パラメータ $\{\beta_1, \ldots, \beta_K, \sigma^2, \tau^2\}$ に事前分布を仮定して，パラメータならびに変数 $z_i|z_{j \neq i} \sim N\left(\frac{\sum_j c_{ij} z_j}{\sum_j c_{ij}}, \frac{\tau^2}{\sum_j c_{ij}}\right)$ のサンプリングを MCMC 法で繰り返せば CAR モデルが推定できます．

(c) 計算効率がよい

CAR モデルは以下の形に直せます（Brook's lemma）．

$$\mathbf{z} \sim N\left(\mathbf{0}, \mathbf{Q}^{-1}\right), \qquad \mathbf{z} = \begin{bmatrix} z_1 \\ z_2 \\ \vdots \\ z_N \end{bmatrix}, \qquad \mathbf{Q} = \begin{bmatrix} q_{1,1} & q_{1,2} & \cdots & q_{1,N} \\ q_{2,1} & q_{2,2} & \cdots & q_{2,N} \\ \vdots & \vdots & \ddots & \vdots \\ q_{N,1} & q_{N,2} & \cdots & q_{N,N} \end{bmatrix} \tag{10.7}$$

$\mathbf{Q}$ は共分散行列の逆行列であり，精度行列と呼ばれます．$\mathbf{Q}$ の対角要素 $q_{i,i}$ にはゾーン i に隣接するゾーンの数が入り，非対角要素 $q_{i,j}$ は，ゾーン i と j が隣接している場合は -1，そうでない場合は 0 となります．

MCMC 法では $\mathbf{z}$ を繰り返しサンプリングする必要があります．空間統計モデルを推定するためのサンプリングでは，通常は共分散行列の逆行列計算や行列式計算を繰り返す必要があるため，計算負荷は極めて大きくなります（第 3 章参照）．しかしながら (10.7) 式では，共分散行列 $\mathbf{Q}^{-1}$ の逆行

列 $\mathbf{Q}$ が最初からわかっています．そのため，明示的な逆行列計算なしに，極めて小さな計算量で $\mathbf{z}$ がサンプリング可能となるので，サンプルサイズが数千のような比較的大きな標本の場合でも，数秒から数分程度の短時間で MCMC 法によるベイズ推定を行うことができます．

　要約すると，CAR モデルを MCMC 法で推定することで，不確実性を考慮した空間モデルが計算効率よく推定できるということです．

10.6　CARBayes による実例

　本節では，CARBayes パッケージを用いた CAR モデルの応用事例を紹介します．この章で使用するパッケージは次の 4 つです．

```
> library(spdep)
> library(CARBayes)
> library(sf)
> library(RColorBrewer)
```

　ここでは，第 9 章でも使用したボストン住宅価格データを用います．分析目的はゾーンごとの住宅価格指数の推定です．(10.3) 式を用いて，各ゾーンの住宅価格 y_i を地域要因で説明される成分 $\widehat{y}_i = \sum_{k=1}^K x_{i,k}\widehat{\beta}_k + \widehat{z}_i$ と，説明されない個別要因 $\widehat{\varepsilon}_i$ に分解して，前者を価格指数とみなします．

　近接性の評価のために，本章では街区ごとのポリゴンデータを使用します．まず以下のコマンドでポリゴンを読み込みます．

```
> boston.tr <-st_read(system.file("shapes/boston_tracts.shp", package="spData"))
```

同シェープファイルには，第 9 章と同様の各変数が街区ごとの属性情報として与えられています．次に同ポリゴンの隣接情報を nb 形式としてまとめ（w_nb），nb2mat 関数で近接行列（W）として出力します．

```
> w_nb        <-poly2nb( boston.tr )
> W           <-nb2mat(w_nb,style="B")
```

なお，CAR モデルを用いる際は行基準化なしの隣接行列が仮定されることが多いため，ここでも style = "B" とすることで，行基準化なしの隣接行列を用います．

　本章では，被説明変数を CMEDV（住宅価格の中央値）の対数値，説明変数を CRIM（犯罪率），I(RM^2)（1 戸あたりの平均部屋数の二乗値），log(LSTAT)（社会的弱者の割合）とした事例を紹介します．第 9 章と同様の以下のコマンドで回帰項を定義します．

```
> formula <- log(CMEDV) ~ CRIM + I(RM^2) + log(LSTAT)
```

　まずは，線形回帰モデルを推定します．ここでは CAR モデルにあわせて MCMC 法を用います．推定コマンドは次の通りです．

```
> resLm  <- S.glm(formula, data=boston.tr,
                family="gaussian", burnin=5000, n.sample=20000)
```

formula は先ほど定義したモデル式です．family はデータの分布を指定する引数であり，今回のように "gaussian" とした場合は，誤差項にガウス分布が仮定されます．なお，family = "poisson" とした場合はポアソン分布，"binimial" とした場合は二項分布になります．burnin は MCMC 法において初期値の影響を除くために除外する初期サンプルの数であり，n.sample は MCMC 法の繰り返し回数です（第 3 章参照）．

　計算結果は次の通りとなりました．

```
> resLm

#################
#### Model fitted
#################
Likelihood model - Gaussian (identity link function)
Random effects model - None
Regression equation - log(CMEDV) ~ CRIM + I(RM^2) + log(LSTAT)
Number of missing observations - 0

############
#### Results
############
Posterior quantities and DIC

              Median    2.5%    97.5% n.effective Geweke.diag
(Intercept)   3.6945   3.5064   3.8785     14483.3         0.0
CRIM         -0.0121  -0.0143  -0.0098     16260.5        -0.2
I(RM^2)       0.0087   0.0061   0.0113     14386.4        -0.1
log(LSTAT)   -0.4060  -0.4487  -0.3638     14216.6         0.2
nu2           0.0414   0.0366   0.0469     15000.0         0.4

DIC =  -168.7089      p.d =  4.9745       LMPL =  81.98
```

Median, 2.5 %, 97.5 % はそれぞれ MCMC 法から得られた回帰係数の事後分布の中央値，2.5 % 点，97.5 % 点です．2.5 〜 97.5 % の区間はパラメータが 95 % の確率で値をとる範囲を表し，ベイズ統計学では **95 % 信用区間**と呼ばれます．この区間を用いて回帰係数の影響の有無が推測できます．例えば，CRIM の回帰係数の 95 % 信用区間は [-0.0143, -0.0098] で 0 を含まないため，CRIM は負の効果があるといえます．Geweke.diag は MCMC 法の収束度合いを判定する統計量であり，その値がおおむね ±1.96（両側検定の有意水準 5 % の臨界値）未満であれば MCMC 法は収束したとみなしてよいとされます．**DIC**（deviance information criterion）は MCMC 法を用いた際に使われる精

度指標で，AIC などと同様，DIC が小さいことは精度がよいことを意味します．最後に，nu2 はノイズ分散 σ^2 です．

次に，空間モデルを推定します．Leroux モデル (10.5) 式を用いる場合は S.CARleroux 関数を用います．

```
> resLex <- S.CARleroux(formula, data=boston.tr,
                        family="gaussian", W=W, burnin=5000, n.sample=20000)
```

計算結果は次の通りです．

```
> resLex

#################
#### Model fitted
#################
Likelihood model - Gaussian (identity link function)
Random effects model - Leroux CAR
Regression equation - log(CMEDV) ~ CRIM + I(RM^2) + log(LSTAT)
Number of missing observations - 0

############
#### Results
############
Posterior quantities and DIC


              Median    2.5%    97.5% n.effective Geweke.diag
(Intercept)   3.4406   3.2793   3.6181       902.2         0.8
CRIM         -0.0080  -0.0100  -0.0059       893.4        -1.6
I(RM^2)       0.0096   0.0074   0.0117      1235.5        -0.8
log(LSTAT)   -0.3210  -0.3655  -0.2811       717.2        -0.6
nu2           0.0045   0.0020   0.0077       286.1        -0.1
tau2          0.0786   0.0614   0.0964       473.4         0.0
rho           0.9583   0.8681   0.9953      1923.7         0.1


DIC =  -959.2618       p.d =  363.0932       LMPL =  346.25
```

nu2 はノイズ分散 σ^2，tau2 は空間相関成分の分散 τ^2 です．ノイズ分散（0.0045）に比べて空間相関成分の分散（0.0786）が大きくなりました．分散比でみると，ノイズと空間相関成分に占める空間相関の割合は約 0.9458（=0.0786/(0.0786 + 0.0045)）であり，誤差分散の 95 ％ は空間相関で説明されると推定されました．空間相関パラメータ rho は 0.958 であり，近隣ゾーンとの強い空間相関関係もまた示唆されました．以上を考慮した Leroux モデルの DIC は，線形回帰モデルよりも大幅に改善しています．

次に ICAR モデル (10.2) 式を推定します．Leroux モデルの ρ を 1 に固定すると ICAR モデルとなるため，このモデルは次のコマンドで推定できます．

```
> resCAR   <- S.CARleroux(formula, data=boston.tr, rho=1
                          family="gaussian", W=W, burnin=5000, n.sample=20000)
```

コマンド rho=1 で $\rho = 1$ を仮定しています．計算結果は以下の通りです．

```
> resCAR

#################
#### Model fitted
#################
Likelihood model - Gaussian (identity link function)
Random effects model - Leroux CAR
Regression equation - log(CMEDV) ~ CRIM + I(RM^2) + log(LSTAT)
Number of missing observations - 0

############
#### Results
############
Posterior quantities and DIC

              Median    2.5%    97.5% n.effective Geweke.diag
(Intercept)   3.4328  3.2725   3.6012       965.7         1.9
CRIM         -0.0079 -0.0100  -0.0058       688.9        -0.6
I(RM^2)       0.0096  0.0075   0.0118      1344.8        -2.0
log(LSTAT)   -0.3186 -0.3616  -0.2775       730.6        -1.7
nu2           0.0047  0.0020   0.0083       274.2        -0.6
tau2          0.0789  0.0601   0.0987       409.6         0.6
rho           1.0000  1.0000   1.0000          NA          NA

DIC =  -943.9615       p.d =  353.3911      LMPL =  338.88
```

DIC は線形回帰モデルよりはよいものの，Leroux モデルよりは悪く，Leroux モデルが最良という結果となりました．なお BYM モデルについては省略しますが，S.CARbym 関数で同様に推定できます．

次に，以上で推定されたモデルから住宅価格指数 $\widehat{y}_i$ を抽出・地図化します．まずは，以下のコマンドで推計値 $\widehat{y}_i$（fitted.values）を各街区別ポリゴン（boston.tr）に代入します．

```
> boston.tr$predLm   <- exp( resLm$fitted.values )
> boston.tr$predLex  <- exp( resLex$fitted.values)
> boston.tr$predCAR  <- exp( resCAR$fitted.values)
```

価格の対数値を被説明変数にしていたため，指数をとることでもともとの単位に戻しています．各モデルの価格指数は predLm, predLex, predCAR という変数名にしました．

地図化のために，街区ごとの色分けを以下のように定義します．

```
> nc        <- 10
> breaks    <- seq(0, 55, len=nc+1)
> pal       <- rev(brewer.pal(nc, "RdYlBu"))
```

nc は色分け数です．2 行目では，0（最小値）から 55（最大値）までを均等に nc + 1 分割することで，色分けの区切り位置（breaks）を定義しています．3 行目は brewer.pal 関数で，区切りごとの色を指定しています．"RdYlBu" はカラーパレットです（Red-Yellow-Blue）．rev 関数で色の並びを反転させることで，値が大きい場合に赤，小さい場合に青となるように色分けを指定しました．

以上の設定で，まずは実際の住宅価格（中央値）をプロットします．

```
> plot(boston.tr[, "CMEDV"] ,pal=pal,breaks=breaks, axes=TRUE,lwd=0.1)
```

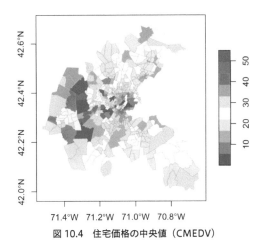

図 10.4　住宅価格の中央値（CMEDV）

図 10.4 によると，対象地域西部で住宅地価が高く，中心部で低い傾向が確認できます．続いて，各モデルから得られた住宅価格指数を以下のコマンドで視覚化します．

```
> plot(boston.tr[, "predLm"] ,pal=pal,breaks=breaks, axes=TRUE,lwd=0.1)
> plot(boston.tr[, "predLex"] ,pal=pal,breaks=breaks, axes=TRUE,lwd=0.1)
> plot(boston.tr[, "predCAR"],pal=pal,breaks=breaks, axes=TRUE,lwd=0.1)
```

結果は図 10.5 に整理した通りです．この図から，線形回帰モデルの予測値は，例えば元データ（図 10.4）には存在しない高価格ゾーン（赤）が北部に発生している点や，南東部の複数ゾーンにおける予測値が実際よりも過大となる点など，やや不自然な箇所がみられます．

一方，Leroux モデルと ICAR モデルの予測値は，より実際の住宅地価に近い空間平滑化の結果となっています．これは，10.5 節で説明した通り，誤差分散の約 95 % は空間相関で説明でき，平滑化で除去されるノイズはわずか 5 % となったためです．一方，西部の高価格帯で若干の下方修正がされるなど，平滑化は機能しており，適切に価格指数が推定されたことも確認できます．

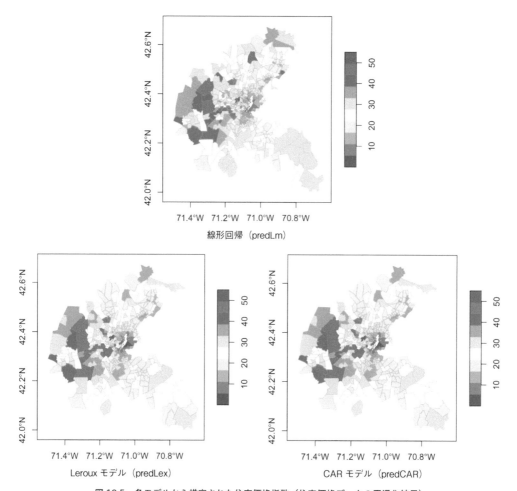

線形回帰（predLm）

Leroux モデル（predLex）

CAR モデル（predCAR）

図 10.5　各モデルから推定された住宅価格指数（住宅価格データの平滑化結果）

　空間相関を考慮することは，不確実性を評価する上でも重要です．以下は，線形回帰モデルと Leroux モデルについて，住宅価格指数の 95 ％信用区間の両端（2.5 ％点と 97.5 ％点）を評価するコードとその実行結果です．出力結果の各列（var1, var2,…, var8）はゾーンを表し，ここでは最初の 8 ゾーンの結果のみを表示しています．

　線形回帰モデルの 95 ％信用区間は Leroux モデルよりも大幅に狭くなりました．これは，線形回帰モデルでは空間相関成分の分散が暗に 0 と仮定され，95 ％信用区間が過剰に狭くなったためです．強い空間相関が推定されていたことをふまえると，空間相関成分の分散も考慮した Leroux モデルのより広い信用区間の方が，より信頼できます．推定された 95 ％信用区間を用いれば，「ゾーン 1 の価格指数は 95 ％の確率で 2.78 から 3.00 の間」のような不確実性をふまえた解釈が可能になります．不確実性の推定結果は回帰係数などの信用区間や仮説検定にも影響するため，空間データの場合，上述のように空間相関を考慮して不確実性を評価することが極めて重要です．

```
> predLm_samp <-resLm$samples$fitted
> predLex_samp<-resLex$samples$fitted
> predLm_95CI <-apply(predLm_samp ,2,function(x) quantile(x, probs=c(0.025, 0.975)))
> predLex_95CI<-apply(predLex_samp,2,function(x) quantile(x, probs=c(0.025, 0.975)))

> predLm_95CI[,1:8]
          var1     var2     var3     var4     var5     var6     var7     var8
2.5%   2.730195 2.931350 2.947283 2.916921 3.139077 2.888909 2.920765 2.823517
97.5% 2.781232 2.973147 2.984719 2.954408 3.183245 2.930123 2.991769 2.867252
> predLex_95CI[,1:8]
          var1     var2     var3     var4     var5     var6     var7     var8
2.5%   2.782346 2.958640 3.012292 2.985751 3.154340 2.886399 2.931993 2.750562
97.5% 3.001896 3.195723 3.233235 3.226277 3.373631 3.116339 3.164735 2.960022
```

第**4**部

基礎 編

点データの
統計モデリング

空間過程とバリオグラム

11.1 本章の目的と概要

　地球統計学（geostatistics）では，2次元（または3次元）空間上のN地点で得られた点データから，その背後にある**空間過程**（spatial process）をモデル化するための手法が開発・応用されてきました．モデル化された空間過程は**空間予測**（spatial prediction；または**空間補間**）などに役立ちます（図11.1）．例えば，50地点で得られた土壌汚染データをもとに市内全域の土壌汚染状況を把握したい場合や，100地点で得られた気象データから関東地方の酸性雨量を面的に把握したい場合，500地点で得られた地価調査データからある地点の地価を予測したい場合など，地球統計学の手法を用いた空間予測は実社会でも役立ちます．

　第11章と第12章では地球統計学における点データの分析手法について解説します．第11章では点データの背後にある空間過程の構造を推定する方法について，第12章ではその結果を用いた空間過程のモデル化と空間予測への応用方法について，それぞれ紹介します．

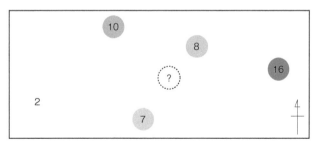

図11.1　地球統計学における空間予測のイメージ．典型的には2次元平面上のN地点で得られたデータ（図中はN=5）からデータの得られていない地点の観測値を予測します．

11.2 弱定常性と共分散関数

　地球統計学では，観測値の背後に地理空間上の**確率過程**（stochastic process）である空間過程を仮定します．限られた観測値から空間過程をモデル化するために，地球統計学では「空間過程の性質は場所によらず一定」という**定常性**（stationarity）を仮定します．

　地点s_iにおける空間過程の実現値を$z(s_i)$と置くと，**弱定常性**（weak stationarity）は以下の式で定義されます．

$$E[z(s_i)] = 0 \tag{11.1}$$

$$Cov[z(s_i), z(s_j)] = c(d_{i,j}) \tag{11.2}$$

弱定常性とは，空間過程 $z(s_i)$ の期待値と分散・共分散が場所によらず同一の関数に従うという性質であり，一次モーメント（期待値）と二次モーメント（共分散）が移動不変と仮定することから，**二次定常性**（second-order stationarity）とも呼ばれます．より強い仮定に，確率分布自体が移動不変と仮定する**強定常性**（strong stationarity）もあります．ガウス分布は平均と分散共分散のみに依存するため，$z(s_i)$ がガウス分布に従う場合，弱定常性が満たされれば強定常性も自動的に満たされます．

$c(d_{i,j})$ は**共分散関数**（covariance function）または**コバリオグラム**（covariogram）と呼ばれる直線距離 $d_{i,j}$ の減衰関数で，以下のように定義されます．

$$c(d_{i,j}) = \begin{cases} \tau^2 + \sigma^2 & if \ d_{ij} = 0 \\ \tau^2 c_0(d_{ij}) & if \ 0 < d_{ij} \end{cases} \tag{11.3}$$

上式のように，空間過程の分散（$d_{ij} = 0$）はノイズ分散 σ^2 と空間相関成分の分散 τ^2 の和で与えられます．σ^2 はナゲット，τ^2 はパーシャルシルと呼ばれるパラメータです．(11.3) 式では，$c_0(d_{i,j})$ を**カーネル**（kernel）と呼ばれる距離の減衰関数で与えることで空間相関をモデル化します（図 11.2）．

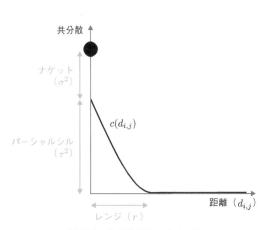

図 11.2　共分散関数のイメージ

よく用いられるカーネルには以下があります．

球型　　$$c_0(d_{i,j}) = \begin{cases} 1 - \frac{3}{2}\frac{d_{ij}}{r} + \frac{3}{2}\left(\frac{d_{ij}}{r}\right)^3 & if \ 0 \leq d_{ij} < r \\ 0 & if \ r < d_{ij} \end{cases} \tag{11.4}$$

指数型　　$$c_0(d_{i,j}) = \exp\left(-\frac{d_{i,j}}{r}\right) \tag{11.5}$$

$$
\text{ガウス型} \qquad c_0\left(d_{i,j}\right) = \exp\left(-\left(\frac{d_{i,j}}{r}\right)^2\right) \tag{11.6}
$$

r は，レンジと呼ばれる空間相関の及ぶ範囲を決めるパラメータです．レンジが大きいことは，距離の増加に伴う空間相関の減衰が遅く，比較的離れた 2 点間にも一定の空間相関がみられることを意味します．各カーネルの減衰パターンを図 11.3 に示します．この図からもわかるように，減衰パターンはカーネルによって大きく異なります．例えば球型カーネルは，原点付近での減衰が早く，近隣との空間相関を重視します．反対にガウス型カーネルは，原点付近での減衰が遅く，近隣だけでなく比較的遠方との空間相関も重視します．以上のような性質の違いは，空間予測の結果に影響します．例えば，図 11.4 は各カーネルを用いた空間過程 $z(s_i)$ のシミュレーション結果です．この図より，近隣を重視する（減衰が早い）球型カーネルや指数型カーネルを用いた場合は，局所的な空間変動が強くなり，反対にガウス型カーネルを用いた場合はより滑らかな空間分布となります．したがって，カーネルは慎重に選択する必要があります．

　なお，図 11.3 からもわかるように，指数型とガウス型はレンジ以遠からの空間相関も考慮します．そのため，空間相関の及ぶ実効的な距離の指標としては，レンジではなく，95 % の空間相関が消失する距離である **有効レンジ**（effective range）が用いられます．指数型の有効レンジは $3r$，ガウス型の有効レンジは $\sqrt{3}r$ となることが知られています．

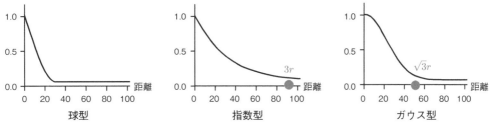

図 11.3　共分散関数の例（$\tau^2 = 1.0$，$\sigma^2 = 0$，$r = 30$）．橙点は有効レンジ

球型　　　　　　　　　　指数型　　　　　　　　　ガウス型

図 11.4　各共分散関数から生成された空間過程．レンジ r は同一の値としました．

指数型とガウス型を包含するカーネルとして，Matern 型も幅広く用いられています．

$$\text{Matern 型} \qquad c_0\left(d_{i,j}\right) = \frac{2^{1-v}}{\Gamma(v)} \exp\left(\sqrt{2v}\frac{d_{ij}}{r}\right)^v K_v\left(\sqrt{2v}\frac{d_{ij}}{r}\right) \tag{11.7}$$

$\Gamma(\bullet)$は**ガンマ関数**（gamma function），$K_v(\bullet)$は**修正ベッセル関数**（modified Bessel function）と呼ばれる関数です．vは関数の滑らかさ（何回微分可能か）を表すパラメータで，$v = 0.5$の場合は指数型に，$v = \infty$の場合はガウス型に一致します．

11.3　本質的定常性と空間過程

弱定常性とは別の定常性に，以下で定義される**本質的定常性**（intrinsic stationary）があります．

$$E[z\left(s_i\right) - z(s_j)] = 0 \tag{11.8}$$

$$E[\left(z\left(s_i\right) - z(s_j)\right)^2] = 2\gamma\left(d_{i,j}\right) \tag{11.9}$$

$z(s_i)$自体に着目した弱定常性とは異なり，本質的定常性は差分$z\left(s_i\right) - z\left(s_j\right)$の期待値と分散が場所によらず同じ関数に従うという仮定です．$\gamma\left(d_{i,j}\right)$は「距離が離れるにつれて$z(s_i)$と$z(s_j)$の差が大きくなる」という傾向を捉えるための距離の非減少関数で，**バリオグラム**（variogram）と呼ばれます．
(11.3) 式と (11.9) 式を用いることで，以下の式が導けます．

$$\gamma\left(d_{i,j}\right) = (\sigma^2 + \tau^2) - \tau^2 c_0(d_{i,j}) \tag{11.10}$$

上式は共分散関数$c\left(d_{i,j}\right)$とバリオグラム$\gamma\left(d_{i,j}\right)$に対応関係があることを意味します．この式を使うと，各型に対応するバリオグラムモデルが導出されます．

$$\text{球型} \qquad \gamma\left(d_{i,j}\right) = \begin{cases} \sigma^2 + \tau^2 \\ \sigma^2 + \tau^2 \left[\frac{3}{2}\frac{d_{i,j}}{r} - \frac{1}{2}\left(\frac{d_{i,j}}{r}\right)^3\right] \end{cases} \tag{11.11}$$

$$\text{指数型} \qquad \gamma\left(d_{i,j}\right) = \sigma^2 + \tau^2 \exp\left(-\frac{d_{i,j}}{r}\right) \tag{11.12}$$

$$\text{ガウス型} \qquad \gamma\left(d_{i,j}\right) = \sigma^2 + \tau^2 \exp\left(-\left(\frac{d_{i,j}}{r}\right)^2\right) \tag{11.13}$$

図 11.5 に示すように，各バリオグラムモデルは共分散関数を上下反転させた関数で与えられます．

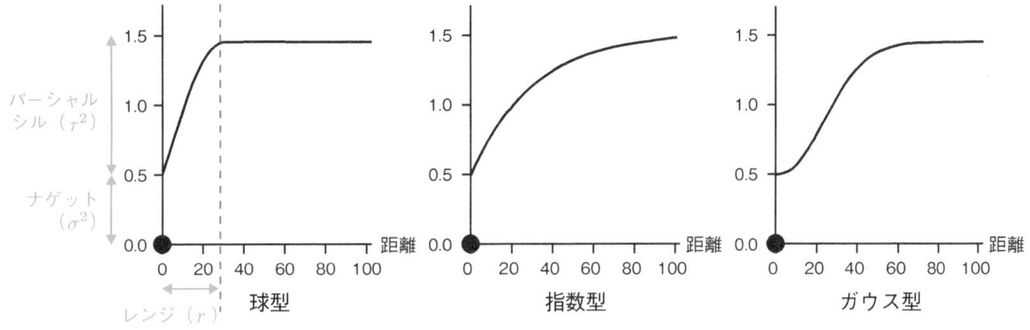

図 11.5　バリオグラムの例（$\tau^2 = 1.0$, $\sigma^2 = 0.5$, $r = 30$）

　なお，共分散関数とは異なり，バリオグラムモデルには特定の値に収束しないような関数も仮定することができます．例えば，バリオグラムモデルは以下の線形モデルで与えることもできます．

$$\text{線形}\qquad \gamma\left(d_{i,j}\right) = \begin{cases} \sigma^2 + \tau^2 \\ \sigma^2 + \tau^2 + k d_{i,j} \end{cases} \tag{11.14}$$

k はパラメータです．一般に，共分散関数が与えられた場合，対応するバリオグラムモデルは (11.10) 式を用いればただちに得られます．したがって，二次定常な空間過程 $z(s_i)$ は本質的定常でもあります．一方で，その逆は必ずしも成り立ちません．例えば，線形バリオグラムに対応する共分散関数は存在しません．このため，本質的定常性は二次定常性を包含します．

11.4　バリオグラム雲と経験バリオグラム

　共分散関数とバリオグラムのパラメータは共通であるため（線形バリオグラムを除く），どちらか一方を推定すれば，二次定常（かつ本質的定常）な空間過程がモデル化できます．ここでは，バリオグラムを用いたパラメータの推定手順を紹介します．まず，地点 s_i の観測値 $y(s_i)$ が以下のモデルに従うと仮定します．

$$y\left(s_i\right) = \sum_{k=1}^{K} x_k\left(s_i\right) \beta_k + z\left(s_i\right), \quad E\left[z\left(s_i\right)\right] = 0, \quad Cov\left[z\left(s_i\right), z\left(s_j\right)\right] = c\left(d_{i,j}\right) \tag{11.15}$$

上式は回帰項 $\sum_{k=1}^{K} x_k(s_i)\beta_k$ でトレンド（大域的傾向）を捉え，誤差項に空間相関を仮定しようというモデルです．本章では回帰係数は既知とみなし，残差 $\widehat{z}(s_i) = y(s_i) - \sum_{k=1}^{K} x_k(s_i)\widehat{\beta}_k$（$\widehat{\beta}_k$ は既知）を用いてバリオグラムモデルを推定します．

　バリオグラムモデル $\gamma(d_{i,j})$ は，差分 $\frac{1}{2}(z(s_i) - z(s_j))^2$ の期待値をモデル化します（(11.9) 式）．そこでまずは，図 11.6 のように残差の差分 $\frac{1}{2}(\widehat{z}(s_i) - \widehat{z}(s_j))^2$ をすべてのペアについてプロットします．この図を**バリオグラム雲**（variogram cloud）といいます．

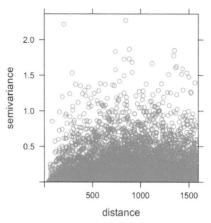

図11.6　バリオグラム雲（横軸：距離 $d_{i,j}$，縦軸：差分 $\frac{1}{2}\left(\widehat{z}(s_i) - \widehat{z}(s_j)\right)^2$）

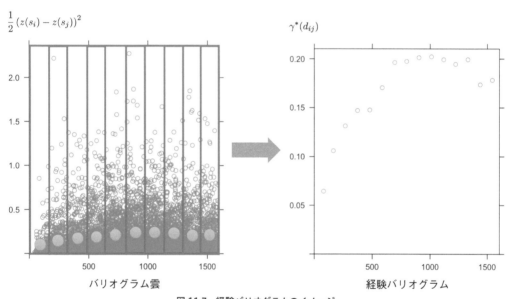

図11.7　経験バリオグラムのイメージ

　残念ながら，バリオグラム雲には外れ値が多く，傾向が不明瞭です．そこで，以下の式で距離帯ごとにバリオグラム雲の平均値をとります．

$$\gamma_h^* = \frac{1}{2|N_h|} \sum_{N_h} [\widehat{z}(s_i) - \widehat{z}(s_j)]^2 \tag{11.16}$$

h は距離帯ごとの ID，N_h は距離帯 h の観測値ペアの集合，$|N_h|$ は同距離帯内のペア数です．γ_h^* は**経験バリオグラム**（empirical variogram）と呼ばれます．図11.7で例示したように，経験バリオグラムはバリオグラム雲に比べて外れ値が少なく，距離増加に伴う傾向が明瞭となりやすくなります．そ

のためバリオグラムモデルは，バリオグラム雲ではなく，経験バリオグラムに対するあてはめによって推定されます．具体的には，以下の残差二乗和を最小化することでバリオグラムモデルのパラメータを推定します．

$$\sum_{h=1}^{H} \frac{|N_h|}{d_h^2} [\gamma(d_h) - \gamma_h^*]^2 \tag{11.17}$$

ここで H は距離帯の数，d_h は原点から距離帯 h の中点までの距離です．上式は，原点からの距離 d_h が小さく，ペア数 $|N_h|$ の大きな距離帯を重視して誤差二乗和を評価します．

　残差二乗和を最小化するパラメータ $\{\tau^2, \sigma^2, r\}$ を推定することで，観測値に最もフィットするバリオグラム（ならびに共分散関数）が得られます．そして，それらを用いることで，次の第 12 章で説明する空間予測が可能になります．なお，11.6 節で紹介するように，バリオグラムは探索的なデータ分析にも応用できます．

11.5　R によるバリオグラムの推定

11.5.1　概要

パッケージ gstat，sf，sp を用いたバリオグラム推定の実例を紹介します．

```
> library(gstat)
> library(sf)
> library(sp)
```

分析には，sp パッケージの meuse データ（data.frame 形式）を使用します．このデータにはオランダのムーズ川沿岸の 155 地点で観測された重金属濃度のデータが含まれています．今回は，亜鉛濃度のバリオグラムを推定します．

```
> data(meuse)
> meuse[1:5,]
       x      y cadmium copper lead zinc  elev      dist   om ffreq soil lime landuse dist.m
1 181072 333611    11.7     85  299 1022 7.909 0.00135803 13.6     1    1    1      Ah     50
2 181025 333558     8.6     81  277 1141 6.983 0.01222430 14.0     1    1    1      Ah     30
3 181165 333537     6.5     68  199  640 7.800 0.10302900 13.0     1    1    1      Ah    150
4 181298 333484     2.6     81  116  257 7.655 0.19009400  8.0     1    2    0      Ga    270
5 181307 333330     2.8     48  117  269 7.480 0.27709000  8.7     1    2    0      Ah    380
```

今回使用する変数は表 11.1 に整理した通りです．

表 11.1　meuse データ内の使用する変数の説明

変数	意味
x	x 座標（m; Rijksdriehoek map coordinates）
y	y 座標（m; Rijksdriehoek map coordinates）
zinc	亜鉛濃度（ppm）
soil	土壌タイプ ● 1: Rd10A（石灰質の弱く発達した牧草地土壌，軽い砂質粘土） ● 2: Rd90C / VII（非石灰質の弱く発達した牧草地土壌，重い砂質） ● 3: Bkd26 / VII（赤レンガ土壌，細かい砂質，シルト質の軽い粘土）
ffreq	洪水の頻度 ● 1: 1 年に 1 度程度 ● 2: 10 年に 1 度程度 ● 3: 50 年に 1 度程度
dist	ムーズ川からの距離

data.frame 形式の meuse データを sf 形式に変換します．そのために，まずは st_as_sf 関数を用いて位置座標（coords）と CRS を指定します（第 5 章参照）．

```
> meuse_sf <-st_as_sf(meuse, coords = c("x", "y"), crs = 28992)
```

分析対象である亜鉛濃度を以下のコマンドでプロットすると，図 11.8 のようになります．

```
> plot(meuse_sf[,"zinc"], pch=20, axes=TRUE)
```

データ分布の北側にムーズ川が流れています．図 11.8 から，この河川に沿って亜鉛濃度が上昇している傾向などが確認できます．

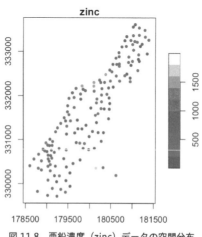

図 11.8　亜鉛濃度（zinc）データの空間分布

11.5.2　gstat によるバリオグラムモデルの推定

　本節では，被説明変数を亜鉛濃度の対数値，説明変数を `soil`, `ffreq`, `dist` とした回帰モデルの残差に本質的定常性を仮定した上で，その残差の空間相関を最もよく説明するようなバリオグラムモデルを gstat で推定します．まずは回帰項を指定します．

```
> formula   <-log(zinc) ~ soil + ffreq + dist
```

回帰の残差を用いたバリオグラム雲や経験バリオグラムの評価は `variogram` 関数で行います．バリオグラム雲は，`cloud=TRUE` とした以下のコマンドで得られます（図 11.9）．

```
> cvario    <-variogram(formula,data=meuse_sf,cloud=TRUE)
> plot(cvario)
```

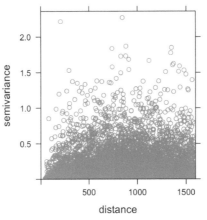

図 11.9　バリオグラム雲（再掲）

前述の通り，バリオグラム雲は外れ値が多く傾向が不明瞭です．そこで，距離帯ごとに平均化されたバリオグラムである経験バリオグラムを以下のコマンドでプロットします．

```
> vario    <-variogram(formula,data=meuse_sf)
> plot(vario)
```

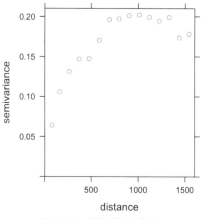

図 11.10　経験バリオグラム

図 11.10 より，ナゲット σ^2 が 0.05 程度，パーシャルシル τ^2 が 0.15 程度，レンジ r が 700 m 程度であることなどが目視で確認できます．

　gstat では，推定を安定させるために，全標本地点を包含する長方形の対角線の長さの 1/3 を最大距離（図 11.10 の右端）として経験バリオグラムを評価します．このため，この最大距離以上離れたペアは無視されます．また，各距離帯はデフォルトでは同最大距離を 15 分割して与えられます．したがって，15 の経験バリオグラムがプロットされます．最大距離は cut，距離帯の幅は width でそれぞれ指定できます．例えば，最大距離 1,300 m，距離帯の幅 50 m とすると図 11.11 が得られます．

```
> vario    <-variogram(formula,data=meuse_sf,cut=1300, width=50)
> plot(vario)
```

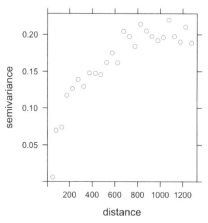

図 11.11　経験バリオグラム（最大距離 1,300 m，距離帯の幅 50 m）

経験バリオグラムが特異な場合, バリオグラムモデルのあてはめがうまくいかないことがありますが, cut や width の変更はこのエラーを避ける上で役立ちます.

　次に, 得られた経験バリオグラムにバリオグラムモデルをあてはめます. 球型の場合は "Sph", 指数型の場合は "Exp", ガウス型の場合は "Gau" のようにモデルを指定します. 具体的には以下のようなコマンドで各モデルを指定・推定します.

```
> varioSph<-fit.variogram(vario, vgm(psill=0.015, "Sph", range=700, nugget=0.05))
> varioExp<-fit.variogram(vario, vgm(psill=0.015, "Exp", range=700, nugget=0.05))
> varioGau<-fit.variogram(vario, vgm(psill=0.015, "Gau", range=700, nugget=0.05))
```

各行では, fit.variogram 関数を用いて, vgm 関数で定義されるバリオグラムモデルを経験バリオグラム (vario) にあてはめています. vgm 関数ではモデル以外にパラメータの初期値を指定しています. 先ほどの目視の結果に従い, パーシャルシル (psill) は 0.015, レンジ (range) は 700, ナゲット (nugget) は 0.05 として推定を行います.

　推定された各バリオグラムモデルは, 以下のコマンドで図 11.12 〜図 11.14 のように示されます.

```
> plot(vario,varioSph)
```

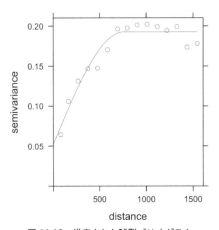

図 11.12　推定された球型バリオグラム

```
> plot(vario,varioExp)
```

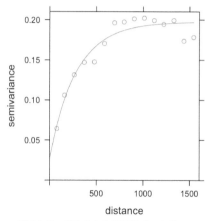

図 11.13　推定された指数型バリオグラム

```
> plot(vario,varioGau)
```

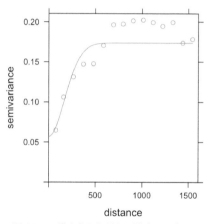

図 11.14　推定されたガウス型バリオグラム

推定されたパラメータは以下のコマンドで表示できます．例えば，球型モデルのナゲットは 0.044，パーシャルシルは 0.147，レンジは 712.6 m です．指数型のレンジは 278 m ですが，これを有効レンジに直すと約 834 m（=278 × 3）となります．また，ガウス型の有効レンジは約 393.3 m（=227.1 × $\sqrt{3}$）です．

```
> varioSph
  model       psill      range
1   Nug 0.04442686     0.0000
2   Sph 0.14747372   712.6337
> varioExp
  model       psill      range
1   Nug 0.01843256     0.0000
2   Exp 0.18066159   278.1886
```

```
> varioGau
  model      psill    range
1   Nug 0.04816095   0.0000
2   Gau 0.12300683 227.0964
```

さて，推定された各モデルには相当程度の違いがありますが，どのモデルが最もあてはまりがよいでしょう．これを確認するために，（重み付き）残差二乗和（sum of squared errors; SSErr）(11.17)式を以下のコマンドで出力します．

```
> attr(varioSph, "SSErr")
[1] 8.79205e-06
> attr(varioExp, "SSErr")
[1] 6.360641e-06
> attr(varioGau, "SSErr")
[1] 1.054639e-05
```

この結果から，指数型の精度がよいことが確認できます．

11.6　バリオグラム分析への応用

　最後に，バリオグラムの応用例として，多摩都市モノレール沿線の都内 4 市（東京都立川市,多摩市,日野市，東大和市）で得られた地価公示データ（1993 ～ 2008 年）の分析例を紹介します．多摩都市モノレールは 1998 年に部分開業し，2000 年に全線開業しました．ここでは対象地域におけるバリオグラムの経年変化をみることで，モノレールが住宅地価の空間パターンに与えた影響を考察します．

　バリオグラムモデルの推定結果は図 11.15 の通りです．この図から，開業前の 1998 年まではノイズ分散（ナゲット）が支配的であり空間相関は弱い一方で，部分開業した 1998 年に空間相関で成分の変動の大きさを表すパーシャルシルが強まったことが確認できます．その後はパーシャルシルの割合が徐々に増えていき，空間相関が徐々に強まっていったことが確認できます．以上から，モノレール開業によって地域間の結びつきが強まった結果，住宅地価の空間相関パターンも強まったことが示唆されました．このように，バリオグラムを用いることで点データの空間相関パターンが分析できます．

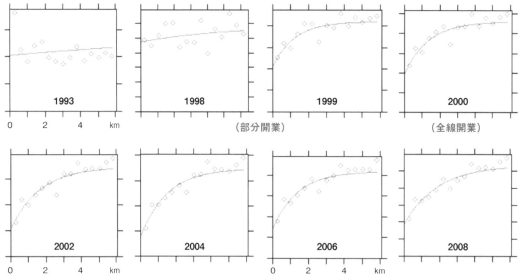

図 11.15　多摩都市モノレール沿線の市区町村における住宅地価のバリオグラムの経年変化（1993-2008）

地球統計モデル

12.1 地球統計モデル

　地球統計学の手法は空間予測に活発に用いられてきました．空間予測とは，2次元（または3次元）空間のN個の地点で観測された被説明変数を用いて，観測されていない地点の被説明変数を予測することです（図11.1）．基礎的な空間予測の手順は次の通りです．

(i) バリオグラムをあてはめることで空間過程$z(s_i)$のパラメータ（τ^2, σ^2, r）を推定する
(ii) それらのパラメータを使って予測を行う

　この予測は地球統計学では**クリギング**（kriging）とも呼ばれます．手順 (i) はすでに第11章で説明したので，この章では手順 (ii) の空間予測について説明します．
　被説明変数が以下の回帰モデルに従うと仮定します．

$$y(s_i) = \sum_{k=1}^{K} x_k(s_i)\beta_k + z(s_i) \tag{12.1}$$

誤差項$z(s_i)$には弱定常性 (12.2) 式，(12.3) 式を仮定します（第11章参照）．

$$E[z(s_i)] = 0 \tag{12.2}$$

$$Cov[z(s_i), z(s_j)] = c(d_{i,j}) \tag{12.3}$$

第11章と同様，$c(d_{i,j})$は以下の式で与えます．

$$c(d_{i,j}) = \begin{cases} \tau^2 + \sigma^2 & if \quad d_{i,j} = 0 \\ \tau^2 c_0(d_{i,j}) & if \quad 0 < d_{i,j} \end{cases} \tag{12.4}$$

τ^2は空間相関成分の分散，σ^2はノイズ分散です．$c_0(d_{i,j})$は空間相関の距離減衰を捉えるためのカーネルです．後半の事例紹介では，指数型カーネル$c_0(d_{i,j}) = \exp\left(-\frac{d_{i,j}}{r}\right)$を用います．以上は地球統計学で標準的に用いられる定式化の一つです．

12.2 空間予測（クリギング）

データの観測されていない地点 s_* の被説明変数 $y(s_*)$ を予測する問題を考えます．地点 s_* の被説明変数は，観測地点と同様の以下の式に従うと仮定します．

$$y(s_*) = \sum_{k=1}^{K} x_k(s_*)\beta_k + z(s_*) \tag{12.5}$$

精度のよい予測を行うために，期待二乗誤差 (12.6) 式を最小化するような $y(s_*)$ の予測量（予測式）$\widehat{y}(s_*)$ を導出することを考えます．

$$E[(y(s_*) - \widehat{y}(s_*))^2] \tag{12.6}$$

クリギングとは，線形性 (12.7) 式と不偏性 (12.8) 式の条件を満たす中で，期待二乗誤差を最小化するように空間予測を行う手法です．クリギングの予測量は期待二乗誤差を最小化するという意味で最良であり，また既述の通り線形性と不偏性を満たすため，**最良線形不偏予測量**（best linear unbiased predictor; **BLUP**），あるいは**クリギング予測量**（kriging predictor）と呼ばれます．

$$\widehat{y}(s_*) = \sum_{i=1}^{N} \omega_i y(s_i) \tag{12.7}$$

$$E[\widehat{y}(s_*)] = y(s_*) \tag{12.8}$$

ω_i は i 番目の標本に対する重みであり，期待二乗誤差の最小化に基づいてこの重みを最適化することで予測量 $\widehat{y}(s_*)\left(= \sum_{i=1}^{N} \widehat{\omega}_i y(s_i)\right)$ を導出します．

導出される最良線形不偏予測量 $\widehat{y}(s_0)$ は以下となります．

$$\begin{aligned} \widehat{y}(s_*) &= \mathbf{x}'\widehat{\boldsymbol{\beta}} + \tau^2 \mathbf{c}_0'(\sigma^2\mathbf{I} + \tau^2\mathbf{C}_0)^{-1}(\mathbf{y} - \mathbf{X}\widehat{\boldsymbol{\beta}}) \\ \widehat{\boldsymbol{\beta}} &= \left(\mathbf{X}'(\sigma^2\mathbf{I} + \tau^2\mathbf{C}_0)^{-1}\mathbf{X}\right)^{-1}\mathbf{X}'(\sigma^2\mathbf{I} + \tau^2\mathbf{C}_0)^{-1}\mathbf{y} \end{aligned} \tag{12.9}$$

ここで，

$$\mathbf{c}_0 = \begin{bmatrix} c_0(d_{0,1}) \\ c_0(d_{0,2}) \\ \vdots \\ c_0(d_{0,N}) \end{bmatrix}, \quad \mathbf{C}_0 = \begin{bmatrix} c_0(d_{1,1}) & c_0(d_{1,2}) & \cdots & c_0(d_{1,N}) \\ c_0(d_{2,1}) & c_0(d_{2,2}) & \cdots & c_0(d_{2,N}) \\ \vdots & \vdots & \ddots & \vdots \\ c_0(d_{N,1}) & c_0(d_{N,2}) & \cdots & c_0(d_{N,N}) \end{bmatrix} \tag{12.10}$$

$$\mathbf{y} = \begin{bmatrix} y(s_1) \\ y(s_2) \\ \vdots \\ y(s_N) \end{bmatrix}, \quad \mathbf{X} = \begin{bmatrix} 1 & x_1(s_1) & \cdots & x_K(s_1) \\ 1 & x_1(s_2) & \cdots & x_K(s_2) \\ \vdots & \vdots & \ddots & \vdots \\ 1 & x_1(s_N) & \cdots & x_K(s_N) \end{bmatrix}, \quad \mathbf{x} = \begin{bmatrix} 1 \\ x_1(s_*) \\ \vdots \\ x_K(s_*) \end{bmatrix} \tag{12.11}$$

です．予測量 (12.9) 式は [回帰項：$\mathbf{x}'\widehat{\boldsymbol{\beta}}$] + [補正項 $\tau^2 \mathbf{c}_0'(\sigma^2\mathbf{I} + \tau^2\mathbf{C}_0)^{-1}(\mathbf{y} - \mathbf{X}\widehat{\boldsymbol{\beta}})$] で定義され，この補正項は観測地点における残差 $\mathbf{y} - \mathbf{X}\widehat{\boldsymbol{\beta}}$ をもとに与えられます．$\tau^2 \mathbf{c}_0'(\sigma^2\mathbf{I} + \tau^2\mathbf{C}_0)^{-1}$ は，直感的には「どの地点の残差を重視して補正を行うか」を決める重みです．この重みは予測地点 s_* の周辺で大きくなります．結果として，地点 s_* の周辺に正の残差が集中している場合はこの補正項は正となり，予測値は上方修正されることになります．周辺に負の残差が集中している場合は下方修正されることになります．

　補正度合いは，ノイズ分散 σ^2（ナゲット）と空間相関成分の分散 τ^2（パーシャルシル）の比率をもとに決められます．例えば，空間相関成分が存在しない場合（$\tau^2 = 0$），補正項は一様に 0 となり，予測値は $\mathbf{x}'\widehat{\boldsymbol{\beta}}$ となります（補正なし；図 12.1 の緑線）．反対にノイズが存在しない場合（$\sigma^2 = 0$）は，各観測値を通るような滑らかな予測結果が得られます（図 12.1 の灰色線）．実際には σ^2 も τ^2 も一定の大きさとなり，両ケースの中間のような予測結果となります（図 12.1 の赤線）．以上のように，σ^2 と τ^2 はノイズと空間相関成分を識別して，オーバーフィッティング（過度な平滑化）などを抑制しながら適切な空間予測を行う上で重要です．

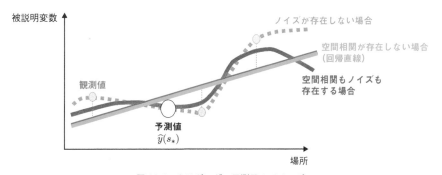

図 12.1　クリギングの予測量のイメージ

12.3　空間予測の不確実性評価

　各地における予測値の不確実性を表す期待二乗誤差 (12.6) 式は，以下の式で求めることができます．

$$
E\left[(y(s_*) - \widehat{y}(s_*))^2\right]
= (\sigma^2 + \tau^2) - \tau^4 \mathbf{c}_0' \mathbf{C}^{-1} \mathbf{c}_0 + (\mathbf{x} - \tau^2 \mathbf{X}' \mathbf{C}^{-1} \mathbf{c}_0)'(\mathbf{X}' \mathbf{C}^{-1} \mathbf{X})(\mathbf{x} - \tau^2 \mathbf{X}' \mathbf{C}^{-1} \mathbf{c}_0) \tag{12.12}
$$

ここで，$\mathbf{C} = \sigma^2\mathbf{I} + \tau^2\mathbf{C}_0$ です．右辺第 1 項は各地点の分散です．第 2 項は近くに標本が存在する場合に小さくなります．この項により，近くで観測データが得られている地点の期待二乗誤差は小さくなります．また第 3 項は，予測地点と類似した値を持つ説明変数が観測データ内に多い場合に期待二乗誤差を小さくする項です．つまり，近隣に観測データが存在して，かつ類似の説明変数の値が観測データ内に多く存在する場合に期待二乗誤差は小さくなり，空間予測の精度は高くなります．逆に，近隣に観測データが存在せず，かつ観測データ内ではみられないような説明変数の値を含む予測地点の予測精度は低くなります．

12.4　gstat による地球統計モデルの推定

12.4.1　概要

　第 11 章に引き続き，meuse データを使用した実例を紹介します．使用するパッケージは第 11 章と同様です．

```
> library(gstat)
> library(sf)
> library(sp)
```

meuse データの読み込みとバリオグラムの推定を行います．ここでは第 11 章で最良と判断された指数型を用います．

```
> data(meuse)
> meuse_sf <-st_as_sf(meuse, coords = c("x", "y"), crs = 28992)
> formula   <-log(zinc) ~ soil + ffreq + dist
> vario     <-variogram(formula,data=meuse_sf)
> varioExp <-fit.variogram(vario, vgm(psill=0.015, "Exp", range=700, nugget=0.05))
```

第 11 章と同様，被説明変数は亜鉛濃度の対数値 log(zinc) です．説明変数は土壌タイプのカテゴリ変数 (soil)，洪水頻度のカテゴリ変数 (ffreq)，ムーズ川までの距離 (dist) です．

　空間予測に際しては，予測地点の位置座標と説明変数も必要になります．予測地点のデータには，gstat で提供されている 40 m × 40 m グリッド別データ，meuse.grid(data.frame 形式)を使います．

```
> data(meuse.grid)
> meuse.grid[1:5,]
       x      y part.a part.b      dist soil ffreq
1 181180 333740      1      0 0.0000000    1     1
2 181140 333700      1      0 0.0000000    1     1
3 181180 333700      1      0 0.0122243    1     1
4 181220 333700      1      0 0.0434678    1     1
5 181100 333660      1      0 0.0000000    1     1
```

meuse データと同様，meuse.grid も sf 形式に変換します．

```
> meuse.grid_sf <- st_as_sf(meuse.grid, coords = c("x", "y"), crs = 28992)
```

12.4.2　空間予測

　予測を行うために，まずは地球統計モデル (12.1) 式を gstat 関数で定義します．コマンドは以下の通りです．

```
> gmod      <- gstat(formula=formula, data=meuse_sf, model=varioExp)
```

このコマンドでは,回帰項 (formula),バリオグラムモデル (varioExp),ならびに観測データ (meuse_sf) を指定します.次に,gmod を用いた空間予測を行います.予測には predict 関数を使います.

```
> pred      <- predict(gmod, newdata = meuse.grid_sf)
```

この関数で meuse.grid_sf の各地点に対する被説明変数（亜鉛濃度）の予測が行われます.なお,観測データ（meuse_sf）内の説明変数名と予測地点のデータ（meuse.grid）内の説明変数名は同じでなくてはなりません.

　予測結果である pred は,以下のように sf 形式で出力されます.var1.pred は予測値 (12.9) 式,var1.var は期待二乗誤差 (12.12) 式です.

```
> pred[1:5,]
Simple feature collection with 5 features and 2 fields
Geometry type: POINT
Dimension:    XY
Bounding box:  xmin: 181100 ymin: 333660 xmax: 181220 ymax: 333740
Projected CRS: Amersfoort / RD New
  var1.pred   var1.var              geometry
1  6.797893 0.14634260 POINT (181180 333740)
2  6.827526 0.12339222 POINT (181140 333700)
3  6.756327 0.13143155 POINT (181180 333700)
4  6.645238 0.13903958 POINT (181220 333700)
5  6.874000 0.09241399 POINT (181100 333660)
```

予測値と期待二乗誤差を地図化すると,図 12.2 および図 12.3 のようになります.なお,pch=15 とすると各点を表すシンボルが四角形となります.また,cex はこの図形の大きさを指定しています.

```
> plot(pred[, "var1.pred"], axes=TRUE, pch=15,cex=0.5)
```

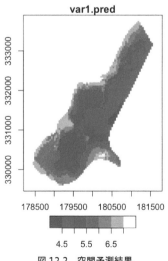

図 12.2　空間予測結果

133

```
> plot(pred[,"var1.var"], axes=TRUE, pch=15, cex=0.5)
```

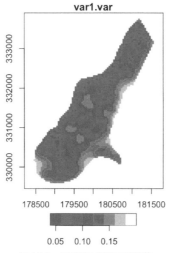

図 12.3　予測値の期待二乗誤差

予測値からは，対象地域の北側を流れるムーズ川に沿って亜鉛濃度が高く，南東部で低い傾向が確認できます．期待二乗誤差からは，観測地点（図 11.8）の周辺で予測誤差が小さいことや，観測地点の少ない南東部で予測誤差が大きくなる傾向が確認できます．予測だけでなく，予測値の信頼性を表す期待二乗誤差も評価できる点は地球統計モデルの強みの一つです．

　参考までに，説明変数を用いなかった場合の予測結果も以下に示します．

```
> gmod0    <- gstat(formula=log(zinc) ~ 1, data=meuse_sf, model=varioExp)
> pred0    <- predict(gmod0, newdata = meuse.grid_sf)
> plot(pred0[, "var1.pred"], axes=TRUE, pch=15,cex=0.5)
```

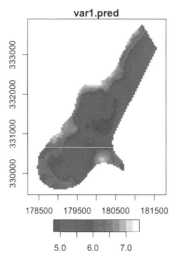

図 12.4　空間予測結果（説明変数を用いない場合）

当然ですが，説明変数を用いない場合の予測結果は空間的に滑らかなものとなります（図 12.4）．説明変数なしでも良好な予測精度が得られる場合も多い反面，過度に平滑化された予測結果が得られることもあります．例えば，Beauchamp *et al.*, (2017) では大気汚染物質の濃度の空間予測を行っています．その際に，道路網などを説明変数として用いた場合は都市部や道路周辺の大気汚染の高まりが捉えられた一方で，説明変数を用いなかった場合は，都市部と非都市部の違いが不明瞭な，過度に平滑化された予測結果となっています．説明変数をできる限り活用することは，都市部と非都市部の違いのような空間異質性を考慮して，予測の精度を高める上で重要です．

12.4.3　予測精度の検証

予測精度はクロスバリデーションによって検証できます．クロスバリデーションとは，観測データを M 分割し，「$M-1$ 個から推定されたモデルで残り 1 つを予測する」という操作を全 M パターンについて行うことで予測精度を検証する手法です．特に，$M = N$ として「$N-1$ 個の標本から残り 1 標本を予測する」ことで予測精度を検証する場合は **Leave-One-Out クロスバリデーション**（**LOOCV**）と呼ばれます．

ここでは，LOOCV を用いて先ほどの予測精度を検証します．コマンドは以下の通りです．

```
> cvres    <- gstat.cv(gmod)
```

gstat.cv はクロスバリデーションを行う関数です．デフォルトでは LOOCV ですが，分割数 nfold（$=M$）は変更可能です．例えば nfold=5 とすれば，標本を無作為に 5 分割してクロスバリデーションが行われます．LOOCV の結果は次の通りです．

```
> summary(cvres)
Object of class SpatialPointsDataFrame
Coordinates:
            min     max
coords.x1 178605 181390
coords.x2 329714 333611
Is projected: TRUE
proj4string :
[+proj=sterea +lat_0=52.1561605555556 +lon_0=5.38763888888889 +k=0.9999079 +x_0=
155000 +y_0=463000 +ellps=bessel
+units=m +no_defs]
Number of points: 155
Data attributes:
   var1.pred       var1.var        observed        residual         zscore            fold
 Min.   :4.524   Min.   :0.06503   Min.   :4.727   Min.   :-1.461316   Min.   :-4.244462   Min.   :  1.0
 1st Qu.:5.379   1st Qu.:0.08888   1st Qu.:5.288   1st Qu.:-0.188272   1st Qu.:-0.609813   1st Qu.: 39.5
 Median :5.826   Median :0.09976   Median :5.787   Median : 0.014480   Median : 0.049742   Median : 78.0
 Mean   :5.884   Mean   :0.10334   Mean   :5.886   Mean   : 0.001554   Mean   : 0.002357   Mean   : 78.0
 3rd Qu.:6.362   3rd Qu.:0.11543   3rd Qu.:6.514   3rd Qu.: 0.190453   3rd Qu.: 0.570185   3rd Qu.:116.5
 Max.   :7.334   Max.   :0.23518   Max.   :7.517   Max.   : 1.034014   Max.   : 3.014770   Max.   :155.0
```

予測値（var1.pred）だけでなく，観測値（observed）や残差（residual）も出力されるため，ただちに予測精度が評価できます．例えば，以下のコマンドで平均二乗誤差（mean squared error; MSE）が評価できます．

```
> mse        <- mean(cvres$residual^2)
> mse
[1] 0.1060804
```

また，以下のコマンドで，横軸を観測値，縦軸を予測値としたプロットが描画できます．

```
> xylim     <-range(cvres$observed)
> true      <-cvres$observed
> pred_cv   <-cvres$var1.pred
> plot(true, pred_cv, xlim=xylim, ylim=xylim)
> abline(0,1)
```

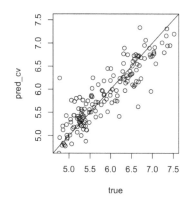

図 12.5　LOOCV で得られた予測値（pred_cv）と観測値（true）の比較

観測値と予測値を比較する図 12.5 からも，地球統計モデルの予測精度のよさが確認されました．

## 第13章

地理的加重回帰

13.1 空間異質性と局所回帰

本章では，**空間異質性**（spatial heterogeneity）に着目した回帰を紹介します．第6章でも説明した通り，この性質は空間相関と並ぶ空間データの基本的性質であり，重要です．特に空間統計分野では，回帰係数などのパラメータの空間異質性を捉える方法が研究されてきました．例えば「犯罪件数の回帰係数は都市部で大きいが，郊外では小さい」のように，回帰係数が場所ごとに異なる可能性があります．また，定数項も場所ごとに異なる可能性があります．以上のような背景から，回帰係数や定数項を場所ごとに推定しようという**地理的加重回帰**（geographically weighted regression; **GWR**）が開発され，社会科学，疫学，環境科学を含む幅広い分野で用いられてきました．GWRは，ある地点の回帰係数を推定するために，その近隣の標本だけを使用しようという局所回帰の一種です．本章では，このGWRについて紹介します．

13.2 地理的加重回帰（GWR）

基本的なGWRでは，地点s_iの被説明変数$y(s_i)$を以下の式でモデル化します．

$$y(s_i) = \sum_{k=1}^{K} x_k(s_i)\beta_k(s_i) + \varepsilon(s_i), \qquad \varepsilon(s_i) \sim N(0, \sigma^2) \tag{13.1}$$

地点s_iの周辺の標本を重視してモデルを推定することで，$y(s_i)$の局所特性を最もよく捉えるように回帰係数$\beta_k(s_i)$を推定します．具体的には，カーネルと呼ばれる距離d_{ij}の減衰関数を用いて近隣の標本を重み付けます．標準的に用いられるカーネルには以下があります．

ガウスカーネル
$$g(d_{ij}) = \exp\left(-\frac{d_{ij}^2}{b^2}\right) \tag{13.2}$$

指数カーネル
$$g(d_{ij}) = \exp\left(-\frac{d_{ij}}{b}\right) \tag{13.3}$$

Bisquare カーネル
$$g(d_{ij}) = \begin{cases} \left[1 - \left(\frac{d_{ij}}{b}\right)^2\right]^2 & \textit{if } d_{ij} < b \\ 0 & \textit{Otherwise} \end{cases} \tag{13.4}$$

Tricube カーネル　　　$g(d_{ij}) = \begin{cases} \left[1 - \left(\frac{d_{ij}}{b} \right)^3 \right]^3 & if\ d_{ij} < b \\ 0 & Otherwise \end{cases}$　　　(13.5)

b は重みを与える空間的な範囲を決めるパラメータであり，**バンド幅**（bandwidth）と呼ばれます．GWR モデルは，各標本をカーネル $g(d_{ij})$ で地理的に重み付けた上で，重み付き最小二乗推定によって地点 s_i の回帰モデルを推定します．バンド幅が小さい場合はすぐ近くの標本のみに重みが与えられ，推定される回帰係数は局所的な空間パターンを持つことになります．バンド幅が大きくなるにつれて，より広域に重みが与えられることとなり，得られる回帰係数は広域的で滑らかな空間パターンを持つこととなります．バンド幅をさらに大きくしていくと，その推定量は通常最小二乗法（OLS）の推定量に漸近的に収束します．以上のように，バンド幅は回帰係数の空間パターンを決める重要なパラメータです．

図 13.1(左) に，バンド幅が 40 km のカーネルをそれぞれプロットしました．この図より，Bisquare カーネルや Tricube カーネルがバンド幅を半径とする円（カーネル窓）内からの影響のみを仮定する局所重視型なのに対し，ガウスカーネルや指数カーネルは比較的遠くからの影響も考慮する広域重視型であるとわかります．局所を重視しすぎると GWR は不安定になりやすいため，安定性の観点から広域重視型，特にガウスカーネルが広く用いられています．

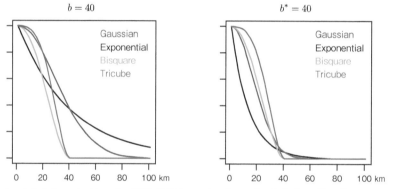

図 13.1　カーネルのプロット（左：バンド幅 b が 40 km のカーネル，右：有効バンド幅 b^* が 40 km のカーネル）

バンド幅以遠の標本にも重みを与えるガウスカーネルや指数カーネルを用いた場合，バンド幅は，影響を仮定する範囲と解釈することはできません．それらを用いた場合の影響圏の評価には，95 % の影響が消失する距離を表す有効レンジが役立ちます．有効レンジは，ガウスカーネルの場合は $b^* = \sqrt{3}b$，指数カーネルの場合は $3b$ となります．図 13.1(右) に示したように，有効バンド幅を 40 km で揃えた場合は，すべてのカーネルの影響圏はおおむね 40 km となっていることが視覚的にも確認できます．

例えば，都市部に多くの観測点が分布しているものの郊外部にはそれほど観測点が存在しない場合など，観測点が空間的に不均一に分布している場合があります．このような場合にバンド幅を一定値とすると，都市部ではカーネル内に多数のデータが入る一方で，郊外部ではカーネル内に少数のデー

タしか入らないことがあり，後者の推定が不安定となります．この問題に対処するために**適応型カーネル**（adaptive kernel）が用いられます．適応型カーネルとは，バンド幅を観測点の分布密度に応じて場所ごとに調整するカーネルのことで，地点 s_i のバンド幅は同地点から J 番目に離れた地点までの距離 d_{ij} で定義されます．次節で説明するクロスバリデーションなどでこの J を最適化することで，各地点のバンド幅を求めます．適応型カーネルを用いた場合，観測点が集中している地域ではバンド幅が小さくなり，観測点が疎な地域ではバンド幅が大きくなります．結果的にカーネル内のサンプルサイズは一定となるため，観測点の分布密度によらず，安定的に GWR モデルを推定することが可能となります．一方で，場所ごとにバンド幅を変えることはあくまで安定化のための処理であり，その解釈は必ずしも容易ではありません．安定性の面では適応型カーネルが，解釈性の面では従来のカーネルが優れているといえそうです．

13.3　GWR モデルの推定

GWR モデルは次の手順で推定します．

(a) バンド幅の推定
(b) カーネルを用いた重み付き最小二乗法による回帰係数の推定

手順 (a) では，LOOCV（第 12 章参照）や corrected Akaike Information Criterion（AICc）の最小化がよく行われます．

LOOCV は「$N-1$ 個の標本から残り 1 標本を予測する」という操作を全 N パターンについて行うことで予測精度を検証する手法でした．GWR に対する LOOCV では，以下の手順でバンド幅を最適化します．

(i)　バンド幅を適当に与える．
(ii)　以下を全標本に対して行うことで誤差二乗和 $\sum_{i=1}^{N}(y(s_i)-\widehat{y}(s_i))^2$ を評価する．
　　▶　y_i 以外の $N-1$ 個の標本を用いた重み付き最小二乗法によって回帰係数 $\widehat{\beta}_k(s_i)$ を推定する．その際の重みは，標本地点 i を中心としたカーネル $g(d_{ij})$ で与える．
　　▶　地点 i の予測値 $\widehat{y}(s_i)=\sum_{k=1}^{K}x_k(s_i)\widehat{\beta}_k(s_i)$ を用いて，同地点における二乗誤差 $(y(s_i)-\widehat{y}(s_i))^2$ を評価する．
(iii) 手順 (i)，(ii) を繰り返すことで，誤差二乗和を最小化するバンド幅を見つける．

一方，AICc を最小化する場合は，バンド幅を変えながら AICc を繰り返し評価して，その値を最小化するバンド幅を見つけます．なお，AICc の代わりに Bayesian Information Criterion（BIC）などの他の情報量基準を用いることもできます．

バンド幅の推定後は，得られたカーネルを用いた重み付き最小二乗推定によって回帰係数を地点ごとに推定していくことで，全地点の回帰係数を推定します．

13.4 GWR モデルによる空間予測

カーネルの中心を未観測地点 s_* として重み付き最小二乗推定を行うことで, 地点 s_* の回帰係数 $\beta_k(s_*)$ が推定できます. また, 推定された回帰係数 $\widehat{\beta}_k(s_*)$ と地点 s_* の説明変数 $x_k(s_*)$ を以下の式に代入することで, 同地点の被説明変数が予測できます.

$$\widehat{y}(s_*) = \sum_{k=1}^{K} x_k(s_*)\, \widehat{\beta}_k(s_*) \tag{13.6}$$

GWR モデルでは回帰係数を場所ごとに推定するため, 回帰係数の空間異質性が顕著な場合には, その予測精度は地球統計モデルを上回る可能性があります. 実際, 地球統計モデルと同等の予測精度であることを示した研究も数多く存在します.

以上のように, 未観測点を含む任意地点の回帰係数の推定や空間予測を行うことができ, 実用上便利なため, GWR は幅広く用いられてきました. GWR を実装する R パッケージも多数存在し, 特に spgwr と GWmodel は今日幅広く利用されています. 次節では, GWmodel パッケージを用いた実例を紹介します.

13.5 GWmodel による実例

13.5.1 概要

第 12 章でも使用した meuse データを用いた実例を紹介します. ここでは GWmodel と sp (データ読み込みのみ) パッケージを使用します.

```
> library(GWmodel)
> library(sp)
> data(meuse)
```

簡単のために, ffreq (洪水頻度のカテゴリ変数) と soil (土壌タイプのカテゴリ変数) をダミー変数に変換して, meuse データの新しい列として追加します. 追加のコマンドと追加後の meuse データは以下の通りです.

```
> meuse$ffreq2 <- ifelse(meuse$ffreq ==2, 1, 0)
> meuse$ffreq3 <- ifelse(meuse$ffreq ==3, 1, 0)
> meuse$soil2  <- ifelse(meuse$soil  ==2, 1, 0)
> meuse$soil3  <- ifelse(meuse$soil  ==3, 1, 0)
> meuse[1:5,]
       x      y cadmium copper lead zinc  elev        dist   om ffreq soil lime
1 181072 333611    11.7     85  299 1022 7.909 0.00135803 13.6     1    1    1
2 181025 333558     8.6     81  277 1141 6.983 0.01222430 14.0     1    1    1
3 181165 333537     6.5     68  199  640 7.800 0.10302900 13.0     1    1    1
4 181298 333484     2.6     81  116  257 7.655 0.19009400  8.0     1    2    0
5 181307 333330     2.8     48  117  269 7.480 0.27709000  8.7     1    2    0
```

```
    landuse dist.m ffreq2 ffreq3 soil2 soil3
1        Ah     50      0      0     0     0
2        Ah     30      0      0     0     0
3        Ah    150      0      0     0     0
4        Ga    270      0      0     1     0
5        Ah    380      0      0     1     0
```

ffreq2 は洪水頻度 2（10 年に 1 度程度），ffreq3 は洪水頻度 3（50 年に 1 度程度）を示すダミー変数，soil2 は土壌タイプ 2（Rd90C/VII：非石灰質の弱く発達した牧草地土壌，重い砂質），soil3 は土壌タイプ 3（Bkd26/VII：赤レンガ土壌，細かい砂質，シルト質の軽い粘土）を示すダミー変数です．ここでは，それら 4 変数にムーズ川までの距離（dist）を加えた 5 つを説明変数とします．被説明変数は亜鉛濃度（対数値）です．回帰項は以下のように定義されます．

```
> formula   <-log(zinc) ~ soil2 + soil3 + ffreq2 + ffreq3 + dist
```

meuse データの詳細は表 11.1 を参照ください．第 12 章と同様，位置座標を指定して，data.frame 形式の meuse データを sf 形式に変換しておきます．

```
> meuse_sf <-st_as_sf(meuse, coords = c("x", "y"), crs = 28992)
```

GWmodel パッケージは，sf 形式ではなくその旧形である sp 形式のみ対応しています．そのため，as_Spatial 関数で上記空間データを sp 形式に変換します．

```
> meuse_sp <-as_Spatial(meuse_sf)
```

meuse_sp は GWR の推定に使用して，meuse_sf は推定結果の地図化に使用します．

13.5.2　GWR モデルの推定

まずは bw.gwr 関数でバンド幅を推定します．例えば以下は，指数カーネル（kernel = "exponential"）を用いてバンド幅を最適化するコマンドです．

```
> bwE      <-bw.gwr(formula, approach="CV", data=meuse_sp, kernel = "exponential")
```

上述の通り，説明変数は 5 つです．approach はバンド幅の最適化手法を指定する引数で，"CV" の場合は LOOCV が，"AICc" の場合は corrected Akaike Information Criterion（AICc）の最小化が行われます．また，kernel="bisquare" で bisquare 型，"tricube" で tricube 型，"gaussian" でガウス型が推定できます．上記を回すと，以下のように LOOCV の各反復におけるバンド幅と CV スコア（二乗誤差）が出力されます．

```
Fixed bandwidth: 2744.883 CV score: 27.10449
Fixed bandwidth: 1696.77 CV score: 26.23977
Fixed bandwidth: 1049.001 CV score: 25.05112
    ⋮
Fixed bandwidth: 142.0289 CV score: 20.46631
Fixed bandwidth: 138.7738 CV score: 20.46563
```

CV スコアは bisquare 型が 25.39, tricube 型が 25.80, ガウス型が 20.77 でした. 以降では CV ス コアが 20.47 で最小となった指数カーネルを用います.

　次に, 推定されたバンド幅を用いて GWR モデルを推定します. 推定には gwr.basic 関数を用い ます.

```
> res        <-gwr.basic(formula,data=meuse_sp, bw=bwE, kernel = "exponential")
```

計算結果の要約は以下の通りです. 結果内の "Results of Global Regression" では通常の線形回 帰モデル (回帰係数は一定) の推定結果を要約しており, "Results of Geographically Weighted Regression" では GWR モデルの推定結果を要約しています.

```
> res
   ***********************************************************************
   *                      Package   GWmodel                             *
   ***********************************************************************
   Program starts at: 2021-08-30 17:02:40
   Call:
   gwr.basic(formula = formula, data = meuse_sp, bw = bwE, kernel = "exponential")

   Dependent (y) variable:  zinc
   Independent variables:  soil2 soil3 ffreq2 ffreq3 dist
   Number of data points: 155
   ***********************************************************************
   *                   Results of Global Regression                     *
   ***********************************************************************

   Call:
    lm(formula = formula, data = data)

   Residuals:
     Min       1Q   Median      3Q      Max
   -1.10478 -0.27836 -0.01468  0.28407  1.02676

   Coefficients:
               Estimate Std. Error t value Pr(>|t|)
   (Intercept)  6.70839    0.05918  113.355  < 2e-16 ***
   soil2       -0.43338    0.09393   -4.614  8.46e-06 ***
   soil3       -0.06599    0.16180   -0.408     0.684
   ffreq2      -0.54154    0.08594   -6.301  3.16e-09 ***
   ffreq3      -0.55558    0.10579   -5.252  5.11e-07 ***
   dist        -1.82799    0.24522   -7.455  6.84e-12 ***
```

```
---Significance stars
Signif. codes:  0 '***' 0.001 '**' 0.01 '*' 0.05 '.' 0.1 ' ' 1
Residual standard error: 0.4213 on 149 degrees of freedom
Multiple R-squared: 0.6704
Adjusted R-squared: 0.6593
F-statistic: 60.61 on 5 and 149 DF,  p-value: < 2.2e-16
***Extra Diagnostic information
Residual sum of squares: 26.45273
Sigma(hat): 0.4158048
AIC:   179.8208
AICc:  180.5827
BIC:   81.42871
***********************************************************************
*         Results of Geographically Weighted Regression               *
***********************************************************************

********************Model calibration information********************
Kernel function: exponential
Fixed bandwidth: 297.4331
Regression points: the same locations as observations are used.
Distance metric: Euclidean distance metric is used.

****************Summary of GWR coefficient estimates:*****************
               Min.      1st Qu.    Median     3rd Qu.    Max.
Intercept   6.504958   6.658006   6.787156   6.888119   7.3173
soil2      -0.638070  -0.265523  -0.191006  -0.063554   0.4412
soil3      -0.474737  -0.102374   0.062451   0.381499   1.5144
ffreq2     -1.208419  -0.804634  -0.668907  -0.328731  -0.2033
ffreq3     -1.419561  -0.831569  -0.597928  -0.452731  -0.3369
dist       -4.394557  -2.802634  -2.208624  -1.498981  -0.9998
***********************Diagnostic information************************
Number of data points: 155
Effective number of parameters (2trace(S) - trace(S'S)): 57.49197
Effective degrees of freedom (n-2trace(S) + trace(S'S)): 97.50803
AICc (GWR book, Fotheringham, et al. 2002, p. 61, eq 2.33): 139.1973
AIC (GWR book, Fotheringham, et al. 2002,GWR p. 96, eq. 4.22): 65.71901
BIC (GWR book, Fotheringham, et al. 2002,GWR p. 61, eq. 2.34): 73.92648
Residual sum of squares: 10.6881
R-square value:  0.8668171
Adjusted R-square value:  0.7874771


***********************************************************************
Program stops at: 2021-08-30 17:02:40
```

例えば，線形回帰モデル（Global Regression）では 0.6593 であった修正済み決定係数（Adjusted R-square value）が 0.7875 に改善するなど，回帰係数を場所ごとに推定したことによる精度改善が確認できます．"Summary of GWR coefficient estimates" に要約されている通り，各回帰係数は場所ごとに異なる値となったことも確認できます．

　GWR で観測点ごとに推定された回帰係数などの統計量は以下の通りです（最初 5 地点）．

```
> res$SDF@data[1:5,]
   Intercept        soil2      soil3     ffreq2     ffreq3       dist        y     yhat
1  6.817436  -0.12636454  1.4323489 -0.4203718 -0.4373281 -4.243014  6.929517 6.811674
2  6.814768  -0.08632694  1.4990542 -0.4095582 -0.4083797 -4.357290  7.039660 6.761504
3  6.762479  -0.18762362  1.1904543 -0.3981737 -0.4803188 -3.821557  6.461468 6.368748
4  6.682233  -0.28437177  0.8176380 -0.3653302 -0.5447431 -3.194106  5.549076 5.790681
5  6.624523  -0.20444641  0.7877079 -0.3135114 -0.5023074 -3.132251  5.594711 5.552161
     residual CV_Score Stud_residual Intercept_SE  soil2_SE  soil3_SE ffreq2_SE ffreq3_SE
1  0.11784315        0     0.4682855    0.1358397 0.2444075 0.6126123 0.2556248 0.3640942
2  0.27815679        0     1.0336497    0.1280688 0.2362397 0.5881629 0.2533089 0.3614168
3  0.09271992        0     0.3519895    0.1251803 0.2518971 0.5884058 0.2560474 0.3671486
4 -0.24160465        0    -1.0651553    0.1208812 0.2600842 0.6024155 0.2510543 0.3650798
5  0.04255048        0     0.1495733    0.1093484 0.2301451 0.5501518 0.2433994 0.3576682
      dist_SE Intercept_TV   soil2_TV soil3_TV  ffreq2_TV  ffreq3_TV   dist_TV Local_R2
1  0.9095665     50.18735 -0.5170240 2.338100 -1.644488 -1.201140 -4.664875 0.9263263
2  0.8666548     53.21178 -0.3654209 2.548706 -1.616833 -1.129941 -5.027711 0.9216242
3  0.8571397     54.02193 -0.7448422 2.023186 -1.555078 -1.308241 -4.458500 0.9124276
4  0.8760325     55.27936 -1.0933835 1.357266 -1.455184 -1.492121 -3.646105 0.8896176
5  0.7820708     60.58181 -0.8883369 1.431801 -1.288053 -1.404395 -4.005073 0.8819410
```

上記の `Intercept` は場所ごとの定数項，`soil2` ～ `dist` は場所ごとの回帰係数です．また，2行目の `Intercept_SE` ～ `dist_SE` は回帰係数の標準誤差，3行目の `Intercept_TV` ～ `dist_TV` は回帰係数のt値です．回帰係数のp値は下記のコマンドで評価可能です．

```
> pval     <-gwr.t.adjust(res)
> pval$SDF@data[1:5,]
   Intercept_t     soil2_t  soil3_t  ffreq2_t  ffreq3_t     dist_t Intercept_p soil2_p soil3_p
1     50.18735 -0.5170240 2.338100 -1.644488 -1.201140 -4.664875           0   0.607   0.023
2     53.21178 -0.3654209 2.548706 -1.616833 -1.129941 -5.027711           0   0.716   0.014
3     54.02193 -0.7448422 2.023186 -1.555078 -1.308241 -4.458500           0   0.459   0.048
4     55.27936 -1.0933835 1.357266 -1.455184 -1.492121 -3.646105           0   0.279   0.180
5     60.58181 -0.8883369 1.431801 -1.288053 -1.404395 -4.005073           0   0.378   0.158
   ffreq2_p ffreq3_p dist_p Intercept_p_by soil2_p_by soil3_p_by ffreq2_p_by ffreq3_p_by
1    0.106    0.235  0.000              0          1          0           1           1
2    0.111    0.263  0.000              0          1          0           1           1
3    0.125    0.196  0.000              0          1          1           1           1
4    0.151    0.141  0.001              0          1          1           1           1
5    0.203    0.166  0.000              0          1          1           1           1
   dist_p_by Intercept_p_fb soil2_p_fb soil3_p_fb ffreq2_p_fb ffreq3_p_fb dist_p_fb
1         0              0          1      1.000           1           1     0.000
2         0              0          1      0.818           1           1     0.000
3         0              0          1      1.000           1           1     0.000
4         0              0          1      1.000           1           1     0.058
5         0              0          1      1.000           1           1     0.000
   Intercept_p_bo soil2_p_bo soil3_p_bo ffreq2_p_bo ffreq3_p_bo dist_p_bo Intercept_p_bh
1              0          1          1           1           1         0              0
2              0          1          1           1           1         0              0
3              0          1          1           1           1         0              0
4              0          1          1           1           1         1              0
5              0          1          1           1           1         0              0
```

```
    soil2_p_bh soil3_p_bh ffreq2_p_bh ffreq3_p_bh dist_p_bh
1            1          0           0           0         0
2            1          0           0           0         0
3            1          0           0           0         0
4            0          0           0           0         0
5            0          0           0           0         0
```

「説明変数名_p」は対応する各回帰係数のp値です．GWRでは，地点ごとに検定を行うことでp値を評価して有意性検定を行いますが，このように複数回検定を行うと対立仮説が過剰に採択されやすくなることが知られています（多重検定）．例えば，10地点で帰無仮説「$\beta_k(s_i) = 0$」の仮説検定を5％水準で行った場合，仮に「$\beta_k(s_i) = 0$」が正しい場合であっても，1つ以上の地点でたまたま帰無仮説が棄却される確率は約0.4（$\approx 1 - 0.95^{10}$）にものぼります．このような過剰な有意性を避けるために，補正したp値が提案されてきました．「説明変数名_p_by」，「説明変数名_p_fb」，「説明変数名_p_bo」，「説明変数名_p_bh」は，それらの補正p値です．例えばp_fbは，de Silva and Fotheringham (2015) で提案された修正p値であり，彼らによってその精度のよさが示されています．回帰係数の有意性を適切に評価するために，それら補正p値を使うことが推奨されています．

　通常，推定された場所ごとの回帰係数は，考察を行うために地図化されます．地図化のためにまず，各回帰係数の推定値を「説明変数名_coef」という名称で，`meuse_sf`の新たな列として追加します．

```
> beta        <-res$SDF@data[,1:6]
> names(beta)<-paste(names(beta),"_coef",sep="")
> meuse_sf    <-cbind(meuse_sf,beta)
```

`soil2`の係数`soil2_coef`は以下のコマンドでプロットできます．各回帰係数を同様にプロットすると図13.2のようになります．

```
> plot(meuse_sf[,"soil2_coef"],pch=20,axes=TRUE)
```

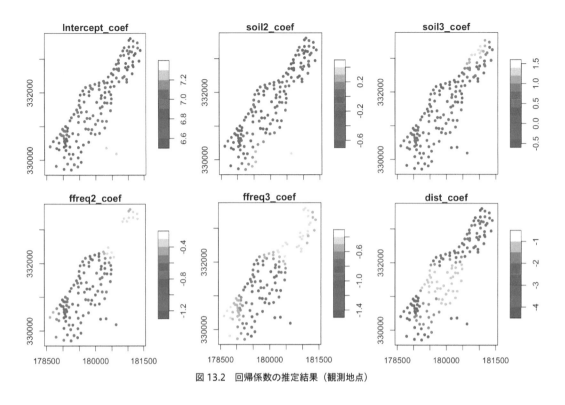

図13.2　回帰係数の推定結果（観測地点）

図13.2から，ムーズ川までの距離（dist）の影響は対象地域の北を流れる同河川に沿って強まる（ムーズ川から離れるにつれて，亜鉛濃度が急激に薄まる）傾向や，洪水の頻度（ffreq2とffreq3）の影響は対象地域の中央部で強まる（洪水が多いほど濃度が薄まる）傾向などが確認できます．

13.5.3　GWR モデルによる予測

GWR を被説明変数の予測に応用するために，第12章と同様に，未観測地点のデータである meuse.grid を用います．まずは，meuse データと同じく以下のコマンドでダミー変数を meuse.grid に追加します．また，meuse.grid をモデル推定用の sp 形式と地図化用の sf 形式に変換します．

```
> data(meuse.grid)
> meuse.grid$ffreq2      <- ifelse(meuse.grid$ffreq ==2, 1, 0)
> meuse.grid$ffreq3      <- ifelse(meuse.grid$ffreq ==3, 1, 0)
> meuse.grid$soil2       <- ifelse(meuse.grid$soil  ==2, 1, 0)
> meuse.grid$soil3       <- ifelse(meuse.grid$soil  ==3, 1, 0)
> meuse.grid_sf          <-st_as_sf(meuse.grid, coords = c("x", "y"), crs = 28992)
> meuse.grid_sp          <-as_Spatial(meuse.grid_sf)
```

未観測地点の予測は gwr.predict 関数を用いて行います．

```
> pred  <- gwr.predict(formula,data=meuse_sp, bw=bwE, kernel = "exponential",
                       predictdata=meuse.grid_sp)
```

predictdata=meuse.grid_sp で予測地点のデータ（sp 形式）を指定しています．予測結果は summary 関数で以下のように要約されます．

```
> summary(pred$SDF)
Object of class SpatialPointsDataFrame
Coordinates:
              min     max
coords.x1 178460 181540
coords.x2 329620 333740
Is projected: TRUE
proj4string :
[+proj=sterea +lat_0=52.1561605555556 +lon_0=5.38763888888889
+k=0.9999079 +x_0=155000 +y_0=463000 +ellps=bessel +units=m +no_defs]
Number of points: 3103
Data attributes:
 Intercept_coef    soil2_coef         soil3_coef          ffreq2_coef
 Min.   :6.504   Min.   :-0.66443   Min.   :-0.50779   Min.   :-1.2105
 1st Qu.:6.670   1st Qu.:-0.27713   1st Qu.:-0.11200   1st Qu.:-0.8720
 Median :6.783   Median :-0.17801   Median : 0.05833   Median :-0.7038
 Mean   :6.800   Mean   :-0.14723   Mean   : 0.13187   Mean   :-0.6663
 3rd Qu.:6.904   3rd Qu.:-0.02476   3rd Qu.: 0.23267   3rd Qu.:-0.4851
 Max.   :7.314   Max.   : 0.45782   Max.   : 1.51428   Max.   :-0.2016
  ffreq3_coef        dist_coef         prediction      prediction_var
 Min.   :-1.4341   Min.   :-4.4044   Min.   :4.367   Min.   :0.1150
 1st Qu.:-0.9013   1st Qu.:-2.5146   1st Qu.:5.111   1st Qu.:0.1205
 Median :-0.6963   Median :-1.9479   Median :5.531   Median :0.1242
 Mean   :-0.7142   Mean   :-2.0613   Mean   :5.615   Mean   :0.1343
 3rd Qu.:-0.4855   3rd Qu.:-1.4126   3rd Qu.:6.024   3rd Qu.:0.1400
 Max.   :-0.3363   Max.   :-0.9863   Max.   :7.712   Max.   :0.2361
```

「説明変数名 _coef」は推定された回帰係数，prediction は被説明変数の予測値，prediction_var は期待二乗誤差です．被説明変数の予測値と期待二乗誤差は以下のコマンドで地図化できます（図 13.3）．

```
> meuse.grid_sf   <-cbind(meuse.grid_sf,pred$SDF)
> plot(meuse.grid_sf[,"prediction"],pch=20,axes=TRUE)
> plot(meuse.grid_sf[,"prediction_var"],pch=20,axes=TRUE)
```

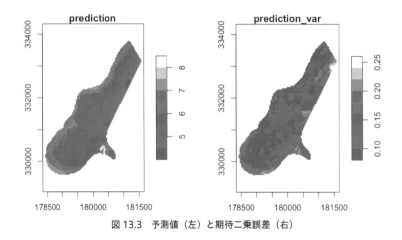

図 13.3　予測値（左）と期待二乗誤差（右）

また，soil2 の係数は以下のコマンドで地図化でき，他の回帰係数についても同様に視覚化すると図 13.4 のようになります．この図からは，観測地点についての分布（図 13.2）よりも明瞭に回帰係数の分布傾向が確認できます．

```
> plot(meuse.grid_sf[,"soil2_coef"],pch=20,axes=TRUE)
```

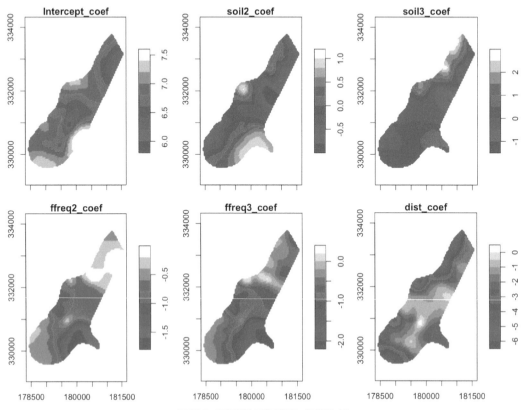

図 13.4　回帰係数の推定結果（予測地点）

第**5**部

応用編

非ガウス空間データの
統計モデリング

## 第14章

一般化線形モデルの基礎

14.1　さまざまなデータタイプ

　ガウス分布に従うデータ以外にも，さまざまな空間データが用いられてきました．例えば，疾病や健康水準の空間特性を分析するためには患者数や死亡者数などのカウントデータが用いられ，動植物の空間分布を分析するためには個体数のカウントデータが用いられてきました．空間分野でよくみられるデータタイプは表 14.1 の通りです．この表にもあるようなカウントデータやバイナリデータを含む幅広いデータを扱う回帰として**一般化線形モデル**（generalized linear model; **GLM**）が用いられてきました．

　本章の前半では一般化線形モデルについて簡単に紹介します．より詳しくは久保 (2012) などが参考になります．後半では，特に空間分野で広く用いられるカウントデータに焦点をあて，実例を交えて紹介します．

表 14.1　空間分野でよくみられるデータタイプ

分類	データタイプ	とりうる値	特徴
量的データ	連続データ	任意や 0 以上など	気温，CO_2 濃度，住宅価格などの密度や質，量などを表すデータ
	カウントデータ	0, 1, 2, …	犯罪件数，患者数，樹木数など，一定の地域や期間での事象数を数えたデータ
質的データ	バイナリデータ	0 または 1 のような 2 値	故障の有無などの 2 値で表現されるデータ（例えば 0 は故障なし，1 は故障）
	カテゴリカルデータ	0 or 1 or 2 or …or K のような K 個の値	土地利用（田，森林，都市,……），天気（晴れ，曇り，雨,……）などの K 個のカテゴリからなるデータ（例えばカテゴリ 1 は晴れ，カテゴリ 2 は曇り，カテゴリ 3 は雨,……）

14.2　一般化線形モデルでよく用いられる確率分布

　幅広いデータをモデル化するために，さまざまな確率分布が提案されてきました（表 14.2）．第 2 章でも説明した通り，ポアソン分布はカウントデータのための代表的な離散確率分布で，その平均と分散はパラメータ λ に一致します．この平均と分散が等しいという特性は理論的に導かれたものでは

ありますが，現実には「分散が平均よりも大きい」という**過分散**（over-dispersion）がみられる場合も多く，特に0値の多いカウントデータは過分散となる傾向があります．負の二項分布は過分散なカウントデータをモデル化することのできる確率分布であり，平均パラメータλに加えて，サイズパラメータと呼ばれる過分散の度合いを調整するパラメータを持ちます．負の二項分布は疾病や犯罪の分析などで広く用いられています．

バイナリデータに対しては（試行回数1の）二項分布が用いられます．この分布は確率pで1を，確率$1-p$で0をとるものであり，例えば汚染の有無のような事象の有無を記述します．カテゴリカルデータに対しては多項分布が用いられます．この分布は，K個の各事象の発生確率$p_1, \ldots, p_K$を記述するものです．この分布を用いることで，例えば「晴れる確率は50 %，曇りの確率は40 %，雪の確率は10 %」のようなカテゴリK個の発生確率が推定できます．

一般化線形モデルでは，データタイプに合うように適切に分布を仮定した上で，カウントデータやバイナリデータをモデル化します．

表14.2　各データタイプに対する確率分布

分布	対象とするデータ	よくみられる記法	パラメータ	とりうる値
ガウス分布	連続	$N(\mu, \sigma^2)$	平均μ，分散σ^2	任意
ポアソン分布	カウント	$Poisson(\lambda)$	平均λ（＝分散）	$0, 1, 2, \cdots$
負の二項分布	カウント	$NB(\lambda, s)$	平均λ，sサイズパラメータ	$0, 1, 2, \cdots$
二項分布	バイナリ	$Binom(1, p)$	$p \in \{0,1\}$：1となる確率	0, 1
多項分布	カテゴリカル	$Multinom(1, p_1, .., p_C)$	$p_c \in \{0,1\}$：カテゴリcが選ばれる確率	$\{0,1\}$がC変数

14.3　一般化線形モデルの要素

一般化線形モデルは次の要素からなります．

(a) データ分布を記述する指数分布族に属する確率分布

(b) データの期待値を記述する回帰項（線形予測子）

(c) 確率分布 (a) と回帰項 (b) を紐付ける関数（逆リンク関数）

ある変数yの確率密度分布が以下の式で与えられる場合（θはパラメータ），同分布は**指数分布族**（exponential family）に属するとされます．

$$p(y; \theta) = \exp\left[a(y)b(\theta) + c(\theta) + d(y)\right] \tag{14.1}$$

ただし，$a(\bullet)$, $b(\bullet)$, $c(\bullet)$, $d(\bullet)$は既知の関数です．ガウス分布，ポアソン分布，二項分布（試行回数は固定）などは指数分布族であり，負の二項分布や多項分布もまた特定のパラメータが既知である場合に指数分布族となります．それらの指数分布族に従う分布は一般化線形モデルの (a) で仮定できます．(b) では，それらの分布の期待値が回帰項$\sum_{k=1}^{K} x_{i,k}\beta_k$に従うと仮定します．

(c) の，確率分布 (a) と回帰項 (b) を紐付ける関数は**逆リンク関数**（inverse link function）と呼ばれます（この関数の逆関数はリンク関数と呼ばれます）．逆リンク関数は，期待値を表す回帰項のとりうる値の範囲をデータタイプと整合させるために必要です．例えば，カウントデータは 0 以上の値をとるため，その期待値もまた 0 以上でなくてはなりません．また，バイナリデータは 0 または 1 となるため，期待値 θ_i は 0 から 1 の間となるはずです．標準的に用いられる逆リンク関数を表 14.3 に整理しました．この表のように，カウントデータには指数関数のような非負の関数が，バイナリデータやカテゴリカルデータにはロジスティック関数のような 0 以上 1 以下の値をとる関数が，逆リンク関数として用いられます．

一般化線形モデルは (a) 〜 (c) を組み合わせて以下のように定義されます．

$$y_i \sim \ P(\theta_i) \quad \theta_i = g\left(\sum_{k=1}^{K} x_{i,k}\beta_k\right) \tag{14.2}$$

$P(\theta_i)$ は指数分布族の確率分布で，その期待値は θ_i です（$\theta_i = E[y_i]$）．この期待値は，逆リンク関数 $g(\bullet)$ を用いて回帰項 $\sum_{k=1}^{K} x_{i,k}\beta_k$ を変換することで与えられます．データタイプに応じて適切な確率分布と逆リンク関数 $g(\bullet)$ を与えた上で，一般化線形モデルが推定されます．

表 14.3　データタイプと確率分布の期待値 θ_i

分布	逆リンク関数	分布の期待値	関数形のイメージ（横軸：$\sum_{k=1}^{K} x_{i,k}\beta_k$，縦軸：$\theta_i$）
ガウス分布	$g(\bullet) = \bullet$	$\theta_i = \sum_{k=1}^{K} x_{i,k}\beta_k$	
ポアソン分布 負の二項分布	$g(\bullet) = \exp(\bullet)$	$\theta_i = \exp\left(\sum_{k=1}^{K} x_{i,k}\beta_k\right)$	
二項分布 多項分布	$g(\bullet) = \dfrac{1}{1 + \exp(\bullet)}$	$\theta_i = \dfrac{1}{1 + \exp\left(\sum_{k=1}^{K} x_{i,k}\beta_k\right)}$ $\theta_{i,c} = \dfrac{1}{1 + \exp\left(\sum_{k=1}^{K} x_{i,k}\beta_{k,c}\right)}$ （$\theta_{i,c}$：i 番目の観測値がカテゴリ c の確率）	

14.4　オフセット変数

　カウントデータの期待値は, 集計ゾーンの広さや集計対象人口に依存します. 例えば, ゾーン A (人口 100 人) とゾーン B (人口 500 人) の高齢者数の期待値は, 人口が 5 倍のゾーン B の方が 5 倍程度大きいと考えることが自然でしょう. **オフセット変数** (offset variable) とは, この例のような集計規模の違いを調整するための変数で, 以下の式のようにデータの期待値を定数倍します.

$$y_i \sim P(\theta_i) \qquad \theta_i = o_i g\left(\sum_{k=1}^{K} x_{i,k}\beta_k\right) \tag{14.3}$$

o_i がオフセット変数です. 高齢者数の例では, 人口をオフセット変数 o_i とすることでゾーンごとの人口規模の違いを調整した上で, 各説明変数からの影響が推定できます.

　カウントデータを分析する場合は, 説明変数とオフセット変数の両方を検討する必要があります.

14.5　ポアソン回帰の例

　本節では, CARBayesdata パッケージで公開されているグラスゴー都市圏の 271 ゾーンで 2007 ～ 2011 年に調査された呼吸器疾患の患者数データ (pollutionhealthdata) を分析します. まずは CARBayesdata パッケージと pollutionhealthdata データを読み込みます.

```
> library(CARBayesdata)
> data("pollutionhealthdata")
```

データの最初の 6 行を確認します.

```
> head(pollutionhealthdata)
         IZ year observed   expected      pm10  jsa price
1 S02000260 2007       97   98.24602  14.02699 2.25 1.150
2 S02000261 2007       15   45.26085  13.30402 0.60 1.640
3 S02000262 2007       49   92.36517  13.30402 0.95 1.750
4 S02000263 2007       44   72.55324  14.00985 0.35 2.385
5 S02000264 2007       68  125.41904  14.08074 0.80 1.645
6 S02000265 2007       24   55.04868  14.08884 1.25 1.760
```

各変数の定義は次の通りです.

- IZ 　　　 : ゾーン ID
- year 　　 : 調査年次 (2007 ～ 2011)
- observed : 呼吸器疾患による入院患者数
- expected : 疾病によらず人口や居住者属性から期待される入院患者数 (以後, 期待患者数と呼称)

- pm10 ：PM10 濃度
- jsa ：失業率
- price ：平均住宅価格

ここでは，呼吸器疾患の患者数（observed）を被説明変数とした一般化線形モデルの実例を紹介します．表 14.1, 14.2 に基づき，患者数がポアソン分布に従うと仮定してモデル化すると，カウントに対する標準的な回帰モデルであるポアソン回帰モデルが得られます．

$$y_i \sim Poisson(\theta_i) \qquad \theta_i = o_i \exp\left(\sum_{k=1}^{K} x_{i,k}\beta_k\right) \tag{14.4}$$

ポアソン回帰モデルを含む一般化線形モデルの推定には，glm 関数を使います．まずは回帰項を定義します．

```
> formula        <- observed ~ offset(log(expected)) + jsa + price + pm10
```

説明変数は pm10, jsa, price です．PM10 は呼吸器疾患リスクを増加させるため pm10 の回帰係数の符号は正，雇用状況悪化は健康状態を悪化させうるため jsa の符号は正，裕福な家計ほど健康な生活水準が維持しやすいため price の符号は負となることが，それぞれ期待できます．offset はオフセット変数を指定する関数です．オフセット変数には期待患者数（expected）を用います．glm 関数では回帰項に offset で指定した変数が足されるため，(14.4) 式を推定するには offset(log(expected)) のように指定する必要があります（$\exp\left(log(o_i) + \sum_{k=1}^{K} x_{i,k}\beta_k\right) \rightarrow o_i \exp\left(\sum_{k=1}^{K} x_{i,k}\beta_k\right)$）．expected をオフセット変数とすることで，人口規模などの影響を調整した回帰分析ができます．

ポアソン回帰の推定コマンドは以下の通りです．

```
> model  <- glm( formula = formula, family = poisson, data = pollutionhealthdata )
```

上記の formula では回帰項を，data では入力データ（pollutionhealthdata）を指定しています．また，family で指数分布族の中から確率分布を指定しています．今回はカウントデータなのでポアソン分布（poisson）を選択しました．以上により，ポアソン回帰 (14.4) 式が推定されます．推定結果は以下のコマンドで出力されます．

```
> summary(model)

Call:
glm(formula = formula, family = poisson, data = pollutionhealthdata)

Deviance Residuals:
    Min       1Q    Median       3Q      Max
-7.1094  -1.5559  -0.2268   1.2439   7.9296
```

```
Coefficients:
            Estimate Std. Error z value Pr(>|z|)
(Intercept) -0.597525   0.025904  -23.07   <2e-16 ***
pm10         0.041747   0.001565   26.68   <2e-16 ***
jsa          0.060420   0.001541   39.22   <2e-16 ***
price       -0.282932   0.008721  -32.44   <2e-16 ***
---
Signif. codes:  0 '***' 0.001 '**' 0.01 '*' 0.05 '.' 0.1 ' ' 1

(Dispersion parameter for poisson family taken to be 1)

    Null deviance: 14705.7  on 1354   degrees of freedom
Residual deviance:  5807.3  on 1351   degrees of freedom
AIC: 14099

Number of Fisher Scoring iterations: 4
```

pm10 の回帰係数は正，jsa（失業率）は正，price（平均住宅価格）は負となり，いずれも期待通り
の符号となりました．各変数は有意水準 1 ％で統計的に有意です．

　なお，既述の通り，ポアソン分布は平均と分散が等しいという仮定を置くため，平均より分散の大
きな過分散なデータの分析には向きません．負の二項回帰モデルは過分散なカウントデータにも適用
可能なモデルとして知られています．このモデルは MASS パッケージの glm.nb 関数を用いて以下の
コマンドで実装できます．

```
> library(MASS)
> model2  <- glm.nb(formula = formula, data = pollutionhealthdata)
> summary(model2)

Call:
glm.nb(formula = formula, data = pollutionhealthdata, init.theta = 23.4702342,
    link = log)

Deviance Residuals:
    Min       1Q   Median      3Q      Max
-3.0629  -0.7692  -0.1143   0.5704   3.8397

Coefficients:
            Estimate Std. Error z value Pr(>|z|)
(Intercept) -0.598400   0.053619  -11.16   <2e-16 ***
pm10         0.039690   0.003316   11.97   <2e-16 ***
jsa          0.065052   0.003330   19.53   <2e-16 ***
price       -0.276820   0.016545  -16.73   <2e-16 ***
---
Signif. codes:  0 '***' 0.001 '**' 0.01 '*' 0.05 '.' 0.1 ' ' 1

(Dispersion parameter for Negative Binomial(23.4702) family taken to be 1)

    Null deviance: 3493.2  on 1354   degrees of freedom
Residual deviance: 1373.4  on 1351   degrees of freedom
```

```
   AIC: 11598

Number of Fisher Scoring iterations: 1

             Theta:  23.47
         Std. Err.:   1.20

  2 x log-likelihood:  -11588.30
```

負の二項回帰の AIC（11,598）はポアソン回帰の AIC（14,099）よりも小さく，より良好な精度となったことが確認できます．

14.6　ロジスティック回帰モデル

　バイナリデータもまた，よくみかける空間データのタイプです．例えば，土壌が汚染された地点は1，それ以外は 0 のようなデータはその一例です．バイナリデータに対しては以下で定義されるロジスティック回帰モデルがよく用いられます（表 14.1，表 14.2）．

$$y_i \sim Binom(\theta_i) \quad \theta_i = \frac{1}{1 + \exp\left(\sum_{k=1}^{K} x_{i,k} \beta_k\right)} \tag{14.5}$$

このモデルもまた，glm 関数で実装できます．以下はコードの一例です．

```
> model3  <- glm(formula = formula, data = data, family = binomial)
```

ここでは family=binomial で二項分布を指定します．なお，binomial を選択するとデフォルトでロジスティック関数（$\frac{1}{1+\exp(\bullet)}$）が逆リンク関数に指定されます．

第**15**章

空間相関を考慮した一般化線形モデル

15.1　本章の目的と概要

　地域ごとのカウントデータやバイナリデータをモデル化するために，空間相関を考慮した一般化線形モデルが提案されてきました．本章では，そのようなモデルの一つであり，空間疫学や生態学で広く用いられている CAR モデルの応用に焦点を絞って紹介します．

15.2　空間一般化線形モデル

　本章では，以下の式で定義される空間一般化線形モデルを考えます．

$$y_i \sim P(\theta_i) \qquad \theta_i = g\left(\sum_{k=1}^{K} x_{i,k}\beta_k + z_i\right) \tag{15.1}$$

上式は，一般化線形モデルの回帰項（線形予測子）に空間相関を捉えるための変数 z_i を加えたモデルです．変数 z_i は CAR モデルに従うと仮定します．線形の場合と同様（第 10 章参照），変数 z_i には以下のような定式化がありえます．

$$\text{ICAR モデル} \qquad z_i|z_{j\neq i} \sim N\left(\frac{\sum_j c_{ij}z_j}{\sum_j c_{ij}}, \frac{\tau^2}{\sum_j c_{ij}}\right) \tag{15.2}$$

$$\text{BYM モデル} \qquad z_i|z_{j\neq i} \sim N\left(\frac{\sum_j c_{ij}(z_j+\theta_j)}{\sum_j c_{ij}}, \frac{\tau^2}{\sum_j c_{ij}}\right), \quad \theta_j \sim N(0, s^2) \tag{15.3}$$

$$\text{Leroux モデル} \qquad z_i|z_{j\neq i} \sim N\left(\frac{\rho \sum_j c_{ij}z_j}{\rho \sum_j c_{ij}+1-\rho}, \frac{\tau^2}{\rho \sum_j c_{ij}+1-\rho}\right) \tag{15.4}$$

既述の通り，BYM モデルと Leroux モデルは弱い空間相関も捉えられるように ICAR モデルを拡張したもので，どのモデルも広く用いられていますが，Leroux モデルが最良という指摘もあります (Lee 2011)．

　なお，(15.1) 式ではなく，空間計量経済モデルのように被説明変数の空間相関を捉える項 $\rho \sum_{i\neq j}^{N} w_{i,j}y_j$ を一般化線形モデルに追加する定式化も存在します．

$$y_i \sim P\left(\theta_i\right) \qquad \theta_i = g\left(\sum_{k=1}^{K} x_{i,k}\beta_k + \rho \sum_{i \neq j}^{N} w_{i,j}y_j\right) \tag{15.5}$$

y_i がポアソン分布に従う場合は auto-Poisson モデル，二項分布の場合は auto-Logistic モデルと呼ばれています．残念ながら，auto-Poisson モデルは負の空間相関しか適切に推定できないことが知られています．また，auto-Logistic モデルは空間相関パラメータ ρ の推定量に深刻なバイアスが生じることが知られています．両問題への対処法は提案されていますが，そもそも CAR モデルを用いればそれらの問題は起こりません．また，第 10 章でも説明したように，CAR モデルは明示的な逆行列計算が不要であり，MCMC 法による柔軟で高速なモデル推定が可能です．以上の理由より，CAR モデルに基づく空間一般化線形モデル (15.1) 式の方が，より広く用いられています．

15.3　ポアソン CAR モデルと二項 CAR モデル

空間一般化線形モデルは，特にカウントデータとバイナリデータを対象に幅広い適用がみられます．カウントデータに対しては，以下のポアソン CAR モデルが用いられます．

$$y_i \sim Poisson\left(\theta_i\right) \qquad \theta_i = o_i \exp\left(\sum_{k=1}^{K} x_{i,k}\beta_k + z_i\right) \tag{15.6}$$

上式は，空間相関変数 z_i を追加した以外は通常のポアソン回帰モデルと同一です．ポアソン分布は，例えば 0 値が大半を占めるような過分散（平均＜分散）なカウントデータのモデル化には不向きなため（第 14 章参照），必要に応じて別の分布を用います．例えば，後述の R パッケージ CARBayes にはゼロ過剰ポアソン分布が実装されています．この分布は，最初に 0 値かどうかを判別し，次に 0 値以外の標本にポアソン分布を仮定するものであり，柔軟に過分散に対処します．

バイナリデータに対しては，以下で定義される二項 CAR モデルが用いられます．

$$y_i \sim Binomial\left(\theta_i\right) \qquad \theta_i = \frac{1}{1 + \exp\left(\sum_{k=1}^{K} x_{i,k}\beta_k + z_i\right)} \tag{15.7}$$

次の 15.4 節では，カウントデータを例に実例を紹介します．

15.4　CARBayes によるカウントデータの解析例

第 14 章でも用いた呼吸器疾患の患者数データ（271 ゾーンごと）を，ポアソン CAR モデルを用いて分析します．本分析の目的は，呼吸器疾患の患者数に影響する要因の分析と，ゾーンごとの疾病リスクの推定です．疾病リスクは，ポアソン CAR モデルから推定されるゾーンごとの患者数の事後平均で評価します．また，疾病リスクの不確実性は患者数の事後分散で評価します（3.10 節参照）．

まずは本節で用いるパッケージを読み込みます．

```
> library(CARBayes)
> library(CARBayesdata)
> library(RColorBrewer)
> library(spdep)
> library(sf)
```

続いて，データを以下のコマンドで読み込みます．本章では，2007 年のデータ（dat2007）を用いた例を紹介します．2007 〜 2011 年のデータを用いた時空間分析については第 18 章を参照ください．

```
> data(pollutionhealthdata)
> dat2007<-pollutionhealthdata[pollutionhealthdata$year==2007,]
```

次に，空間相関をモデル化するために，ゾーンごとのポリゴンデータ（GGHB.IZ）を読み込んで近接行列を生成します．

```
> data(GGHB.IZ)
> W.nb           <- poly2nb(GGHB.IZ)              # nb 形式に変換
> W              <- nb2mat(W.nb, style = "B")     # 近接行列を抽出
```

dat2007 と GGHB.IZ には同名のゾーン ID があるので，それを用いてのちほど両者を紐付けます．
　ポアソン CAR モデルの説明変数は，第 14 章と同じく PM10 の濃度（pm10），失業率（jsa），平均住宅価格（price）とし，オフセット変数は人口や居住者特性に基づく期待患者数（expected）とします．線形の場合と同様，空間相関変数 z_i を Leroux モデルか ICAR モデルで与える場合は S.CARleroux 関数を，BYM モデルで与える場合は S.CARbym 関数を用います．Leroux モデルを用いる場合の推定コマンドは以下の通りです．

```
> formula      <- observed ~ offset(log(expected)) + jsa + price + pm10
> resLex       <- S.CARleroux(formula=formula, data=dat2007, family="poisson", W=W,
+                             burnin=5000, n.sample=20000)
```

family="poisson" を追加した以外は線形の Leroux モデルと同じコマンドです．推定結果は以下の通りです．

```
> resLex
#################
#### Model fitted
#################
Likelihood model - Poisson (log link function)
Random effects model - Leroux CAR
Regression equation - observed ~ offset(log(expected)) + jsa + price + pm10
Number of missing observations - 0

############
#### Results
```

```
###########
Posterior quantities and DIC

              Median    2.5%    97.5% n.effective Geweke.diag
(Intercept) -0.6087 -0.8806 -0.3569       145.7         1.5
jsa          0.0862  0.0660  0.1088       115.2        -0.6
price       -0.2813 -0.3540 -0.2027       114.9        -0.9
pm10         0.0380  0.0213  0.0543       158.1        -0.9
tau2         0.0509  0.0360  0.0804       574.6        -1.0
rho          0.0706  0.0048  0.2477       508.4        -0.7

DIC =   2115.246        p.d =  197.411      LMPL =   -1112.47
```

PM10 濃度が高く，失業率が高く，住宅価格が低い地域であるほど患者が増えると推定されました．また，各回帰係数に対する 95 % 信用区間が 0 値を含まないことから（区間の下限 (2.5 %) と上限 (97.5 %) から確認），各説明変数には有意な影響があることも確認できます．

　比較のために，空間相関を考慮しない通常のポアソン回帰モデルも MCMC 法で推定します．

```
> resGLM<- S.glm(formula=formula, data=dat2007,
+                family="poisson", burnin=5000, n.sample=20000)
```

このモデルの DIC は 2708.8 となり，ポアソン CAR モデル（DIC: 2115.2）の方が精度がよいことが確認されました．

　次に，両モデルの推定結果を比較します．ここでは hist 関数でヒストグラムを重ねることで，MCMC 法でサンプルされた回帰係数の事後分布を比較します．resLex からサンプリングされた回帰係数は resLex$samples$beta に，resGLM は resGLM$samples$beta に格納されています．pm10 の回帰係数についての比較のためのコマンドと出力結果は以下の通りです．

```
> hist(resLex$samples$beta[,4], xlim=c(0.0,0.07), ylim=c(0,120), 20,
+      freq=FALSE, col=rgb(0,0,1,0.5))
> hist(resGLM$samples$beta[,4], xlim=c(0.0,0.07), ylim=c(0,120), 10,
+      freq=FALSE, col=rgb(1,0,0,0.5), add=TRUE)
```

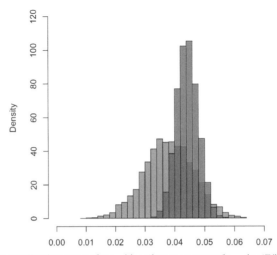

図 15.1 　回帰係数の事後分布のヒストグラム（青：ポアソン CAR モデル，赤：通常のポアソン回帰）

図 15.1 の青がポアソン CAR モデル，赤がポアソン回帰から得られた回帰係数の事後分布です．この図のように，多くの場合，空間相関を考慮することで回帰係数の事後分布は変化します．これは，直感的にはあてはまりのよさと空間相関（滑らかさ）を折衷したモデル推定となるためで（第 10 章参照），多くの場合，あてはまりを愚直に高める通常のポアソン回帰よりも事後分布の幅は広がります．結果として回帰係数の信用区間も広がるため，空間相関を無視したモデルに比べると統計的な有意性は出にくくなります．空間相関が空間データの一般的な性質であることをふまえると，ポアソン CAR モデルを用いることは，回帰係数などのパラメータの不確実性を正しく評価して，信用区間や統計的有意性を適切に評価する上で重要です．なお，第 10 章でも例示したように，空間相関を考慮することは，ゾーンごとの空間相関変数や観測データの不確実性を適切に評価する上でも重要です．

　ポアソン回帰（resGLM）およびポアソン CAR（resLex）から予測された患者数（事後平均）を実際の患者数（observed）と比較します．そのために，dat2007 の新たな列として両モデルの予測患者数（predGLM，predLex）を代入したのちに，dat2007 とポリゴンデータ（GGHB.IZ）を共通のゾーン ID である IZ で紐付けます．この紐付けには merge 関数を使います．具体的なコマンドは以下の通りです．

```
> dat2007$predGLM <-resGLM$fitted.values   # ポアソン回帰の事後平均を dat に代入
> dat2007$predLex <-resLex$fitted.values   # ポアソン CAR の事後平均を dat に代入
> dat   <- merge(x=GGHB.IZ, y=dat2007, by="IZ", all.x=FALSE, duplicateGeoms = TRUE)
```

出力される dat は observed，predGLM，predLex を含むゾーンごとのポリゴンデータ（Spatial PolygonsDataFrame 形式）です．このデータを st_as_sf 関数で sf 形式に変換した上で地図化を行います．コマンドは次の通りです．

```
> dat2 <-st_as_sf(dat)
> nc       <- 10                          # 色分け数
> breaks   <- seq(10, 200, len=nc+1)      # 色分けの区切り位置
> pal      <- rev(brewer.pal(nc, "RdYlBu"))    # 色の指定
> plot(dat2[, "observed"]  ,pal=pal,breaks=breaks, axes=TRUE,lwd=0.1)
```

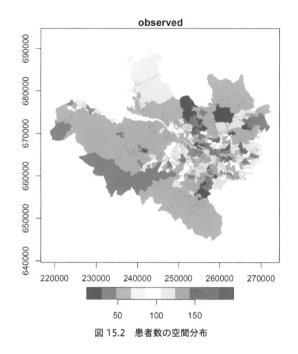

図 15.2　患者数の空間分布

```
> plot(dat2[, "predGLM"]  ,pal=pal,breaks=breaks, axes=TRUE,lwd=0.1)
```

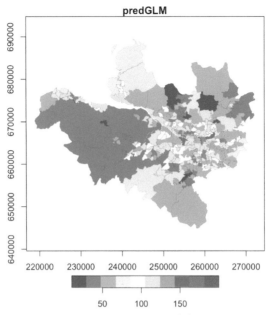

図 15.3　ポアソン回帰で推定された患者数の事後平均

```
> plot(dat2[, "predLex"]  ,pal=pal,breaks=breaks, axes=TRUE,lwd=0.1)
```

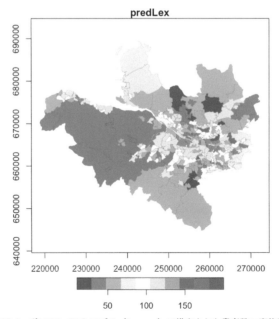

図 15.4　ポアソン CAR モデル（Leroux）で推定された患者数の事後平均

　図 15.2 が観測された患者数の空間分布，図 15.3，15.4 が両モデルから得られた予測患者数の事後平均です．その値は，ノイズなどのデータの不確実性を除去した疾病リスクの指数と解釈できます．ポアソン回帰に比べると，ポアソン CAR モデルの事後平均は，例えば市中心部の局所的な疾患リスクの高さがより観測値（observed）に近い点や，患者数が少ない郊外部では疾患リスクが観測値よりも低く見積もられた点など(例えば対象地域西部)，直感に合う結果となっていることがわかります．

　最後に，予測患者数の不確実性を評価します．ここでは，MCMC 法でサンプルされた予測患者数の箱ヒゲ図をゾーンごとに作成することでばらつきを視覚化します．ポアソン回帰モデルの MCMC 法のサンプルは resGLM$samples$fitted に格納されており，以下のコマンドで箱ヒゲ図が作成できます．出力結果は図 15.5 です．この図から，各ゾーンにおける不確実性は極めて小さく推定されたことがわかります．例えばゾーン 1（左端）の患者数は，偶発的要因で上下したとしてもおおむね 79 〜 83 人程度に必ず収まるという推定結果となっています．残念ながら，日々患者数が変化しうることをふまえると，この結果は必ずしも直感に合いません．

```
> predGLM_samp <-as.matrix( resGLM$samples$fitted )
> boxplot( predGLM_samp[,1:10],ylim=c(10,125))
```

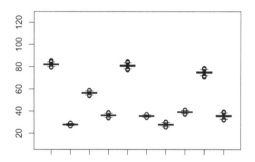

図 15.5　ポアソン回帰モデルからサンプルされた予測患者数の箱ヒゲ図（横軸：ゾーン（最初 10 個のみ），縦軸：患者数）

一方，以下のコマンドで，ポアソン CAR モデルから得られた予測患者数の箱ヒゲ図を作ると図 15.6 となります．

```
> predLex_samp <-as.matrix( resLex$samples$fitted )
> boxplot( predLex_samp[,1:10],ylim=c(10,125))
```

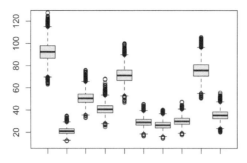

図 15.6　ポアソン CAR モデルからサンプルされた予測患者数の箱ヒゲ図（横軸：ゾーン（最初 10 個のみ），縦軸：患者数）

図 15.6 では，例えばゾーン 1 の患者数はおおむね 60 〜 130 人の範囲に収まるという不確実性の評価結果が得られています．今般の COVID-19 にもいえますが，疾病などの患者数が偶発的な要因で大きく上下しうることをふまえると，図 15.6 の結果はより直感に合います．以上に示したように，空間相関は疾病リスクなどを予測するのみならず，その不確実性を評価する上でも重要となります．

　なお，詳細は割愛しますが，ゼロの多い過分散なカウントデータを分析する場合は，`family="zip"` とすることで，同様にゼロ過剰ポアソン CAR モデルが推定できます．詳しくは Lee (2013) などが参考になります．

第 **16** 章

INLA による空間モデリング

16.1　本章の目的と概要

　幅広い統計モデルを計算効率よく推定することのできる近似ベイズ推論法に **INLA**（integrated nested laplace approximation）があります．INLA は，MCMC 法のようにサンプリングを繰り返すことで事後分布を生成する代わりに，事後分布の密度を少数の点で評価した上で，事後分布全体を近似しようという方法です（図 16.1）．

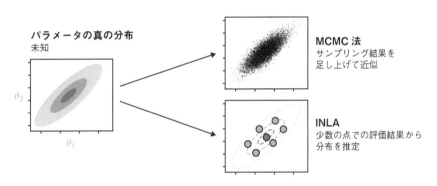

図 16.1　INLA と MCMC 法のイメージ

　INLA は，**潜在変数**（latent variable）の分布をラプラス近似することで高速なベイズ推論を行います．潜在変数とは，標本の背後にある状態や現象（例：空間相関）を表現するために用いられる変数で，例えば第 9 章で紹介した空間相関変数や第 12 章で紹介した空間過程がその一例です．空間相関変数や空間過程はガウス分布に従うことを仮定しましたが，ラプラス近似の精度は，潜在変数がガウス分布に近い分布の場合に特によくなります．したがって，空間モデルの推定に INLA を用いたとしても，MCMC 法と同等の小さな近似誤差でモデルや事後分布が推定できます．また，INLA を用いた（時）空間モデリングのための幅広い関数が R-INLA Project（https://www.r-inla.org/）で公開されており，誰でも高度な分析ができるようになっています．

　本章では INLA の基礎的な使い方を紹介します．なお，INLA について詳しく知りたい場合は Lindgren and Rue (2015) などが参考になります．

16.2 INLA パッケージのインストールと注意点

INLA による統計モデリングは INLA パッケージを用いて行います．同パッケージは CRAN 上にはなく，R-INLA Project の Download & Install ページ（https://www.r-inla.org/download-install）の手順に従って，以下のいずれかのコマンドを R 上で実行することでインストールされます．

```
> install.packages("INLA",repos=c(getOption("repos"),
  INLA="https://inla.r-inla-download.org/R/stable"), dep=TRUE)
>
> install.packages("INLA",repos=c(getOption("repos"),
  INLA="https://inla.r-inla-download.org/R/testing"), dep=TRUE)
```

RStudio を使用されている方向けの注意点

上記の読み込みを行う際に関連パッケージの読み込みも同時に行うのですが（dep=TRUE），その中の一つの rgdal というパッケージの読み込みがうまくいかず，結果的に INLA のインストールに失敗することがあるようです（2021 年 11 月時点）．上記コマンドでエラーが起きる方は以下の手順をお試しください．

(1) RStudio ではなく R を開く
(2) R 上で，install.packages("rgdal") で rgdal をインストール
(3) R 上で，上記コマンドによって INLA をインストール

RStudio は内部で R を呼び出しているため，以上の手順で R に INLA をインストールすれば，RStudio 上でも使用可能となります．

インストール後は，以下のコマンドで各種の関数が R 上で使用可能となります．

```
> library(INLA)
```

16.3 INLA パッケージで取り扱われる統計モデル

INLA パッケージでは，以下の形のモデルを取り扱います．

$$y_i \sim P(\mu_i) \qquad \mu_i = g\left(\sum_{k=1}^{K} x_{i,k}\beta_k + \sum_{k=1}^{K} z_{i,k}\right), \qquad z_{i,k} \sim P_z(\theta_k) \qquad (16.1)$$

ここで $P(\mu_i)$ はデータ分布，$P_z(\theta_k)$ は k 番目の潜在変数 $z_{i,k}$ の分布（θ_k は分布の形を決めるパラメータ）です．例えば $\sum_{k=1}^{K} z_{i,k} = 0$ とした場合，(16.1) 式は一般化線形モデルと同じ形になります．また，$P(\mu_i)$ をポアソン分布，$K=1$，$z_{i,k}$ を CAR モデルで与えた場合，上式は第 15 章で紹介したポアソン CAR モデルになります．

INLA パッケージで用いることのできるデータ分布 $P(\mu_i)$ の一覧は, 以下のコマンドで取得できます.

```
> names(inla.models()$likelihood)
 [1] "poisson"           "xpoisson"           "cenpoisson"
 [4] "cenpoisson2"       "gpoisson"           "poisson.special1"
 [7] "binomial"          "xbinomial"          "pom"
                              .
                              .
                              .
[73] "dgp"               "logperiodogram"     "tweedie"
[76] "fmri"              "fmrisurv"           "gompertz"
[79] "gompertzsurv"
```

潜在変数 $z_{i,k}$ の分布 $P_z(\theta_k)$ の一覧もまた, 以下のコマンドで出力できます.

```
> names(inla.models()$latent)
 [1] "linear"      "iid"          "mec"           "meb"       "rgeneric"    "rw1"
 [7] "rw2"         "crw2"         "seasonal"      "besag"     "besag2"      "bym"
[13] "bym2"        "besagproper"  "besagproper2"  "fgn"       "fgn2"        "ar1"
[19] "ar1c"        "ar"           "ou"            "intslope"  "generic"     "generic0"
[25] "generic1"    "generic2"     "generic3"      "spde"      "spde2"       "spde3"
[31] "iid1d"       "iid2d"        "iid3d"         "iid4d"     "iid5d"       "iidkd"
[37] "2diid"       "z"            "rw2d"          "rw2diid"   "slm"         "matern2d"
[43] "dmatern"     "copy"         "clinear"       "sigm"      "revsigm"     "log1exp"
[49] "logdist"
```

以下のコマンドを実行すると, INLA パッケージに実装されているすべてのデータ分布 $P(\mu_i)$, 潜在変数の分布 $P_z(\theta_k)$, リンク関数 $g^{-1}(\bullet)$ についての説明が表記されるので, こちらを参照しながらモデルを検討することができます.

```
> inla.list.models()
Section [group]
    ar                      AR(p) correlations
    ar1                     AR(1) correlations
    besag                   Besag model
    exchangeable            Exchangeable correlations
      .
      .
      .
    wishart4d               Wishart prior dim=4
    wishart5d               Wishart prior dim=5
    wishartkd               Wishart prior
Section [wrapper]
    joint                   (experimental)
```

このように, INLA パッケージは幅広いデータ分布と潜在変数分布が考慮できるため, 空間分析, 時空間分析を含む幅広い目的で用いられてきました.

16.4　inla 関数を用いた地域データの分析

　(16.1) 式の推定には inla 関数を用います．inla 関数は，glm 関数（第 14 章参照）などと同様に formula で数式を，family でデータ分布を（デフォルトではガウス分布：family="gaussian"），data でデータを指定します．また，formula の中で各潜在変数の分布を指定します．本章では，第 14，15 章で用いた呼吸器疾患の患者数データを用いた実例を紹介します．ここでの目的も，データの不確実性を除去した期待患者数の推定です．データの読み込みと近接行列の作成は以下のコマンドで済ませておきます．

```
> library(spdep);library(CARBayesdata)
> data(pollutionhealthdata)          # 呼吸器の患者数データ
> data(GGHB.IZ)                       # 街区ごとのポリゴンデータ
> W.nb  <- poly2nb(GGHB.IZ)           # ポリゴンを nb 形式に変換
> W     <- nb2mat(W.nb, style = "B")  # 近接行列を抽出
```

　第 14 章と同様の，被説明変数を observed（患者数），説明変数を pm10, jsa, price, オフセット変数を expected とした基礎的なポアソン回帰を inla 関数で推定します．コマンドは以下の通りです．

```
> formula <- observed ~ offset(log(expected)) + jsa + price + pm10
> res     <- inla(formula=formula, data=pollutionhealthdata, family="poisson",
              control.compute = list(dic = TRUE))
> summary(res)

Call:
   c("inla(formula = formula, family = \"poisson\", data =
   pollutionhealthdata, ", " control.compute = list(dic = TRUE))")
Time used:
    Pre = 6.37, Running = 1.8, Post = 0.0534, Total = 8.22
Fixed effects:
              mean    sd 0.025quant 0.5quant 0.975quant    mode kld
(Intercept) -0.598 0.026     -0.648   -0.598     -0.547  -0.598   0
jsa          0.060 0.002      0.057    0.060      0.063   0.060   0
price       -0.283 0.009     -0.300   -0.283     -0.266  -0.283   0
pm10         0.042 0.002      0.039    0.042      0.045   0.042   0

Deviance Information Criterion (DIC) ..............: 14097.86
Deviance Information Criterion (DIC, saturated) ....: 13503.44
Effective number of parameters ....................: 4.11

Marginal log-Likelihood:  -7078.31
Posterior summaries for the linear predictor and the fitted values are computed
(Posterior marginals needs also 'control.compute=list(return.marginals.predictor=TRUE)')
```

被説明変数にはポアソン分布を仮定しましたが（family="poisson"），16.3 節で紹介した他の分布を仮定することもできます．モデルの精度指標としては，情報量基準である Deviance Information Criterion（DIC）を用いることにしました（control.compute = list(dic = TRUE)）．DIC は MCMC 法や INLA などで推定されたベイズモデルに対する精度指標で，AIC や BIC と同様，精度がよいほど値が小さくなります．

inla 関数を用いることで幅広いモデルが推定できます．一例として以下のモデルを考えます．

$$
y_i \sim NB\left(\mu_i, s\right) \qquad \mu_i = o_i \exp\left(\sum_{k=1}^{K} x_{i,k}\beta_k + z_i + b_{g(i)}\right),
$$

$$
z_i | z_{j \neq i} \sim N\left(\frac{\sum_j c_{ij} z_j}{\sum_j c_{ij}}, \frac{\tau_z^2}{\sum_j c_{ij}}\right), \qquad b_{g(i)} \sim N\left(0, \tau_g^2\right) \tag{16.2}
$$

ここでは患者数 y_i が負の二項分布 $NB(\mu_i, s)$ に従うと仮定しました．μ_i は期待値，s は過分散の度合いを調整するサイズパラメータです．第 14 章でも説明した通り，負の二項分布は過分散が考慮できるようにポアソン分布を拡張した分布で，$s = \infty$ の場合はポアソン分布（期待値＝分散）に一致します．一方で，s が小さい場合は「大半がゼロだが稀に大きな値をとる」というような分散の大きな分布になります．s はデータから推定します．

上式は，患者数の期待値を，説明変数 K 個，空間相関変数 z_i，グループ（年次）ごとの変数 $b_{g(i)}$ でモデル化しています（$g(i)$ は標本 i が g 番目のグループに所属していることを表します）．第 10 章と同様，空間相関変数 z_i は ICAR モデルに従うと仮定し，グループ変数はグループごとに独立に，同じガウス分布に従う（independent and identically distributed; IID）と仮定しています．τ_z^2 は空間相関変数の分散，τ_g^2 はグループ変数の分散を表し，分散が大きいことは影響力が大きいことを意味します．前者の具体例については図 10.2 を参照ください．

(16.2) 式を推定するコマンドは以下の通りです．

```
> pollutionhealthdata$ID  <-as.integer(pollutionhealthdata$IZ)   # ゾーン ID を作成
> formula   <- observed ~  pm10 + jsa + offset(log(expected)) +
             f(ID, model = "besag", graph= W) + f(year, model="iid")
> res       <- inla(formula=formula, data=pollutionhealthdata, family="nbinomial",
             control.compute = list(dic = TRUE))
```

f 関数は潜在変数の構造を決める関数で，16.3 節で列挙した潜在変数に対するモデルの中から 1 つを選択します．上記のコマンドでは，model = "besag" とすることで空間相関変数 z_i を ICAR モデル (10.2) 式で定義しています（ICAR モデルは Besag 氏によって提案されたため Besag モデルと呼ばれることもあります）．その引数にゾーン ID（ID）とゾーン間の近接行列（W）を入れることでゾーン間の空間相関をモデル化しています．一方，f(year, model="iid") とすることで，年（year）ごとに独立な，同じガウス分布でグループ効果をモデル化しています．

出力結果は以下の通りです．

```
> summary(res)

Call:
  c("inla(formula = formula, family = \"nbinomial\", data = pollutionhealthdata, ", " control.compute =
  list(dic = TRUE))")
Time used:
    Pre = 5.35, Running = 3.47, Post = 0.155, Total = 8.98
Fixed effects:
              mean    sd 0.025quant 0.5quant 0.975quant   mode kld
(Intercept) -0.502 0.091     -0.680   -0.502     -0.322 -0.503   0
jsa          0.054 0.005      0.043    0.054      0.064  0.054   0
price       -0.164 0.022     -0.208   -0.165     -0.121 -0.165   0
pm10         0.023 0.007      0.009    0.023      0.036  0.023   0

Random effects:
  Name    Model
    ID Besags ICAR model
   year IID model

Model hyperparameters:
                                                             mean     sd 0.025quant 0.5quant 0.975quant   mode
size for the nbinomial observations (1/overdispersion)      90.02   8.90      74.05    89.46     109.00  88.24
Precision for ID                                             8.14   1.02       6.29     8.09      10.32   7.99
Precision for year                                         288.66 180.30      63.90   249.75     742.73 167.61

Deviance Information Criterion (DIC) ...............: 10709.41
Deviance Information Criterion (DIC, saturated) ....: 10114.99
Effective number of parameters ....................: 230.71

Marginal log-Likelihood:  -5746.31
Posterior summaries for the linear predictor and the fitted values are computed
(Posterior marginals needs also 'control.compute=list(return.marginals.predictor=TRUE)')
```

　回帰係数と DIC 以外に "Model hyperparameters" の項が追加されています．"Size for the nbinomial observations (1/overdispersion)" はサイズパラメータです．また，"Precision" は分散の逆数です．例えば Precision for ID の平均が 8.14 であることは，ゾーン ID ごとの潜在変数として導入された空間相関変数の分散が約 0.123（1/8.14）であることを意味します．

　推定された空間相関変数とグループ変数（年次ごと）の事後平均やパーセンタイル値は，以下のコマンドで出力できます．

```
> res$summary.random[[1]][1:4,]#最初 4 行のみ表示
  ID       mean         sd   0.025quant    0.5quant   0.975quant        mode          kld
1  1  0.1388009 0.05945332  0.02208923  0.1387872   0.25548215  0.1387679 2.766396e-07
2  2 -0.4310648 0.09574844 -0.62195047 -0.4300641  -0.24589141 -0.4280635 2.576553e-07
3  3 -0.2615718 0.07241099 -0.40450584 -0.2613167  -0.12019055 -0.2607993 9.267085e-07
4  4 -0.1734389 0.07555702 -0.32307101 -0.1730002  -0.02637129 -0.1721101 8.687928e-07
```

```
> res$summary.random[[2]]
    ID        mean         sd  0.025quant      0.5quant  0.975quant        mode          kld
1 2007  0.048747651 0.03478818 -0.01802326  0.047787713  0.12127434  0.04613409 4.735958e-08
2 2008  0.089718096 0.03212441  0.02697410  0.088995329  0.15664814  0.08776253 9.041019e-09
3 2009  0.004647167 0.03338237 -0.06415686  0.005200162  0.07012732  0.00612092 2.018138e-08
4 2010 -0.075508215 0.03258402 -0.14352040 -0.074719032 -0.01214096 -0.07338361 3.245226e-08
5 2011 -0.067567229 0.03205863 -0.13356226 -0.067134412 -0.00414911 -0.06639475 2.156904e-08
```

表示結果から，例えば 2010 年以降に患者数が少ない傾向などが確認できます．また，ゾーンごとの期待患者数として，事後平均やパーセンタイル値などもただちに出力できます．

```
> pred        <-res$summary.fitted.values
> pred[1:4,]#最初 4 行のみを表示
                          mean       sd  0.025quant  0.5quant  0.975quant      mode
fitted.Predictor.0001  92.39624 5.543502    82.00685  92.22977  103.73783  91.89891
fitted.Predictor.0002  20.04603 1.894609    16.53436  19.97553   23.95970  19.83514
fitted.Predictor.0003  48.40833 3.468975    41.93161  48.29563   55.52878  48.07132
fitted.Predictor.0004  36.81298 2.684674    31.79470  36.72722   42.31821  36.55651
```

上記の予測結果は，第 15 章でも行った疫病地図の推定に役に立ちます．例えば図 16.2 は，2011 年における患者数の事後平均の空間分布です．この図から，同事後平均が直感に合った患者数の平滑化結果を与えていることが確認できます．

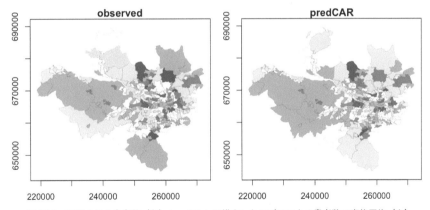

図 16.2　観測された患者数（左）と，INLA で推定したモデルによる患者数の事後平均（右）

以上では INLA の基礎的な使い方について説明をしましたが，他の分析に応用する場合でも，基本的には上で説明したようにデータ分布と潜在変数の分布を指定して推定する流れとなります．多種多様なデータ分布と潜在変数分布が考慮できる INLA は，幅広い分析に応用することができます．

16.5 inla 関数を用いた点データの分析

前章ではゾーンごとに集計された離散データを用いましたが，INLA パッケージは連続的な空間過程のモデル化や，その空間予測への応用も可能です．残念ながら空間過程モデルは計算負荷が大きいことが一般に知られており，特に MCMC 法などによるベイズ推論の場合，その影響は顕著です．したがって，INLA パッケージでは**確率偏微分方程式**（stochastic partial differential equations; **SPDE**）に基づいた空間過程の近似手法がデフォルトで用いられます．

詳細は Lindgren *et al.*, (2011) に譲りますが，この近似では，SPDE の解がガウス過程で与えられる点，グラフ（実際にはガウスマルコフ確率場）上では SPDE が CAR モデルと同じ形式で表現できる点を利用します．この 2 つの性質を用いてガウス過程と CAR モデルを関連付けることで，連続空間上のガウス過程をグラフ上の（SPDE を表現する）CAR モデルで近似しようというのが，INLA パッケージで用いられる空間過程の近似手法の基本的なアイデアです．

この方法では，次の手順で空間過程をモデル化します．

(1)対象地域を覆うようにグラフ（ノードが地点，リンクが 2 地点間の隣接に対応）を生成
(2)グラフ上で CAR モデルを推定
(3)推定された CAR モデルをもとに対象地域上の空間過程を推定

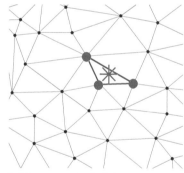

図 16.3　対象地域上に生成するグラフの直感的なイメージ．点がグラフのノード，線がリンクです．例えば点＊の空間過程は，近隣ノード（赤点）における ICAR モデルの推定結果に基づいてモデル化されます．

以下は，第 11 章などで用いた meuse データの空間予測への応用例を紹介します．なお，計算コードは以下の手順で作成します．

(1)対象地域を覆うようなグラフを生成する
(2)観測地点のデータとグラフを関連付ける
(3)予測地点のデータとグラフを関連付ける
(4)(1)〜(3)をリストにまとめる
(5)INLA でモデル推定

(1) 対象地域を覆うようなグラフを生成する

inla.mesh.2d 関数を使うことで，観測地点分布を考慮したグラフを生成します．グラフが細密であるほど空間の詳細なパターンが捉えられるようになる一方で，計算負荷は大きくなります．したがって，精度と計算負荷のトレードオフをみながらグラフを選定します．

2 次元平面上の空間過程をグラフを用いて近似するため，近似精度はグラフの外縁部で悪くなることがあります．このような境界の影響を緩和するために，対象地域を覆う内部グラフに加え，その外側にバッファとなる外部グラフを生成することができます．引数 max.edge は，その第 1 要素で内部グラフにおけるリンクの最大長を，第 2 要素で外部グラフにおける同最大長を指定します．いずれも最大長が小さいほど細密なグラフが生成されます．具体例として，以下のコマンドで 3 つのグラフを生成して図 16.4 にプロットしました．

```
> mesh1    <- inla.mesh.2d( loc=coords, max.edge = c(1000,1000))
> mesh2    <- inla.mesh.2d( loc=coords, max.edge = c(300,1000))
> mesh3    <- inla.mesh.2d( loc=coords, max.edge = c(300,300))
```

coords は meuse データの観測地点の位置座標です．なお，プロットには以下のようなコマンドを使用しています（他のグラフも同様）．

```
> plot(mesh2, asp=1);points(coords, col="red",pch=20,cex=0.7)
```

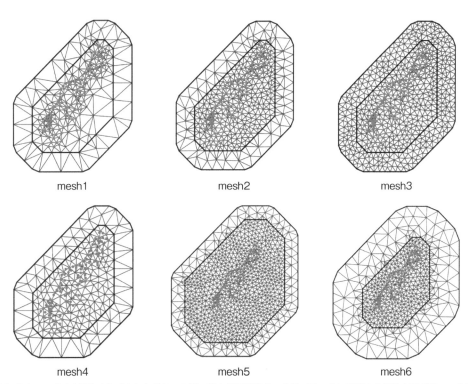

図 16.4　inla.mesh.2d 関数で生成されたグラフの例．赤点は観測地点．本書では，太い黒線の内側を内部グラフ，外側を外部グラフと呼んでいます．

また，引数 cutoff で一定の長さ以下の短いリンクを間引くことができ，観測地点が密集している領域におけるリンクとノードの過度な密集が防げます．例えば cutoff を 200 とした以下のコマンドで生成した mesh4 は，同じ max.edge を持つ mesh2 よりも疎なグラフになります（図 16.4(左)）．

```
> mesh4    <- inla.mesh.2d( loc=coords, max.edge = c(300,1000),cutoff=200)
```

引数 offset では，その第 1 要素で観測地点から内部グラフの外縁までの最大距離，第 2 要素で同外縁から外部グラフの外縁までの距離を指定します．例えば，前者を大きくした mesh5 ではより大きな内部グラフ上で空間過程がモデル化され，後者を大きくした mesh6 では外部グラフが大きくなります（図 16.4）．

```
> mesh5    <- inla.mesh.2d( loc=coords, max.edge = c(300,1000),offset=c(-0.3,-0.1))
> mesh6    <- inla.mesh.2d( loc=coords, max.edge = c(300,1000),offset=c(-0.1,-0.3))
```

ここでは，対象地域内部のグラフが十分に細密であり，また外部グラフ（あまり重要ではない）が広すぎず適度に疎である点を踏まえ，mesh2 を分析に用います．

次に，共分散関数が Matern 型関数（第 11 章）で与えられた空間過程を mesh2 を用いて近似します．そのために，まずは inla.spde2.matern 関数で空間過程を生成するためのオブジェクトを定義します．

```
> spde    <- inla.spde2.matern(mesh=mesh2, alpha=0.5)
```

ここで alpha は関数の滑らかさを決めるパラメータです．第 11 章でも説明した通り，例えば今回のように 0.5 の場合は，Matern 型関数は指数型関数となります．

(2) 観測地点のデータとグラフを関連付ける

次に，上で生成したグラフ mesh2 と観測地点 coords を関連付けます．コマンドは以下の通りです．inla.spde.make.A 関数で coords と mesh2 を紐付けるための行列を生成し，inla.stack 関数で観測地点についての入力変数の整理と関連付けを行っています．

```
> A      <- inla.spde.make.A( mesh=mesh2, loc=coords)
> stk    <- inla.stack(data=list(y=y), A=list(1, A), tag="obs",
                 effects=list(data.frame(intercept=1, dist=x$dist, ffreq=x$ffreq),
                              s=1:spde$n.spde))
```

inla.stack 関数の引数 data には被説明変数を，引数 A では被説明変数を説明変数・潜在変数と紐付けるための行列を個別に指定し，引数 effects では各説明変数・潜在変数を指定します．引数 A のリスト内の順番と，引数 effects のリスト内の順番は対応しています．今回の場合は，被説明変数と説明変数は同一地点で観測されているため，説明変数データ data.frame(intercept=1, dist=x$dist, ffreq=x$ffreq) に対する集計行列 A は 1 となります（つまり集計なし）．intercept は定数項です．これは後に説明する理由により必要となります．一方，空間過程を表す s に対する引数 A は，先ほど生成した紐付け行列 A です．この部分で先ほど生成した mesh2 と観測データ（の位置座標 coords）を紐付けています．引数 tag は，のちほど推定結果を参照するための名称です．分析結果には影響しません．

(3) 予測地点のデータとグラフを関連付ける

予測地点 coords0 のデータについても，観測データと同様にグラフと関連付けた上で整理します．予測地点に対する tag は mis としました．

```
> A0      <- inla.spde.make.A(mesh=mesh2, loc=coords0)
> stk0    <- inla.stack(data=list(y=NA), A=list(1, A0), tag="mis",
              effects=list( data.frame(intercept=1, dist=x0$dist, ffreq=x0$ffreq),
              s=1:spde$n.spde))
```

(4) (1) 〜 (3) をリストにまとめる

続いて，整理した観測地点と予測地点のオブジェクト（stk と stk0）を stk.full に統合します．その上で，モデル推定に用いるフルデータ（stk.data）と，フルの紐付け行列（stk.A）を抽出します．

```
> stk.full    <- inla.stack(stk, stk0)
> stk.data    <- inla.stack.data(stk.full)
> stk.A       <- inla.stack.A(stk.full)
```

(5) INLA でモデル推定

最後に inla 関数でモデル推定を行います．なお，INLA パッケージで SPDE を用いる際は，formula 内に "0"（または -1）を入れることでデフォルトの定数項を除外して，上で定義した定数項（intercept）を入れる必要があります．また，control.predictor は推定の詳細を指定する引数で，グラフとフルデータを紐付けるオブジェクト skt.A を指定します．

```
> mod    <- inla( log(y) ~ 0 + intercept + dist + ffreq + f(s, model=spde),  data=stk.data,
              control.predictor=list( A=stk.A ), family="gaussian")
```

以上のコマンドで，各パラメータの推定と，観測地点と予測地点に関する空間予測が行われます．空間予測結果を確認します．観測地点と予測地点についての予測値が同じ行列に格納されているため，まずは上で定義した tag を用いて，予測地点を表す ID を以下のコマンドで生成します．

```
> mis.ind    <- inla.stack.index(stk.full, tag="mis")$data
```

次に以下のコマンドで予測地点の予測値（pred）と予測誤差分散の平方根（pred_sd）を出力します.

```
> pred       <- mod$summary.fitted.values[mis.ind, "mean"]
> pred_sd    <- mod$summary.fitted.values[mis.ind, "sd"]
```

それらを地図化すると図 16.5 のようになります. この結果から, 通常の地球統計モデルと極めて類似した予測結果が得られたことが確認できます（第 12 章参照）.

```
> meuse.grid_sf        <- st_as_sf(meuse.grid, coords = c("x", "y"), crs = 28992)
> meuse.grid_sf$pred   <-pred
> meuse.grid_sf$pred_sd<-pred_sd
> plot(meuse.grid_sf[, "pred"], axes=TRUE, pch=15)
> plot(meuse.grid_sf[, "pred_sd"], axes=TRUE, pch=15)
```

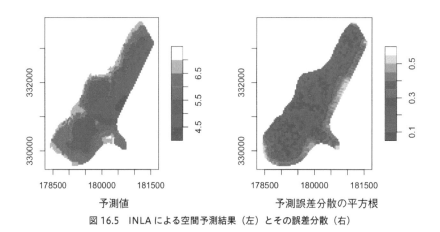

予測値　　　　　　　　　予測誤差分散の平方根

図 16.5　INLA による空間予測結果（左）とその誤差分散（右）

16.6　地理的制約を考慮した空間過程モデリング

　これまでは平面上の空間モデリングを扱いましたが, 実空間上にはさまざまな地物があります. 例えば河川が東西に流れている場合, 河川北部と南部では傾向が異なるかもしれませんし, 河川に沿って空間相関が強まるかもしれません. 以上のような性質を考慮するためには, 河川で制約した平面上で空間過程をモデル化する必要があります. また, 都市空間上の解析の場合であれば, 単純な平面ではなく, 建物や道路などの地物で制約された空間上で空間過程を定義することが望ましい場合もあります.

　幸い, INLA パッケージを用いれば, 空間グラフ（図 16.4）に地物による制約を導入することで, 河川, 遮蔽物, 地形などを考慮した非定常な空間過程がモデル化できます.

　以下では, 遮蔽物を考慮したモデリングの一例として, meuse データの分析においてムーズ川による対象地域の遮蔽を考慮する方法を紹介します. モデル化には遮蔽物のポリゴンが必要となります. まず, ムーズ川のポリゴンを以下のコマンドで生成します（この手順は meuse データ特有のもので,

ポイントデータからポリゴンを生成しています).

```
> data(meuse.riv)
> xlim        <- c(min(meuse.grid[,1])-100, max(meuse.grid[,1])+100)
> ylim        <- c(min(meuse.grid[,2])-100, max(meuse.grid[,2])+100)
> meuse.riv   <- meuse.riv[meuse.riv[,1]>xlim[1]&meuse.riv[,1]<xlim[2]&
+                          meuse.riv[,2]>ylim[1]&meuse.riv[,2]<ylim[2],]
> meuse.lst   <- list(Polygons(list(Polygon(meuse.riv)),"meuse.riv"))
> meuse.sr    <- SpatialPolygons(meuse.lst)
```

さて, 河川ポリゴン (meuse.sr, 図 16.5(左)) と観測データの位置座標 (coords) から, 河川で地理的に制限されたグラフを生成します. コマンドは以下の通りです.

```
> segment      <- inla.sp2segment(meuse.sr)
> mesh_b1      <- inla.mesh.2d( loc=coords, max.edge = 300, interior =segment)
```

inla.sp2segment 関数で河川ポリゴンを inla.mesh.segment 形式に変換したのちに, inla.mesh.2d 関数の引数 interior で河川が遮蔽物であることを指定しています. なお, interior を指定した場合, 外部グラフ (図 16.4) は生成されないため, max.edge には先ほど内部グラフで指定した値 300 を使います. 生成されたグラフ (mesh_b1) は図 16.6(左) のようになり, 河川 (青い領域) によってグラフが歪められていることが確認できます.

　mesh2 を mesh_b1 に差し替えた上で同じコマンドで空間予測をした結果は, 図 16.7(中) です. 河川を制約したとしても大きく空間予測結果は変わりませんでしたが, 河川に沿って大きな予測値が分布するなど多少の違いもみられました.

　別の例として, 対象領域で制約した事例も紹介します. 以下で示す事例は, 例えば島を対象にする場合など, 対象地域が外部と独立している場合などに特に有用です. ここでは, まずは対象地域を表すポリゴンを生成します (この手順は meuse データ特有のものです).

```
> library(rgeos)
> coordinates(meuse.grid) = c("x", "y")
> gridded(meuse.grid) <- TRUE
> meuse.area <- gUnaryUnion(as(meuse.grid, "SpatialPolygons"))
```

次に, 得られた対象領域ポリゴン (meuse.area) で地理的に制約したグラフを生成します.

```
> mesh_b2   <- inla.mesh.2d( loc=coords, max.edge = 300, boundary =meuse.area)
```

対象領域を指定する引数は boundary です. 生成されたグラフは図 16.6(右) に示す通りで, 対象領域のみで閉じたグラフとなっていることが確認できます. 最後に, mesh_b2 から得られる予測結果は図 16.7(右) となり, 似た結果が得られていることが確認できます.

　今回のような比較的シンプルな形状の遮蔽物や対象領域であれば空間過程のモデル化の結果はそれ

ほど変化しない場合もありますが，例えば都市空間のような多数の地物（interior で指定）がある場合や，島国のような複雑な対象地域（boundary で指定）を持つ場合は結果が大きく変わる場合もあります．

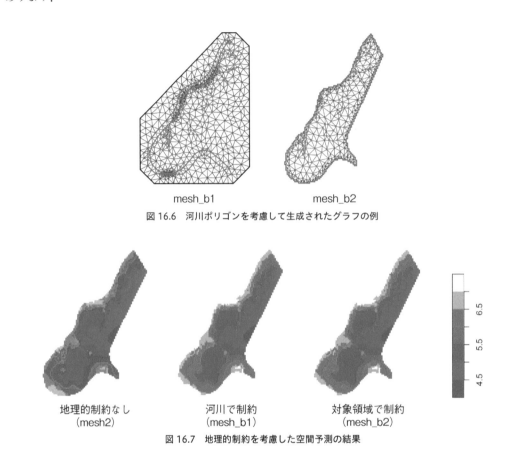

mesh_b1　　　　　　　mesh_b2

図 16.6　河川ポリゴンを考慮して生成されたグラフの例

地理的制約なし　　　　　河川で制約　　　　　　対象領域で制約
（mesh2）　　　　　　（mesh_b1）　　　　　　（mesh_b2）

図 16.7　地理的制約を考慮した空間予測の結果

16.7　本章のまとめ

　この章では，INLA による空間モデリングの方法と INLA パッケージの基本的な使い方について説明しました．INLA は MCMC 法よりも計算効率よく幅広い統計モデルを推定することのできるベイズ推定法として，幅広い応用研究で用いられてきました．INLA パッケージには紹介しきれなかった数多くの機能があります．幅広い事例の R のサンプルコードについては The R-INLA project（https://www.r-inla.org/）のページが参考になります．また，本章後半で紹介した空間過程モデリングについては R コードの解説ページ（https://becarioprecario.bitbucket.io/spde-gitbook/ch-nonstationarity.html）があります．また，書籍（Blangiardo and Cameletti, 2015; Krainski *et al.*, 2018）なども参考になります．

第**6**部

応用 編

時空間データの統計モデリング

時空間データの統計モデリングの概略

17.1 本章の目的と概要

時空間データ（spatiotemporal data）とは, 位置と時刻に紐付けられたデータです. 例えば, 国別・年別の国内総生産や国勢調査人口（5 年ごと, 市区町村別など）はその一例です. 最近では, センサ観測技術の発達に伴い, 衛星観測データ, 気象状況の地上観測データ, 人・物のトラッキングデータ（携帯 GPS, プローブデータ）などの継続的かつ高頻度な観測・収集が可能となっており, 時空間データが多様化してきています.

それと並行して, 時空間データための統計モデルやその R パッケージの開発も進められています. しかし残念ながら, 現在のところ R における時空間データの扱い方はパッケージによってばらばらです. そこで 17.2 節では, 時空間データの種類とパッケージごとの扱い方について, 本書で紹介するパッケージを中心に整理します.

17.3 節以降では, 時空間統計モデルの基礎的な考え方を紹介します. 一般に, 時空間モデルには位置座標と時刻からなる 3 次元空間上（または高さも考慮した 4 次元空間上）の時空間相関を記述する静的なモデルと, 地理空間上の現象の時間変化を記述する動的なモデルがあります. 本章では, 基礎的な時系列モデルを導入したのちに, 静的モデルと動的モデルについて簡単に紹介します. 具体的な静的モデルについては第 19, 21, 22 章を, 動的モデルについては第 18 章を, それぞれ参照ください.

17.2 時空間データの種類とパッケージごとの扱い方

R を用いて時空間データを統計解析する際に求められるデータ処理の方法は, パネル形式かその他の形式かによって変わります.

- パネル形式：固定された N ゾーン（または地点）で観測が T 回繰り返されるデータ形式. 例えば都道府県ごと・年ごとの人口データや観測所ごと・1 時間ごとの気温データなど
- その他形式：任意の地点・時点で観測されるデータ. 例えばジオタグ付き Twitter データ, 携帯 GPS データなど

地域データ用のパッケージの多くはパネル形式を仮定します．例えば，第 18 章で紹介する CARBayesST パッケージや空間計量経済学で用いられる splm パッケージはその例です．それらでは，データを時点 ID とゾーン ID の昇順に並び替えた上で処理を行います（どちらを優先して並び替えてもよい）．ゾーンの並び順を近接行列と揃える処理は必要ですが，data.frame 形式の通常のデータと近接行列（行列形式）さえあればよく，実装は容易です．点データにもパネル形式で表現できるものは多く（観測所ごと・1 時間ごとの気温データなど），パネル形式を前提とする点データ用のパッケージも存在します．

一方，パネルではない形式の時空間データを扱うことのできるパッケージも数多く存在します．例えば，gstat や FRK などの地球統計学のパッケージでは，パネル形式の場合は STFDF（spatio-temporal full data frame）形式に変換してから，その他の形式の場合は STIDF（spatio-temporal irregular data frame）形式に変換してから時空間モデルを推定します．

また，より汎用的な統計手法で時空間モデリングを行うこともできます．例えば，一般化加法モデルを実装する mgcv パッケージで地球統計モデルが近似できますが（第 20, 21 章参照），その際は，単に位置座標と時点を data.frame 形式のデータから読み込むだけでよく，実装は簡単です．また，本書では取り扱いませんが，例えばブースティングやニューラルネットワークのような機械学習手法に位置座標と時点を組み込むことで，場所ごと・時間ごとの差異を捉えることもできます．

17.3　時系列相関

時系列相関（temporal dependence）とは「時点が近いほど観測値が強く相関する」という性質のことです．例えば，今日の気温が 30 度であれば明日も 30 度前後，明後日も同等の気温となることが期待できますが（相関が強い），100 日後の気温も同程度とは考えづらいです（相関が弱い）．この時系列相関は自己回帰モデルでモデル化できます．

$$y_t = \mu + \rho_T y_{t-1} + \varepsilon_t \qquad \varepsilon_t \sim N(0, \sigma^2) \tag{17.1}$$

μ は期待値，ρ_T は y_{t-1} と y_t の相関の強さを表す係数です．ρ_T が正であることは，正の時系列相関が強く一期前と似た傾向があること，負であることは，負の時系列相関があり一期前と逆の傾向があることを意味します．ρ_T が 1 に近いことは正の時系列相関が強いことを，-1 に近いことは負の時系列相関が強いことを意味します．$-1 < \rho_T < 1$ の場合，y_t は以下で定義される二次定常性な確率過程として表現できます．

$$E[y_t] = \mu \qquad Cov[y_t, y_{t-l}] = c(h) \tag{17.2}$$

上式は期待値（一次モーメント）と分散・共分散（二次モーメント）が時刻 t によらず一定であることを意味します．(17.1) 式を仮定した場合，共分散は時差 l の減衰関数 $c(l) = \frac{\rho_T^l \sigma^2}{1 - \rho_T^2}$ で与えられます．時間軸上で二次定常性を仮定する点は，地理空間上で二次定常性を仮定する地球統計モデルと共通です．

以降で紹介する静的な時空間モデルとは，(17.2) 式のように距離や時差の減衰関数を用いて時空間

相関を直接モデル化する方法です．一方，動的な時空間モデルとは，(17.1) 式のように過去からの時間発展を明示的に記述するモデルです．次節では，それらの概要を説明します．

17.4　静的な時空間モデル

ガウスデータの場合，静的な時空間モデルは以下のように定式化できます．

$$y_{i,t} = \mu_{i,t} + z_{i,t} + \varepsilon_{i,t}, \qquad z_{i,t} \sim N(0,\ \tau^2 c(d_{i,i'}, h_{t,t'})) \qquad \varepsilon_{i,t} \sim N(0, \sigma^2) \tag{17.3}$$

上式は，ある観測点（地点 i，時点 t）で得られた被説明変数 $y_{i,t}$ を，トレンド $\mu_{i,t}$，時空間過程 $z_{i,t}$，誤差項 $\varepsilon_{i,t}$ で説明しようというものです．トレンドは，典型的には回帰項 $\sum_{k=1}^{K} x_{i,t,k}\beta_k$ で与えられます．時空間過程 $z_{i,t}$ には時空間相関が仮定され，その共分散は距離 $d_{i,i'}$ と時差 $h_{t,t'}$ の関数 $c(d_{i,i'}, h_{t,t'})$ で与えられます．τ^2 は時空間過程の分散，分散 σ^2 は誤差項の分散を表し，前者が相対的に大きいことは時空間相関で説明される変動が支配的であることを，後者が大きいことはノイズが支配的であることを意味します．

多くの静的モデルは，共分散をモデル化することで時空間相関をモデル化します．したがって，時空間過程が共分散（や回帰）だけでは捉えきれないような複雑なパターンを持つ場合は，静的モデルの精度は低下します．また，静的モデルでは，水や大気にみられるような動的な伝播・拡散が考慮しづらいという短所もあります．具体的には，多くの共分散関数は **Fully symmetric** であることを仮定します．Fully symmetric とは，図 17.1 に整理したように，「地点 i（時点 $t-1$）と地点 j（時点 t）の相関の強さは，地点 j（時点 $t-1$）と地点 i（時点 t）の相関の強さと等しい」という仮定を意味します（$Cov\,[w_{i,t-1}, w_{j,t}] = Cov\,[w_{i,t}, w_{j,t-1}]$）．しかしながら，この仮定は必ずしも成り立ちません．例えば偏西風の影響で大気汚染物質が西から東に流れている場合，西（時点 $t-1$）→東（時点 t）の相関は強いですが，東（時点 $t-1$）→西（時点 t）の相関は弱くなります．

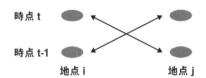

図 17.1 Fully symmetry のイメージ．相関の強さはどちらの矢印も同じという仮定

一方，静的モデリングは，動的モデルに比べてモデル推定が安定しやすく実装が容易です．また，回帰係数を適切に推定・検定するための残差の時空間相関のモデル化が目的の場合は，共分散を明示的にモデル化しようという静的モデリングが向いています．

要約すると，静的モデリングは伝播・拡散・方向を伴うような複雑な現象のモデル化には不向きですが，(a) 伝播・拡散メカニズムがよくわからない場合や，(b) 回帰項と共分散関数で表現される比較的シンプルな時空間現象を分析する場合，(c) 回帰係数の推定・検定に興味がある場合は静的モデルが向いています．

17.5　動的な時空間モデル

動的な時空間モデルにはさまざまな定式化があります．以下は基礎的な例です．

$$
\begin{aligned}
y_{i,t} &= \mu_{i,t} + z_{i,t} + \varepsilon_{i,t}, & \varepsilon_{i,t} &\sim N\left(0, \sigma^2\right), \\
z_{i,t} &= \rho_T z_{i,t-1} + u_{i,t}, & u_{i,t} &\sim N(0, \tau^2 c(d_{i,j}))
\end{aligned}
\tag{17.4}
$$

1 行目はしばしばデータモデルと呼ばれ，静的モデルと同様，被説明変数 $y_{i,t}$ をトレンド $\mu_{i,t}$，時空間過程 $z_{i,t}$，誤差項 $\varepsilon_{i,t}$ で説明します．2 行目はプロセスモデルと呼ばれ，今期の状態 $z_{i,t}$ が前期の状態 $z_{i,t-1}$（時系列相関を仮定）で説明され，今期と前期の差は空間相関変数 $u_{i,t}$ で説明しようというものです．ρ_T は時系列相関のパラメータ，σ^2 はノイズ分散，τ^2 は空間相関変数の分散を表します．

動的モデリングには次の利点があります．

- (A) 現象の拡散・伝播が明示的にモデル化できる
- (B) 平均（回帰含む）と分散・共分散では捉えきれないような複雑な現象もモデル化できる
- (C) 計算コストが小さくなりやすい
- (D) データ同化に応用しやすい

　一方で，全期間を一度にモデル化する静的アプローチに比べると，安定性の面ではやや劣ります（例えば，初期パラメータの影響を受けやすい）．要約すると，動的アプローチは安定性はやや劣るものの複雑な現象のモデル化が可能であり，特に伝播・拡散を伴うような現象のモデル化に役立ちます．

　なお，本書では実用性，安定性を重視して静的な時空間モデルを中心に紹介を行いますが，動的な時空間モデルは地球科学（geoscience）や機械学習の分野で急速に発達しており，今日では天気予報などにも利用されています．詳しくは樋口 (2011a, b) などが参考になります．

17.6　時空間統計モデルと R パッケージのレビュー

　点データを対象とした時空間モデリングのための R パッケージは，地球統計学で幅広く整備されてきました．静的な時空間モデルは gstat, FRK などに，動的な時空間モデルは ramps, spBayes, spate, spTimer などに実装されています．第 19 章では，代表的なパッケージである gstat による実例を紹介します．

　地域データに対しては，CAR モデルを拡張した静的／動的な時空間 CAR モデルが CARBayesST に幅広く実装されています．同パッケージの関数は疫病地図の推計やホットスポット分析などに応用できます（第 18 章参照）．一方，SAR モデルを拡張した静的／動的な時空間 SAR モデルは splm パッケージに実装されています．同パッケージは，回帰係数の推定や直接・間接効果の推定といった空間計量経済分析に特化しています．

　上記以外にも，回帰モデルの拡張である一般化加法モデル（またはその関連モデル）を実装する

mgcv, R2BayesX, INLA パッケージもまた，静的な時空間モデリングに応用されてきました．mgcv パッケージは特に実用性が高く，幅広い分析に応用できるため，第 20，21 章で取り上げます．なお，本書では取り上げませんが，INLA もまた幅広い静的／動的な時空間モデリングに応用できます．

　また，近年では（時）空間モデリングへの機械学習手法の応用も活発であり，特にブースティングやランダムフォレストなどの決定木に基づく手法は，小標本でも予測性能がよい機械学習手法として関連分野で注目されています．両手法は機械学習用の汎用パッケージ caret で実装できます．大規模データに対しては深層学習などのニューラルネットワークに基づく手法も有用です．現状，本書で扱うような比較的サンプルサイズが少ない場合の空間回帰に対する性能はブースティングなどに劣るという報告もありますが，例えばサンプルサイズが百万の場合などの大規模データに対する性能は期待できます（補章参照）．深層学習は Python のライブラリ TensorFlow や PyTorch などで実装できます．

　また，近年は R にも tensorflow パッケージや PyTorch の R 版である torch パッケージが登場しており，R でも手軽に深層学習が実装できるようになっています．

第18章

時空間 CAR モデル

18.1 本章の目的と概要

　本章では，集計された時空間データのための CAR モデルの拡張である**時空間 CAR モデル** (spatiotemporal CAR model) を紹介します．時空間 CAR モデルとその拡張は CARBayesST パッケージに幅広く実装されており，CARBayes パッケージと同じような操作で推定できます．

18.2 時空間 CAR モデル

　ガウスデータのための時空間 CAR モデルは以下の式で定義できます．

$$
\begin{aligned}
\mathbf{y}_t &= \mathbf{X}_k \boldsymbol{\beta} + \mathbf{z}_t + \boldsymbol{\varepsilon}_t, \qquad \boldsymbol{\varepsilon}_t \sim N(\mathbf{0}, \sigma^2 \mathbf{I}), \\
\mathbf{z}_t &= \rho_T \mathbf{z}_{t-1} + \mathbf{e}_t, \quad \mathbf{e}_t \sim N(\mathbf{0}, \tau^2 \mathbf{Q}(\mathbf{W}, \rho)^{-1}), \quad \mathbf{Q}(\mathbf{W}, \rho) = \rho \mathbf{Q} + (1-\rho)\mathbf{I}
\end{aligned}
\tag{18.1}
$$

行列 $\mathbf{Q}$ の各要素は，ゾーン間の隣接関係（隣接行列 $\mathbf{W}$）に基づいて自動的に与えられます（10.5 節参照）．前章と同様，ρ_T は時系列相関のパラメータで，正の時系列相関がみられる場合は正，負の相関がみられる場合は負となります．ρ は 0 から 1 の間の値をとるパラメータで，1 に近いことは強い空間相関がみられることを意味します．τ^2 は時空間過程の分散，σ^2 はデータノイズの分散を表します．

　$\mathbf{Q}(\mathbf{W}, \rho)^{-1}$ は空間相関を捉える共分散行列であり，$\mathbf{e}_t$ が Leroux モデルに従うことを仮定することで導出されます．第 10 章でも説明した通り，共分散行列の逆行列計算の計算コストが大きい空間統計モデルなどとは異なり，CAR モデルの場合，その共分散行列の逆行列 $\mathbf{Q}(\mathbf{W}, \rho)$ は (18.1) 式からただちに得られるため，そもそも通常の逆行列計算が不要です．そのため，MCMC 法などの計算コストの大きな推定法を用いたとしても，高速に時空間 CAR モデル (18.1) 式が推定できます．時空間 CAR モデルは，次のように一般化線形モデルと組み合わせることで，カウントデータやバイナリデータにも応用できます．

$$
\begin{aligned}
\mathbf{y}_t &\sim P(\boldsymbol{\theta}_t), \quad \boldsymbol{\theta}_t = \mathbf{X}_k \boldsymbol{\beta} + \mathbf{z}_t, \\
\mathbf{z}_t &= \rho_T \mathbf{z}_{t-1} + \mathbf{e}_t, \quad \mathbf{e}_t \sim N(\mathbf{0}, \tau^2 \mathbf{Q}(\mathbf{W}, \rho)^{-1})
\end{aligned}
\tag{18.2}
$$

例えば，$P(\boldsymbol{\theta}_t)$ をポアソン分布で与えることでカウントデータ，二項分布で与えることでバイナリデータに応用できます．

　次節以降では，まずは通常の時空間 CAR モデルの実例を紹介します．次に，空間相関を持つ隣接ペアをデータから推定するための拡張について紹介します．

18.3　CARBayesST による時空間 CAR モデルの実例

　第 15 章でも用いたグラスゴー都市圏内の呼吸器疾患の患者数データ（271 ゾーンごと）を分析します．ただし，2007 年のデータを用いた第 15 章とは異なり，ここでは 1999 ～ 2007 年のデータを用います．まずは第 15 章と同様にパッケージとデータを読み込んで隣接行列を定義します．

```
> library(CARBayesST)
> library(CARBayesdata)
> library(RColorBrewer)
> library(spdep)
> library(sf)
>
> data(pollutionhealthdata)
> data(GGHB.IZ)
> W.nb            <- poly2nb(GGHB.IZ)
> W               <- nb2mat(W.nb, style = "B")
```

CARBayesST パッケージでは，時間不変の N ゾーンでの繰り返し観測で得られたパネルデータを対象としています．ゾーンの並び順は，パネルデータ（pollutionhealthdata）と近接行列 **W** で同じである必要があります．pollutionhealthdata は以下のように並べられています．

```
> pollutionhealthdata[1:4,]
          IZ   year   observed   expected      pm10   jsa    price
1   S02000260   2007         97   98.24602   14.02699   2.25    1.150
2   S02000261   2007         15   45.26085   13.30402   0.60    1.640
3   S02000262   2007         49   92.36517   13.30402   0.95    1.750
4   S02000263   2007         44   72.55324   14.00985   0.35    2.385
                              .
                              .
                              .
          IZ   year   observed   expected      pm10   jsa    price
270 S02001200   2007        104  115.39914  10.514791   2.95    0.980
271 S02001201   2007         74  109.18073   9.942392   3.35    1.250
272 S02000260   2008        105  103.09562  12.868300   2.40    1.123
273 S02000261   2008         10   47.81802  12.455070   0.90    1.569
274 S02000262   2008         43   97.87307  12.455070   1.10    1.781
                              .
                              .
                              .
```

なお, `CARBayes` や `CARBayesST` パッケージでは, 被説明変数に欠損がある場合でも同じコードでモデルが推定できます. 表 18.1 に列挙した各モデルが `CARBayesST` 関数で実装できます. 各モデルの使いどころは表 18.2 の通りです.

表 18.1　CARBayesST パッケージで推定可能な時空間 CAR モデル. (18.1) 式または (18.2) 式の時空間過程 z_t は ST.CARar() 関数で推定されるものです. 両式で z_t を下表の通りに定義することで各モデルが推定されます. 特に断りがない限り, z_i と z'_i は空間 CAR モデル, φ_t は時間軸上の隣接関係を用いる時間軸上の CAR モデル (時間の前後関係は考慮しないで時差だけを考慮する静的なもの) です.

関数	時空間過程	概要
ST.CARlinear()	$z_i + z'_i(t - \bar{t})$	[空間相関 (z_i)] + [時間 t の経過とともに線形に強まる空間相関 ($z'_i(t - \bar{t})$)]
ST.CARanova()	$z_i + \varphi_t + \varepsilon_{i,t}$	[空間相関 (z_i)] + [(静的な) 時系列相関 (φ_t)] + [ノイズ]
ST.CARsepspatial()	$z_i + \varphi_t$	[空間相関 (z_i)] + [(静的な) 時系列相関 (z'_t)]
ST.CARclustrends()	$z_i + \sum_{u=1}^{U} g_{i,u} f_u(t)$	[空間相関 (z_i)] + [ゾーン i の時間トレンド] ※ $f_u(t)$ は時間トレンドを表す関数 (U 種類) 　で, $g_{i,u}$ はゾーン i における U 番目の時間トレンド関数の影響の有無 (1 あり , 0 なし)
ST.CARar()	$\mathbf{z}_t \sim N(\rho_T \mathbf{z}_{t-1}, \tau^2 \mathbf{Q}(\mathbf{W}, \rho)^{-1})$	動的な時空間過程
ST.CARadaptive()		同上だが行列 **W** もデータから推定
ST.CARlocalized()	$\boldsymbol{\lambda}_c + \mathbf{z}_t$ $\mathbf{z}_t \sim N(\rho_T \mathbf{z}_{t-1}, \tau^2 \mathbf{W}^{-1})$	[地域クラスタごとの定数項 ($\boldsymbol{\lambda}_c$)] + [動的な時空間過程 ($\mathbf{z}_t$)]

表 18.2　CARBayesST パッケージで推定される各モデルの使い分け

関数	役立つ場面
ST.CARlinear()	線形に増加（減少）する時間トレンドが存在する場合
ST.CARanova()	時間パターン, 空間パターン, ノイズを識別したい場合
ST.CARsepspatial()	時間パターン, 空間パターンを識別したい場合
ST.CARclustrends()	時間パターンが類似する空間クラスタを見つけたい場合
ST.CARar()	動的に時間変化する空間パターンをモデル化したい場合
ST.CARadaptive()	上と同じだが, 空間相関の強さが場所によって異なる場合
ST.CARlocalized()	観測値の大小に基づいて空間クラスタを見つけたい場合

　ここでは，(18.2) 式の $P(\boldsymbol{\theta}_t)$ をポアソン分布で与えた時空間ポアソン CAR モデルを考えます．第 15 章と同様，説明変数は PM10 濃度（pm10），失業率（jsa），平均住宅価格（price），オフセット変数は期待患者数（expected）です．(18.2) 式は ST.CARar 関数で推定できます（表 18.2）．コマンドは以下の通りです．

```
> formula   <- observed ~ offset(log(expected)) + jsa + price + pm10
> model   <- ST.CARar(formula = formula, family = "poisson",
                      data = pollutionhealthdata,
                      AR=1, W = W, burnin = 2000, n.sample = 50000)
```

Geweke.diag が絶対値でみて 1.96 未満という MCMC 法の収束判定基準（第 14 章）を満たすために，MCMC 法の反復数 n.sample はこれまでよりも大きな 50000，初期サンプルの除外数を表す burnin は 2000 としました．また，引数 AR は時系列モデルの次数（何期前まで考慮するか）で，(18.1) 式でも仮定した通り 1 としました．モデルの推定結果は以下の通りです．

```
> model

#################
#### Model fitted
#################
Likelihood model - Poisson (log link function)
Latent structure model - Autoregressive order 1 CAR model
Regression equation - observed ~ offset(log(expected)) + jsa + price + pm10

############
#### Results
############
Posterior quantities for selected parameters and DIC

            Median    2.5%    97.5% n.effective Geweke.diag
(Intercept) -0.6457 -0.8168 -0.4768       130.1         1.7
jsa          0.0681  0.0579  0.0783        98.8        -1.1
price       -0.1939 -0.2329 -0.1538       176.8        -0.9
pm10         0.0324  0.0204  0.0434       125.5        -1.5
tau2         0.0592  0.0497  0.0694      1475.3         0.1
rho.S        0.5802  0.4078  0.7367       704.0        -0.2
rho.T        0.7553  0.6930  0.8150      3089.8         0.0

DIC =  10388.34      p.d =  766.8904      LMPL =  -5338.101
```

PM10 濃度が高く，失業率が高く，住宅価格が低い地区ほど呼吸器疾患の患者が増えるという第 15 章と同様の結果が得られています．tau2 は (18.2) 式における τ^2，rho.S は ρ，rho.T は ρ_T です．この結果から，時空間過程の分散が 0.0592 程度であること，正の空間相関も時系列相関も存在し，特に後者が強いことなどが確認できます．なお，同一のデータに通常のポアソン回帰をあてはめた場合の DIC は 15,204,（空間）ポアソン CAR は 10,632 でした．時空間 CAR モデルはそれらよりも

良好な DIC となっており，空間相関だけでなく，時系列相関も考慮することが重要であることが確認されました．

最後に，時空間 CAR モデルで推定された患者数の事後平均を地図化して，実際の患者数と比較します．第 15 章と同様に，CAR モデルから推定された患者数の事後平均（model$fitted.values）を元データ（pollutionhealthdata）の新たな列（predCAR）に加えたのちに，同データとポリゴンデータ（GGHB.IZ）を共通のゾーン ID（IZ）で紐付けてマージすることで SpatialPolygonDataFrame 形式の空間データ（dat）を生成します．その後，地図化のために sf 形式（dat2）に変換します．

```
> pollutionhealthdata$predCAR<-model$fitted.values
> dat          <- merge(x=GGHB.IZ, y=pollutionhealthdata, by="IZ",
                  all.x=FALSE, duplicateGeoms = TRUE)
> dat2         <- st_as_sf(dat)
```

地図化を行います．例えば，2008 年についての地図化は下記のコマンドで実行できます．

```
> year        <- 2008
> dat2_sub    <- dat2[dat2$year==year,]
> nc          <- 11                          # 色分け数
> breaks      <- seq(10, 200, len=nc+1)      # 色分けの区切り位置
> pal         <- rev(brewer.pal(nc, "RdYlBu"))   # 区切りごとの色の指定
> plot(dat2_sub[, c("observed", "predCAR")], pal=pal, breaks=breaks, axes=TRUE, lwd=0.1)
```

ここでは plot 関数で "observed" と "predCAR" の 2 つを指定することで，両者を同じ凡例で地図化します．コマンド内の year を変えながら繰り返しプロットを行うと図 18.1 が得られます（2007，2009，2011 年のみ表示）．各パネルの左が実測値（observed），右が期待患者数（predCAR）です．時空間モデルから得られたこの予測患者数は，近隣だけでなく前後年の観測値も考慮した平滑化の結果となっており，実測値からノイズを除去することで得られた疾病リスクの推定値とみなせます．

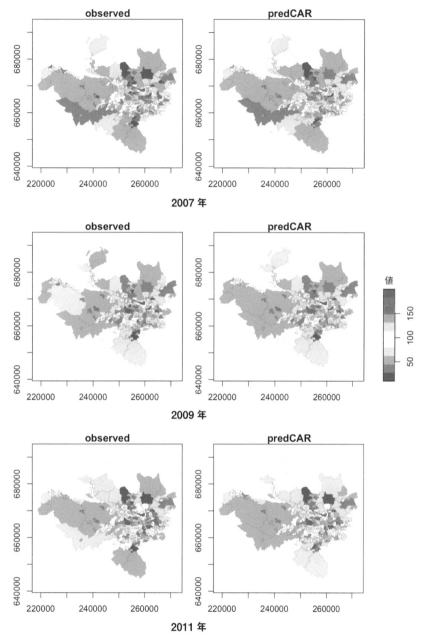

図 18.1　年度ごとの患者数（左）と時空間 CAR モデルで推定された予測患者数（右）

18.4　CARBayesST による時空間 CAR モデルの拡張例

　CARBayesST では，表 18.2 でも要約した通り，さまざまな時空間 CAR の拡張モデルが推定できます．一例として，ここでは隣接ゾーン間の空間相関の有無をデータから推定するモデルを紹介します．これまでは隣接行列 $\mathbf{W}$ の (i, j) 要素 w_{ij} は事前に設定しましたが，ここでは，事前分布を仮定した上で，各隣接ゾーン間に空間相関があるかどうか（つまり，$w_{ij} = 1$ か $w_{ij} = 0$ か）を推定します．ゾーン i-j 間に空間相関がみられる場合は $w_{ij} = 1$，そうでない場合は $w_{ij} = 0$ となります．w_{ij} のサンプリングを繰り返すことで，ゾーン i-j 間の空間相関の存在確率を評価します．このモデルは ST.CARadaptive 関数を用いた以下のコマンドで実装できます（表 18.1）．

```
> model2  <- ST.CARadaptive(formula = formula, family = "poisson",
              data = pollutionhealthdata, W = W, burnin = 5000, n.sample = 50000)
```

引数は ST.CARar 関数と同じであり，実装は極めて容易です．推定結果は以下の通りです．

```
> model2

#################
#### Model fitted
#################
Likelihood model - Poisson (log link function)
Latent structure model - Adaptive autoregressive order 1 CAR model
Regression equation - observed ~ offset(log(expected)) + jsa + price + pm10

############
#### Results
############
Posterior quantities for selected parameters and DIC

               Median     2.5%     97.5% n.effective Geweke.diag
(Intercept)   -0.6376  -0.7998   -0.4516       114.8         0.1
jsa            0.0667   0.0566    0.0767       108.4         0.0
price         -0.1941  -0.2332   -0.1515       164.9         0.1
pm10           0.0321   0.0183    0.0430       114.8        -0.2
tau2           0.0471   0.0405    0.0545      2154.5         0.2
rho.S          0.6811   0.5247    0.8164       921.2        -0.8
rho.T          0.7574   0.6944    0.8180      3446.9        -1.2
tau2.w       138.8043 115.4365  165.1097       922.4         0.9

DIC =  10382.38      p.d =  759.2399      LMPL =  -5334.831

The number of stepchanges identified in the random effect surface
that satisfy Prob(w_ij < 0.5|data) > 0.99 is
     stepchange no stepchange
[1,]          0          712
```

ここでは，空間相関が 80 ％ 以上の確率で存在すると推定された隣接ペアを視覚化します．まずは，この条件を満たす隣接ペアを 1，それ以外を 0 とした隣接行列 West を生成します．

```
> Wmedian    <-model2$localised.structure$Wmedian  # サンプリングされた w_ij の中央値
> Wmedian[is.na(Wmedian)]<-0                        # ゾーン i-j が非隣接の場合 w_ij=0
> Wmedian2 <- ifelse(Wmedian>0.8, 1,0)             # w_ij の中央値が 0.8 以上なら 1 という
> West      <- mat2listw(Wmedian2)                 # 基準で隣接行列を定義
```

次に，同行列をグラフで視覚化します．グラフのノードは各ゾーンの重心点で与えます．それにより図 18.2(右) が出力されます．

```
> coords    <-st_coordinates(st_centroid(dat2_sub)) # 各ゾーンの重心点
> plot(st_geometry(dat2_sub), border="grey")        # ゾーンの境界は灰色
> plot(West, coords,add = TRUE, col="red",cex=0.01,lwd=1,xlim=xlim,ylim=ylim)
```

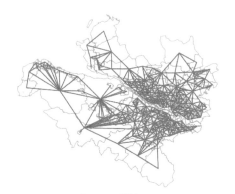

すべての隣接ペア　　　　　　空間相関があると推定された隣接ペア

図 18.2　すべての隣接ペア（左）と，そのうちの空間相関が 80 ％ 以上の確率であると推定されたペア（右）

図 18.2(左) はすべての隣接ペアを表し，うち空間相関が 80 ％ 以上の確率で存在すると推定されたペアを同図の右に示しました．この結果から，対象地域中央を横断する川（クライド川）に沿って空間相関がみられる傾向や，川から離れた郊外では比較的空間相関が弱い傾向などが推定されました．以上のように，隣接行列をデータから推定することで，地物による空間相関関係の歪みなどを推定することができます．

## 第19章

時空間過程モデル

19.1　本章の目的と概要

　地球統計学における静的な時空間モデルでは，2 次元の地理空間と 1 次元の時間軸からなる 3 次元空間上に分布する点データをモデル化します．例えば，地点ごと・1 時間ごとの気温データや，地点を変えながら 1 年おきに調査される地価公示データなどはその例です．それらの時空間データを統計的にモデリングすることで，データの背後にある時空間パターンの推定や不確実性評価，時空間予測などを行います．

　本章では，時空間モデリングの基礎とその応用例について紹介します．なお，以下で使用するパッケージの制約上，本章でのみ sf パッケージの前身である sp パッケージで空間データの処理・視覚化を行います．このパッケージについては 19.8 節もご覧ください．

19.2　定常性と時空間過程

　空間過程と同様，時空間過程 $z(s_i, t_i)$ には期待値と分散共分散が場所によらず一定という弱定常性を仮定します．

$$E[z(s_i, t_i)] = 0 \tag{19.1}$$

$$Cov\left[z\left(s_i, t_i\right), z\left(s_j, t_j\right)\right] = \begin{cases} \sigma^2 + \tau^2 & if\ d_{i,j} = t_{i,j} = 0 \\ \tau^2 c\left(d_{i,j}, t_{i,j}\right) & otherwise \end{cases} \tag{19.2}$$

σ^2 はノイズの分散（観測点ごとに独立と仮定），τ^2 は時空間相関成分の分散を表します．(19.2) 式において，時空間相関は共分散関数 $c\left(d_{i,j}, t_{i,j}\right)$ を距離 $d_{i,j}$ と時差 $t_{i,j}$ の減衰関数で与えることでモデル化します．この共分散関数はどのように与えればよいでしょう．一般に，時空間データの相関関係は次の 3 パターンがありえます．

- 空間相関　：距離が近いほど性質が類似（時間不変）
- 時系列相関：時差が小さいほど性質が類似（移動不変）
- 相互相関　：距離と時差が小さいほど性質が類似

空間相関は「気温の高い地点 A の周辺は暑い」のような時間不変の性質を，時系列相関は「寒い日の次の日も寒い」のような移動不変のマクロな性質を，相互相関は「地点 A 周辺の気温が年々上昇してきている」などの空間相関パターンの時間変化をモデル化するのにそれぞれ役立ちます．空間相関は距離の関数 $c_0(d_{i,j})$，時系列相関は時差の関数 $c_0(t_{i,j})$，相互相関は距離と時差の関数 $c_0(d_{i,j}, t_{i,j})$ でそれぞれモデル化できます．したがって，それらを合成して時空間の共分散関数 $c(d_{i,j}, t_{i,j})$ を与えることになります．

ただし，$c(d_{i,j}, t_{i,j})$ は何でもよいわけではなく，共分散の必要条件である**半正定値性**（positive semi-definiteness）を満たす必要があります．一般に「$c(d_{i,j}, t_{i,j})$ が半正定値である」とは，任意の変数 a_i と a_j について $\sum_{i=1}^{N} \sum_{j=1}^{N} a_i a_j c(d_{i,j}, t_{i,j}) \geq 0$ が成り立つことです．半正定値性を満たさない場合，分散が負になってしまうことがあり，理論的に問題があります．また，この性質を満たさない場合，逆行列計算などが数値的に不安定になりやすく，実用上も問題があります．

幸い，指数型カーネルや球型カーネルなどの空間相関を捉えるための関数 $c_0(d_{i,j})$ は，半正定値性を満たすことが知られています．この性質は，時間の関数 $c_0(t_{i,j})$ としてそれらを用いても同様です．また，半正定値な関数の和や積もまた半正定値となることが知られています．そこで関数 $c_0(d_{i,j})$ と $c_0(t_{i,j})$ の和や積をとった，有効な時空間の共分散関数 $c(d_{i,j}, t_{i,j})$ が提案されてきました．例えば以下は，基礎的な共分散関数として知られています．

Linear 型　　　　　　$c(d_{i,j}, t_{i,j}) = w_s c_0(d_{i,j}) + w_t c_0(t_{i,j})$　　　　　　　　　　　　　　(19.3)

Separable 型　　　　　$c(d_{i,j}, t_{i,j}) = c_0(d_{i,j}) c_0(t_{i,j})$　　　　　　　　　　　　　　　　　　(19.4)

Product-sum 型　　　$c(d_{i,j}, t_{i,j}) = w_s c_0(d_{i,j}) + w_t c_0(t_{i,j}) + w_{st} c_0(d_{i,j}) c_0(t_{i,j})$　　　　(19.5)

w_s は空間相関，w_t は時系列相関，w_{st} は相互相関の分散比を表します．Linear 型の場合は $w_s + w_t = 1$，Product-sum 型の場合は $w_s + w_t + w_{st} = 1$ です．例えば w_s が 1 に近いほど空間的相関が支配的，w_{st} が 1 に近いほど相互相関が支配的です．Linear 型が空間相関と時系列相関のみ，Separable 型が相互相関のみを考慮するのに対し，Product-sum 型は 3 種類の相関すべてを考慮するものであるため，その柔軟性・解釈性などから広く使われています．空間モデルと同様，$c_0(d_{i,j})$ には球型や指数型などの距離減衰関数が用いられます．$c_0(t_{i,j})$ も同様ですが，$c_0(d_{i,j})$ と $c_0(t_{i,j})$ は別の関数型でも問題ありません．また，例えばフーリエ変換を使用して正定値性を満たすように導出された Cressie-Huang 型の共分散関数など，他にも数多くの時空間共分散関数が存在します．時空間共分散関数についての詳細は瀬谷・堤 (2014) や Porcu *et al.*, (2021) が参考になります．

19.3　本質的定常性とバリオグラム

空間過程と同様，時空間過程に対しても本質的定常性が定義できます．

$$E[z(s_i, t_i) - z(s_j, t_j)] = 0 \tag{19.6}$$

$$E[(z(s_i, t_i) - z(s_j, t_j))^2] = 2\gamma(d_{i,j}, t_{i,j}) \tag{19.7}$$

上式は観測値間の差 $z(s_i, t_i) - z(s_j, t_j)$ の期待値が場所によらず一定であること，ならびに差の分散が距離・時差の関数 $\gamma(d_{i,j}, t_{i,j})$ に従って逓増していくことを意味します．$\gamma(d_{i,j}, t_{i,j})$ は**時空間バリオグラム**（spatiotemporal variogram）と呼ばれ，「距離・時差が大きくなるにつれて $z(s_i)$ と $z(s_j)$ の差が大きくなる」という傾向をモデル化します．空間バリオグラムと同様，時空間バリオグラムは共分散関数を反転した形で与えられます．例えば Product-sum 型を仮定した場合は以下のようになります．

$$\gamma(d_{i,j}, t_{i,j}) = (\sigma^2 + \tau^2) - \tau^2[w_s c_0(d_{i,j}) - w_t c_0(t_{i,j}) - w_{st} c_0(d_{i,j}) c_0(t_{i,j})] \tag{19.8}$$

上式の $(\sigma^2 + \tau^2)$ は $z(s_i, t_i)$ の分散を表し，右辺第 2 項以降は距離・時差の増加に伴う分散拡大を説明します．なお，$w_{st} = 0$ とすると Linear 型に対するバリオグラム，$w_s = w_t = 0$ とすると Separable 型に対するバリオグラムとなります．時空間バリオグラムは観測値から得られる経験バリオグラムをあてはめることで推定されます．この点は空間バリオグラムと同じです．

19.4　時空間過程モデル

時空間データ $y(s_i, t_i)$ のモデル化には，回帰の誤差項が時空間相関を持つという以下の式がよく用いられます．

$$y(s_i, t_i) = \sum_{k=1}^{K} x_k(s_i, t_i)\beta_k + z(s_i, t_i) \tag{19.9}$$

ただし，誤差項 $z(s_i, t_i)$ は弱定常な時空間過程に従うと仮定します．この時空間過程を推定するために，回帰の残差に対するバリオグラムのあてはめが行われます．次節では，時空間過程モデル (19.9) 式の推定方法について，gstat パッケージによる実例を交えて紹介します．

19.5　gstat による時空間バリオグラムの推定

本章では，`spacetime` パッケージに実装されている空気質データ（air）を使用して時空間予測を行います．このデータはドイツ国内の 70 地点で 4,383 日間（1998 ～ 2009 年）に観測された，日別の PM10 濃度（ppm）のパネルデータです．なお，ここでは説明変数なし（定数項のみ）で，純粋に時空間過程のあてはめのみで予測を行います．

まずは必要パッケージとデータを読み込みます.

```
> library(gstat)
> library(spacetime)
> library(sp)
> data(air)
```

最後の行で, dates (Date 形式), stations (SpatialPoints 形式), air (matrix 形式) という 3 つのデータが読み込まれます. それぞれの一部を表示すると以下のようになります.

```
> dates[1:10]
 [1] "1998-01-01" "1998-01-02" "1998-01-03" "1998-01-04" "1998-01-05" "1998-01-06"
 [7] "1998-01-07" "1998-01-08" "1998-01-09" "1998-01-10"

> stations[1:5]
SpatialPoints:
          coords.x1  coords.x2
DESH001    9.585911   53.67057
DENI063    9.685030   53.52418
DEUB038    9.791584   54.07312
DEBE056   13.647013   52.44775
DEBE062   13.296353   52.65315
Coordinate Reference System (CRS) arguments: +proj=longlat +datum=WGS84

> air[1:5,1001:1005]
          [,1]    [,2]    [,3]    [,4]    [,5]
DESH001 34.833  25.854  36.021  52.562  59.833
DENI063 45.795  35.979  36.087  73.167  79.792
DEUB038    NA      NA      NA      NA      NA
DEBE056    NA      NA      NA      NA      NA
DEBE062    NA      NA      NA      NA      NA
```

dates は日付を昇順に並べたベクトル, stations は観測地点の一覧を表すデータです. また air は, 行ごとに観測地点を並べ, 列ごとに時点が並べられた行列形式のデータです. air の表示結果からもわかるように, このデータには多数の欠損値 (NA) が含まれます. gstat パッケージや関連パッケージ (FRK パッケージなど) を用いる際は, 以上のような 3 つのデータが必要です.

　まずは, 上記 3 つを統合して STFDF (spatio-temporal full data frame) というパネル形式の時空間データに変換します (第 17 章).

```
> dat <- STFDF(stations, dates, data.frame(PM10 = as.vector(air)))
```

なお, ここでは 2008 年の 4 月 1 日から 5 月 31 日までを分析対象期間とします. まず同期間内の時空間データを以下のコマンドで取り出します.

```
> dat <- dat[,"2008-04-01/2008-05-31"]
```

STFDF 形式では欠損値を含まないパネルデータを前提としますが，既述の通り dat は多くの欠損値を含みます．そこで以下のコマンドで，dat を，欠損値を含むデータや，時点によって観測地点の異なるデータなどを対象とした形式である STSDF（space-time sparse data frame）に変換します．

```
> dat <- as(dat,"STSDF")
```

以上で時空間データの準備は完了です．なお，以下のコマンドにより，dat の位置座標は WGS84 ですでに設定されていることが確認できます．

```
> proj4string(dat)
[1] "+proj=longlat +datum=WGS84"
```

整備した PM10 データの時空間分布は stplot 関数で地図化できます（図 19.1）．

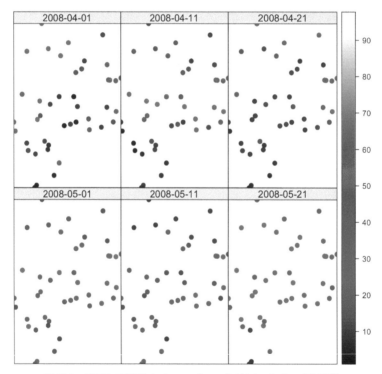

図 19.1　PM10 の空間分布（コマンド：stplot(dat,colorkey=TRUE)）

　続いて，PM10 を予測する地点・時点を設定します．まず予測地点を設定します．ここでは，経度が 6 度から 15 度までの 0.5 度おき，緯度が 47 度から 55 度までの 0.5 度おきのグリッドを生成して予測地点とします．生成のためのコマンドは以下の通りで，expand.grid 関数でグリッドの位置座標を生成，SpatialPoints 関数で SpatialPoints 形式に変換したのち，gridded 関数でグリッドであると認識させています．

```
> spat_grid0<- expand.grid(lon = seq(6,15, 0.5), lat = seq(47, 55, 0.5))
> spat_grid <- SpatialPoints(spat_grid0)
> gridded(spat_grid) <- TRUE
```

予測時点は，以下のコマンドで 2008 年 4 月 1 日から 5 月 31 日までの間の 6 日としました．なお seq(0, 60, length=6) は 0 から 60 まで等間隔に数値を返すコマンドで，出力結果は c(0, 12, 24, 36, 48, 60) です．as.Date("2008-04-01") にこれを足すことで，「2008-04-01」，「2008-04-01 の 12 日後」，「2008-04-01 の 24 日後」，……が時点として与えられます．

```
> temp_grid <- as.Date("2008-04-01") + seq(0,60,length=6)
> temp_grid
[1] "2008-04-01" "2008-04-13" "2008-04-25" "2008-05-07" "2008-05-19" "2008-05-31"
```

　STF 関数で分析用の形式に変換します．グリッド上には PM10 のようなデータ（DF）が与えられておらず（したがって，STFDF 関数ではなく STF 関数），また地点は時間不変のため（したがって，STI ではなく STF 関数），ここでは STF 関数を使います．

```
> grid        <- STF(sp = spat_grid, time = temp_grid)
```

最後に，以下のコマンドで CRS を設定します．

```
> proj4string(grid)<-CRS("+proj=longlat +datum=WGS84")
```

以上で，予測地点・時点の指定も完了です．

　それでは，以上のデータを用いて時空間モデルを推定します．時空間の場合も，空間の場合と同様に経験バリオグラムを用いてパラメータを推定します．具体的には，距離帯・時差ごとの 2 次元グリッドごとに標本バリオグラムの平均値を求めることで得られる以下の経験バリオグラムを用います．

$$\gamma^*_{h_s,h_t} = \frac{1}{2|N_{h_s,h_t}|} \sum_{N_{h_s,h_t}} \left[\varepsilon(s_i, t_i) - \varepsilon(s_j, t_j) \right]^2 \tag{19.10}$$

h_s は距離帯の番号，h_t は時差帯の番号，N_{h_s,h_t} は距離帯 h_s・時差帯 h_t に属する観測値ペアの集合，$|N_{h_s,h_t}|$ はこの距離帯・時差帯内のペア数です．空間バリオグラムの場合と同様，(19.10) 式を用いたパラメータ推定は，最尤推定などに比べて計算効率がよく実用的です．

　実際に経験バリオグラムを推定してみましょう．推定には gstat パッケージの variogram 関数を
使います．

```
> vv = variogram(PM10~1, data=dat, tlags=0:5)
```

このコマンドは，被説明変数が PM10，説明変数なし（定数項のみ）の残差に対する経験バリオグ
ラムを評価します．引数 tlags を 0:5 とすることで，時差が 0 以上 5 未満の観測ペアのみを用いて
経験バリオグラムを求めています．得られた経験バリオグラムは，以下のコマンドで 2 次元で視覚化
できます（図 19.2）．

```
> plot(vv)
```

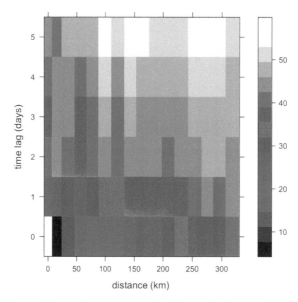

図 19.2　PM10 の時空間での経験バリオグラム（2 次元プロット）

図 19.2 は距離帯（横軸）・時差（縦軸）ごとの経験バリオグラムです．この図から，距離増大に伴う
相関の減少（空間相関）や時差増大に伴う相関の減少（時系列相関）が確認できます．一方，距離帯
を横軸とした 1 次元プロットも描画できます（図 19.3）．後で説明するように，この図はノイズ分散（ナ
ゲット）や時空間相関成分の分散，空間レンジの初期値を与える際に役立ちます．

```
> plot(vv, map = FALSE)
```

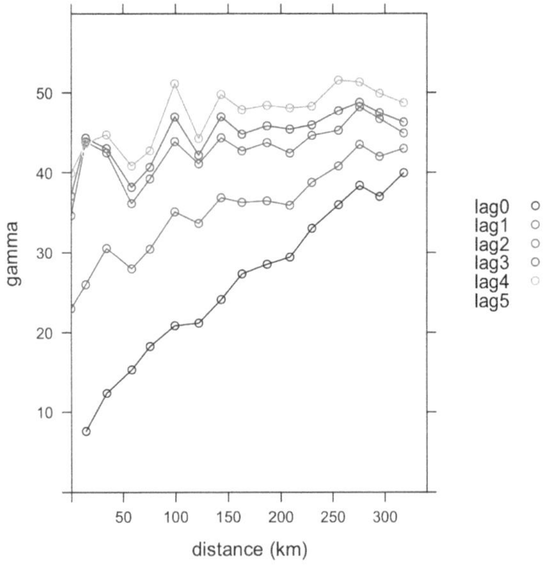

図 19.3　PM10 の時空間での経験バリオグラム（1 次元プロット）

　続いてバリオグラムモデルを推定します．推定に際しては，まずは vgmST 関数を用いて各パラメータの初期値を設定します．例えば以下は，Separable 型を用いる場合のサンプルコードです．

```
> separableModel        <- vgmST("separable",
                          space=vgm(0.9,"Exp", 200, 0.1),
                          time =vgm(0.9,"Exp", 5  , 0.1),
                          sill=40)
```

引数 space には空間バリオグラム，time には時系列バリオグラムの初期モデルを指定します．vgm 関数はバリオグラムモデルを与える関数であり，その中にパラメータの初期値を入れます．図 19.3 をもとに，空間バリオグラムの初期モデルは vgm(0.9,"Exp", 200, 0.1) としました．うち 0.9 と 0.1 は空間相関の分散がノイズの 9 倍であることを意味します．200 は空間レンジです．sill は時空間過程で説明される分散を表し，ここでは図 19.3 をもとに初期値を 40 としました．上記の初期値を用いて Separable 型のバリオグラムモデルを推定するには，fit.StVariogram 関数を用います．

```
> separableVgm   <- fit.StVariogram(vv, separableModel)
```

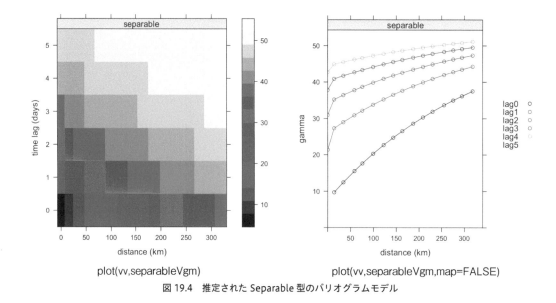

plot(vv,separableVgm)　　　　　　　plot(vv,separableVgm,map=FALSE)

図 19.4　推定された Separable 型のバリオグラムモデル

推定された Separable 型のバリオグラムモデルは図 19.4 に示す通りです．この図から，推定された
バリオグラムモデルが, 実データの傾向 (図 19.2, 図 19.3) をよく捉えられていることが確認できます．
推定されたバリオグラムモデルの平均二乗誤差が以下のコマンドで評価できるため，この値を比較す
ることで，関数型や初期値が試行錯誤できます．

```
> attr(separableVgm, "optim")$value
[1] 6.475852
```

以下は Product-sum 型のサンプルコードです．

```
> prodSumModel          <- vgmST("productSum",
                space=vgm(40 ,"Exp", 200, 5),  ### 初期値{τ², r, σ²}
                time =vgm(40,"Exp", 5  , 5),  ### 初期値{τ², r, σ²}
                k=0.1)                         # 初期値：相互相関の強さ
```

Product-sum 型の場合，vgm 関数内の各引数は，順に空間相関成分の分散（τ_s^2），関数型（"Exp"＝
指数型），空間レンジ（r_s），ノイズ成分の分散（σ^2）の初期値となります．引数 k は相互相関成分
の分散 τ_{st}^2 で事前に決める必要があります．ここでは，二乗誤差を最小化するように手動で探索した
結果を踏まえ 0.1 としました．残念ながら，Product-sum 型の平均二乗誤差は Separable 型よりも
大きくなったため，以降では Separable 型を用います．

19.6　時空間予測

　推定された時空間バリオグラムは時空間予測に応用できます．この予測は，地球統計学では**時空間クリギング**（spatio-temporal kriging）とも呼ばれます．ここでは未観測点（地点 s_*，時点 t_*）の被説明変数 $y(s_*, t_*)$ を予測する問題を考えます．被説明変数は以下の式に従うとします．

$$y(s_*, t_*) = \sum_{k=1}^{K} x_k(s_*, t_*)\beta_k + z(s_*, t_*) \tag{19.11}$$

精度のよい予測を行うために期待二乗誤差 (19.11) 式を最小化することを考えます．

$$E[(y(s_*, t_*) - \widehat{y}(s_*, t_*))^2] \tag{19.12}$$

空間予測の場合と同様，(19.9)，(19.11) 式が与えられた下で，(19.12) 式を最小化する最良線形不偏予測量（best linear unbiased predictor; BLUP）を導出すると，以下となります．

$$\widehat{y}(s_*, t_*) = \mathbf{x}'\widehat{\beta} + \tau^2 \mathbf{c}_0'(\sigma^2 \mathbf{I} + \tau^2 \mathbf{C}_0)^{-1}(\mathbf{y} - \mathbf{X}\widehat{\beta}) \tag{19.13}$$

$\mathbf{C}_0$ は観測点間の共分散行列で，その (i, j) 要素は $c(d_{i,j}, t_{i,j})$ で与えられます．$\mathbf{c}_0$ は各観測点と未観測点（s_*, t_*）間の共分散を並べた縦ベクトルであり，その要素は $c(d_{i,*}, t_{i,*})$ で与えられます．詳細は第 12 章に譲りますが，予測量 (19.13) 式は，回帰項 $\mathbf{x}'\widehat{\beta}$ と残差 $\mathbf{y} - \mathbf{X}\widehat{\beta}$ に基づく補正項 $\tau^2 \mathbf{c}_0'(\sigma^2 \mathbf{I} + \tau^2 \mathbf{C}_0)^{-1}(\mathbf{y} - \mathbf{X}\widehat{\beta})$ からなります．$\tau^2 \mathbf{c}_0'(\sigma^2 \mathbf{I} + \tau^2 \mathbf{C}_0)^{-1}$ は，「どの観測点の残差を重視して補正を行うか」を決める項であり，予測点に近い観測地点・時点により大きな重みが与えられます．例えば，予測点の近くに正の残差が集中している場合，補正項は正値（上方修正），負の残差が集中している場合は負値となります(下方修正)．また，w_s が 1 に近いほど地理的な近さが重視され，w_t が1 に近いほど時間軸上の近さが重視されます．なお，空間相関のレンジパラメータが大きいほどより距離の離れた標本にも一定の重みを与え，時間方向のレンジが大きいほど時差が大きな標本にも一定の重みを与えます．以上のように，(19.13) 式を用いることで，データから推定された空間相関，時系列相関，相互相関の度合いなども考慮した最良の予測ができます．

　期待二乗誤差 (19.12) 式を任意地点・時点について評価することもできます．期待二乗誤差は近隣に観測点が存在しない場合や，類似した説明変数の値を持つ観測値がデータセット内に存在しない場合などに大きくなります．期待二乗誤差は，予測の信頼性評価やデータの不足した地域を探索するのに役立ちます．

19.7　gstat による時空間予測と不確実性評価

時空間補間には krigeST 関数を使います．予測と地図化の具体的なコマンドは以下の通りです．

```
> pred  <- krigeST(PM10~1, data = dat, newdata = grid,
                 separableVgm, computeVar = TRUE)
> stplot(pred)
```

必須の入力は回帰モデル（PM10~1），観測データ（dat），予測地点のデータ（grid），時空間バリオ
グラム（separableVgm）です．また，computeVar=TRUE とすることで，期待二乗誤差が地点ごと
に評価されます．時空間補間の結果は図 19.5 の通りです．この結果から，4 月は対象地域南西部で
PM10 が低いことや，5 月末に PM10 が急増したことなどが確認できます．

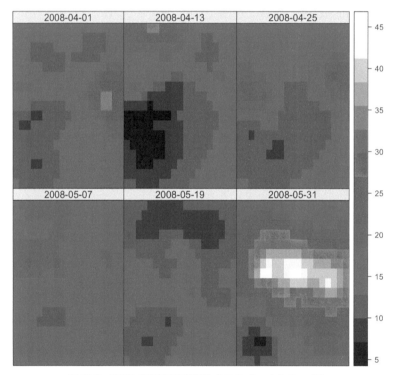

図 19.5　PM10 の時空間予測結果（コマンド：stplot(pred)）

また，期待二乗誤差の平方根をとることで，予測値の標準誤差が地図化できます．

```
> pred$se <- sqrt(pred$var1.var)
> stplot(pred[,,"se"])
```

出力結果は図 19.6 です．この結果から，データが分布していない対象地域南東部などで予測精度が低いことが確認できます．

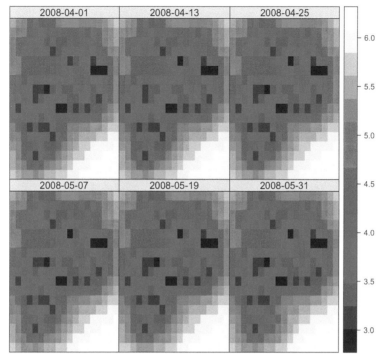

図 19.6　PM10 の予測値の標準誤差

19.8　sp パッケージによる空間データ処理

spacetime パッケージは基本的に sf パッケージに非対応であるため，本章でのみ，sf の前身である sp パッケージを用いて空間データを処理・視覚化しました．sp パッケージでは，ポイントデータは SpatialPoints 形式，ポリゴンは SpatialPolygons 形式とします（sf パッケージの場合はどちらの場合も sf 形式）．本文中では，地点ごとの経度・緯度からなる行列（spat_grid0）を，以下のように SpatialPoints 関数で SpatialPoints 関数に変換しました．

```
> spat_grid0[1:4,]
   lon  lat
1  6.0  47
2  6.5  47
3  7.0  47
4  7.5  47
>
> spat_grid <- SpatialPoints(spat_grid0)
class       : SpatialPoints
```

207

```
features   : 323
extent     : 6, 15, 47, 55  (xmin, xmax, ymin, ymax)
crs        : NA
```

　座標参照系（CRS, 第5章参照）は `NA` となっており, 指定されていません. このことは本文で使った `proj4string` 関数でも確認できます.

```
> proj4string(spat_grid)
[1] NA
```

　`sf` パッケージでは, `st_crs` 関数を使って CRS を指定しました. `sp` パッケージでは, 本文でも使用した `proj4string` 関数を使います. 例えば WGS84 を指定するコマンドは次の通りです.

```
> proj4string(spat_grid)<-CRS("+proj=longlat +datum=WGS84")
```

　このコマンドでは, `+proj=longlat` で位置座標を緯度経度で定義して, `+datum=WGS84` で緯度経度を世界測地系（WGS84）に基づいて与えています. `proj4string` 関数で CRS が設定されたことが確認できます.

```
> proj4string(spat_grid)
[1] "+proj=longlat +datum=WGS84 +no_defs"
```

　本章で用いた `stplot` 関数は, `SpatialPoints` 形式や `SpatialPolygons` 形式のデータを地図化するための関数です（`sf` パッケージの場合は `plot` 関数）. `sp` パッケージについての詳細は, Bivand *et al.*, (2008) などが参考になります.

第**7**部

応用編

一般化加法モデルと時空間モデリング

## 第20章

一般化加法モデルの基礎

20.1 本章の目的と概要

　空間相関や時空間相関を含む幅広い効果が捉えられる一般化線形モデルの拡張として，**一般化加法モデル**（generalized additive model; **GAM**）が知られています．一般化加法モデルは空間モデリングのために開発されたものではありませんが，その柔軟性や計算効率のよさなどの理由から，空間データの解析にも幅広く用いられてきました．そこで本章では，一般化加法モデルの基本的な特性や長所・短所について，R による実例とあわせて解説します．また，一般化加法モデルの（時）空間データへの応用については第 21 章で説明します．

20.2 一般化加法モデル

　基本的な線形の加法モデルは以下の式で被説明変数 y_i をモデル化します．

$$y_i = \sum_{k=1}^{K} x_{i,k}\beta_k + \sum_{l=1}^{L} f(z_{i,l}) + \varepsilon_i, \qquad \varepsilon_i \sim N(0,\ \sigma^2) \tag{20.1}$$

右辺第 1 項は説明変数 $x_{i,k}$ からの線形な効果を捉える通常の回帰項です．第 2 項は変数 $z_{i,l}$ からの効果を関数 $f(z_{i,l})$ でモデル化する項です．この項が捉えることのできる効果を表 20.1 に整理しました．この表からもわかる通り，加法モデルは非線形効果，場所ごとの効果，時点ごとの効果，グループごとの効果などを扱うことのできる柔軟なモデルです．

表 20.1　関数 $f(z_{i,l})$ で捉えられる変数 $z_{i,l}$ からの効果

効果	効果の定式化
変数 $z_{i,l}$ からの非線形効果	$f(z_{i,l})$
場所ごと（緯度 s_X，経度 s_Y）の効果（空間相関）	$f(s_X, s_Y)$
変数 $z_{i,l}$ ごとに滑らかに変化する説明変数 $x_{i,l}$ の回帰係数	$x_{i,l}f(z_{i,l})$
場所ごとに滑らかに変化する回帰係数	$x_{i,l}f(s_X, s_Y)$
グループ（添字：g）ごとの変量効果（定数項）	b_g
グループ（添字：g）ごとの変量効果（回帰係数）	$x_{i,l}b_g$

　一般化加法モデルは，ポアソン分布や二項分布などの指数分布族に属する分布に従う被説明変数を扱うために (20.1) 式を拡張したモデルで，以下の式のように定義されます.

$$y_i \sim P\left(\theta_i\right), \qquad \theta_i = g\left(\sum_{k=1}^{K} x_{i,k}\beta_k + \sum_{l=1}^{L} f\left(z_{i,l}\right)\right) \tag{20.2}$$

上式は，指数分布族の確率分布 $P\left(\theta_i\right)$ に従う被説明変数 y_i の期待値 $\theta_i = E[y_i]$ を，説明変数 $x_{i,k}, \ldots, x_{i,K}$ と関数 $f\left(z_{i,1}\right), \ldots, f\left(z_{i,L}\right)$ を用いて柔軟にモデル化しようというもので（$g(\bullet)$ は逆リンク関数），$\sum_{l=1}^{L} f\left(z_{i,l}\right)$ が追加された以外は，通常の一般化線形モデルと同じです. 一般化加法モデルを用いることで，表 20.1 であげたような幅広い効果を考慮しながらカウントデータやバイナリデータも解析できます.

20.3　基底関数を用いた多様な効果のモデル化

　変数 $z_{i,l}$ から効果を捉える関数 $f\left(z_{i,l}\right)$ には以下の構造が仮定されます.

$$f\left(z_{i,l}\right) = \sum_{k_l=1}^{K_l} \varphi_{i,k_l}\gamma_{k_l}^{(l)} \tag{20.3}$$

φ_{i,k_l} は**基底関数**（basis function）と呼ばれ，効果を捉えるために事前に与えます. $\gamma_{k_l}^{(l)}$ は各基底関数の影響力を表す係数です. 次節以降で説明するように，基底関数 $\varphi_{i,l}$ の与え方を変えることでさまざまな効果がモデル化できます.

　一般化加法モデル (20.2, 20.3) 式には係数が多数含まれます. 係数を列挙すると $\{\beta_1, \ldots, \beta_K, \gamma_1^{(1)}, \ldots, \gamma_{K_1}^{(1)}, \gamma_1^{(2)}, \ldots, \gamma_{K_2}^{(2)}, \ldots, \gamma_1^{(L)}, \ldots, \gamma_{K_L}^{(L)}\}$ です. そのため，最小二乗法などで残差最小化を行うと，各係数（効果）が安定的に識別されず，推定が不安定となることがあります. そこで一般化加法モデルの推定では，(モデル誤差) + (関数の非滑らかさ) を最小化します. 例えば線形の加法モデル (20.1) 式の場合は以下を最小化します.

$$\sum_{i=1}^{N} \left(y_i - \sum_{k=1}^{K} x_{i,k}\beta_k - \sum_{l=1}^{L} f\left(z_{i,l}\right)\right)^2 + \sum_{l=1}^{L} v_l \int f''\left(z_l\right)^2 dz_l \tag{20.4}$$

$f''\left(z_l\right)$ は $f\left(z_{i,l}\right)$ の 2 階微分です. 第 1 項は通常の残差二乗和，第 2 項は関数 $f\left(z_{i,l}\right)$ の滑らかさを表します. 一般に，加法モデルのオーバーフィッティングは，あてはまりを高めるために，非線形関数 $f\left(z_{i,l}\right)$ が過度に複雑な（ジグザグな）関数となることで起こります. 第 2 項は関数の滑らかさを調整することで，このようなオーバーフィッティングを抑制します. v_l は第 2 項に対する重みで，この値も最適化しながら (20.4) 式を最小化することで，オーバーフィッティングを防ぎながら，精度の高いモデルが推定できます. なお，次節で紹介するグループ効果の場合，第 2 項はグループごとの分散であり，これを調整してオーバーフィッティングを防ぎます.

　一般化加法モデルの場合は，残差二乗和を **deviance**（逸脱度）と呼ばれる誤差指標に置き換えた

以下の式の最小化を行います.

$$D + \sum_{l=1}^{L} v_l \int f''(z_l)^2 dz_l \tag{20.5}$$

D は deviance であり, 線形モデルの場合は残差二乗和に一致します.

20.4　例1：グループ効果 (グループごとのランダム効果)

　関数 $f(z_{i,l})$ で捉えることのできる効果をいくつか紹介します. まずは**グループ効果** (group effect) です. 例えば全国一律で実施されたテストに対する学生の成績は, 個人差だけではなく学校ごとの差にも依存しそうです. また, 世界各国の人々の健康状態は, 個人差だけではなく国ごとの差にも依存しそうです. 加法モデルでは, 関数 $f(z_{i,l})$ を (20.6) 式のように与えることで, 学校ごとの差や国ごとの差のようなグループごとの効果をモデル化します.

$$f(z_{i,g}) = b_g \tag{20.6}$$

$z_{i,g}$ は標本 i がグループ g に属することを示す変数, b_g はグループ g の水準を表す定数です. 成績の例であれば, $z_{i,g}$ は i さんが学校 g に在籍していることを, (20.6) 式は学校 g の平均的な成績水準 $f(z_{i,g})$ は b_g であることを, それぞれ表します.

　グループ効果を考慮することは, グループ単位と個人単位とで傾向が異なることに起因する分析結果の誤りである, **生態学的誤謬** (ecological fallacy) を防ぐ上で重要です. 例えば, 国 1 〜 3 の居住者を対象とした回帰分析で, 食料摂取量 (説明変数：x_i) が健康状態 (被説明変数：y_i) に与える影響を評価したいとします. 得られたデータは図 20.1 の丸印のような分布とします. このデータに通常の線形回帰モデル $y_{i,g} = \alpha + x_{i,g}\beta + \varepsilon_{i,g}$ をあてはめると, 回帰係数 β は正となり, 「食料摂取量が増えると健康状態がよくなる」という結果となります (図 20.1(左)). ところが, 図 20.1 をみると国ごとに国民の健康度合いが異なることがわかります(国 1 が最も不健康,国 3 が最も健康). そこで, 国別の健康水準をグループ効果 b_g で調整したモデル $y_{i,g} = \alpha + x_{i,g}\beta + b_g + \varepsilon_{i,g}$ をあてはめます (図 20.1(右)). すると, 回帰係数 β は負となり, 「食料摂取量を減らすほど健康状態がよくなる」という個人単位の傾向が適切に推定されます. また, グループ効果を用いることで, 図 20.1(右) に例示したような国ごとの健康水準の差も推定されます.

　以上のように,国や学校などのグループごとの差異を無視すると誤った結果を招くことがあります. グループごとの水準の差が疑われる場合は, グループ効果を仮定した上で, 個体ごとの効果とグループごとの効果とを識別する必要があります.

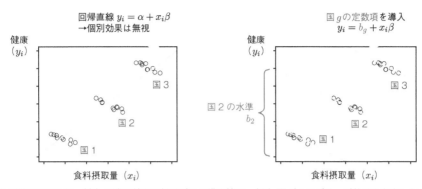

図 20.1　生態学的誤謬の例.（左）通常の線形回帰モデルの推定結果.（右）国ごとのグループ効果を考慮した回帰モデルの推定結果

20.5　例 2：非線形効果（1 次元）

通常の回帰分析では，説明変数からの影響は線形であると仮定しますが，説明変数からの影響は必ずしも線形とは限りません．例えば，失業率と犯罪件数の間には，失業率がある閾値（いきち）を超えたとたんに犯罪係数が急増するような非線形な関係があるかもしれません．変数 $z_{i,l}$ からの，そのような非線形な効果は以下の式を用いてモデル化します．

$$f\left(z_{i,l}\right) = \sum_{l=1}^{L} \varphi_{i,l} \gamma_l \tag{20.7}$$

$\varphi_{i,l}$ は変数 $z_{i,l}$ から得られる l 番目の基底関数，γ_l はその影響力を表す係数です．基底関数は $z_{i,l}$ に依存して滑らかに変化する関数で与えられます．一般に，基底関数は次の手順で生成されます．

(i)　ノット（knot）と呼ばれる点を変数 $z_{i,l}$ の数直線上に N_l 個（$N_l \geq 3$）配置

(ii)　各ノット間で関数を定義して，それらをつなぎ合わせることで全体として滑らかになるような基底関数 $\varphi_{i,l}$ を導出

(ii) の与え方によってさまざまな基底関数が提案されており，例えば各区間を 3 次関数で与える**3 次スプライン**（cubic spline）や，両端における 2 階微分が 0 となるように制約を加えることで，両端でも安定的に基底関数が生成できるように 3 次スプラインを修正した**自然 3 次スプライン**（natural cubic spline），3 次関数のスペクトル表現から導出される **B スプライン**（B spline），曲率を最小化するような滑らかな基底関数を生成する**薄板スプライン**（thin-plate spline）などがあります．例えば，図 20.2 は自然 3 次スプラインと B スプラインの生成例です．各関数がノットを起点・終点として生成されていることがわかります．

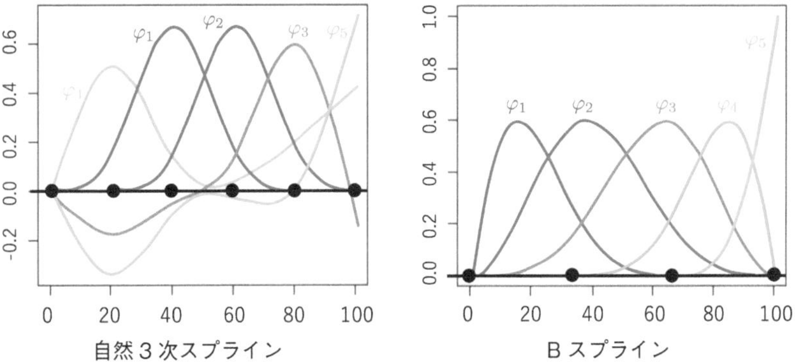

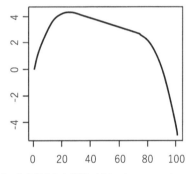

図 20.2　生成された基底関数の例（横軸は $z_{i,l}$）. 黒円はノットを表します. 基底関数の数は 5 としました.

　非線形効果 $f(z_{i,l})$ は, 係数 γ_l を用いて各基底関数を足し合わせることで推定されます. 例えば, 図 20.2 の B スプラインの各基底関数 $\{\varphi_1, \varphi_2, \varphi_3, \varphi_4, \varphi_5\}$ に対する係数を $\{\gamma_1, \gamma_2, \gamma_3, \gamma_4, \gamma_5\} = \{5, 4, 3, 2, -5\}$ とします. (20.7) 式（$L=5$）を用いると以下の関数が得られます.

図 20.3　B スプラインから得られた関数（$f(z_{i,l}) = 5\varphi_1 + 4\varphi_2 + 3\varphi_3 + 2\varphi_4 - 5\varphi_5$）
（横軸は $z_{i,l}$, 縦軸は $f(z_{i,l})$）

　加法モデルでは, 各基底に対する係数 γ_l をデータから推定することで, 最もあてはまりのよい非線形関数 $f(z_{i,l})$ を推定します. 例えば $z_{i,l}$ が時点である場合, まずは図 20.2 のように時間軸上で基底を生成して, 各基底に対する係数をデータから推定することで, 最もあてはまりのよい時変効果 $f(z_{i,l})$ を推定します. このように, 加法モデルは簡便に時変効果を推定する方法としてもおすすめです（詳しくは第 21 章参照）.

20.6　例3：非線形効果（2 次元）

　2 次元平面上に基底関数を生成することで, 2 次元効果をモデル化することもできます. 例えば, 緯度・経度から基底関数を生成することで空間相関パターンを推定することができます（第 21 章参照）. また, 1 次元で生成した基底関数のテンソル積をとる方法や 2 次元の薄板スプラインを使う方

法もあります．詳細は割愛しますが，2 次元の場合も，基底関数 $\varphi_{i,l}$ に対する係数 γ_l をデータから推定することで，2 次元効果を捉えるための関数 $f(z_{i,l}) = \sum_{l=1}^{L} \varphi_{i,l}\gamma_l$ を推定します．具体的なイメージは図 20.4 を参照ください．

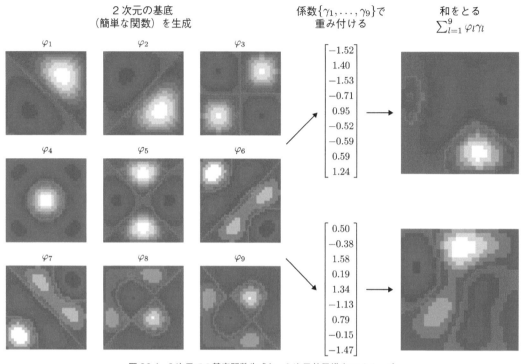

図 20.4　2 次元での基底関数生成と，2 次元効果推定のイメージ

20.7　mgcv による加法モデルの適用例

spData パッケージで公開されている，オハイオ州ルーカス郡で得られた一戸建て住宅価格データ（25,357 件，1993 〜 1998 年）に対する加法モデルの適用例を紹介します．本節では，spData パッケージと加法モデリングのための標準的なパッケージである mgcv を使います．

```
> library(mgcv)
> library(spData)
```

続いて住宅価格データを読み込みます．

```
> data(house)              # 住宅価格データ（sp 形式）
> dat<-as.data.frame(house) # 住宅価格データ（data.frame 形式）
> dat[1:4,]                # 最初の 4 行
```

```
    price yrbuilt stories  TLA     wall beds baths halfbaths frontage depth   garage garagesqft
1 303000    1978 one+half 3273  partbrk    4     3         1      177     0 attached        625
2  92000    1957      one  920 metlvnyl    2     1         0      100     0 detached        308
3  90000    1937      two 1956 stucdrvt    3     1         0      192     0 attached        480
4 330000    1887 one+half 1430     wood    4     1         0      200   217 no garage         0
  rooms lotsize  sdate avalue s1993 s1994 s1995 s1996 s1997 s1998 syear  age     long      lat
1    12   53496 960423 306514     0     0     0     1     0     0  1996 0.21 484668.1 195270.3
2     4   37900 970421  84628     0     0     0     0     1     0  1997 0.42 484875.6 195301.3
3     7   52900 931101 126514     1     0     0     0     0     0  1993 0.62 485248.4 195353.8
4     7   43560 971223 199228     0     0     0     0     1     0  1997 1.12 485764.2 196177.5
```

被説明変数は住宅地価（`price`）の対数値とします．説明変数は居住面積（`TLA`），竣工年（`yrbuilt`），ガレージの広さ（`garagesqft`）とします．各変数からの効果は，必ずしも線形とは限りません．例えば`TLA`は面積が一定以下の場合にのみ影響する，というような非線形な効果を持つかもしれません．ここでは，`TLA`と`yrbuilt`からの影響が非線形効果であることを仮定し，`garagesqft`からの影響は通常の回帰と同様，線形な効果であることを仮定します．上記に加え，価格水準は壁面のタイプ（`wall`:レンガや石など）によっても異なるかもしれません．そこで，壁面タイプごとのグループ効果も考慮します．以上の仮定の下で，`gam`関数を用いて加法モデルを推定します．コマンドは以下の通りです．

```
> formula    <- log(price) ~ s(TLA) + s(yrbuilt) + garagesqft + s(wall, bs="re")
> mod        <- gam(formula, data = dat)
```

`s()`は非線形な効果を捉えるための関数で，(20.7) 式を定義します．デフォルトでは薄板スプライン関数が用いられます．また，`bs="re"`とするとグループごとの効果が推定されます．上記モデルの推定結果は以下の通りです．

```
> summary(mod)

Family: gaussian
Link function: identity

Formula:
log(price) ~ s(TLA) + s(yrbuilt) + garagesqft + s(wall, bs = "re")

Parametric coefficients:
             Estimate Std. Error t value Pr(>|t|)
(Intercept) 1.082e+01  4.129e-02  262.10   <2e-16 ***
garagesqft  5.500e-04  1.388e-05   39.62   <2e-16 ***
---
Signif. codes:  0 '***' 0.001 '**' 0.01 '*' 0.05 '.' 0.1 ' ' 1

Approximate significance of smooth terms:
             edf Ref.df       F p-value
s(TLA)     7.178  8.152 1180.68  <2e-16 ***
s(yrbuilt) 8.715  8.953 2041.93  <2e-16 ***
s(wall)    5.710  6.000   76.05  <2e-16 ***
```

```
---
Signif. codes:  0 '***' 0.001 '**' 0.01 '*' 0.05 '.' 0.1 ' ' 1

R-sq.(adj) =  0.715   Deviance explained = 71.5%
GCV = 0.16622  Scale est. = 0.16606   n = 25357
```

上記から，自由度調整済み決定係数は 0.715 であり，被説明変数の変動の 71.5 % を説明する精度のよいモデルが推定されたことが確認できます．"Parametric coefficients" は線形効果を仮定した garagesqft の回帰係数の推定結果です．この推定値から，ガレージが広いほど家賃は高くなるという感覚に合う結果が得られたことがわかります．また，"Approximate significance of smooth terms" は非線形効果やグループ効果の推定結果です．edf (empirical degree of freedom) は推定された非線形効果の次数を表し（線形効果＝1），非線形性が強い（推定された関数がグニャグニャである）ほど値は大きくなります．特に yrbuilt に対する値が大きく，竣工年の年次効果は非線形性が強いと推定されました．また "F" は F 値で，各効果の有意性検定の結果得られたものです．検定の結果得られた各変数の p 値（"p-value"）は限りなく 0 に近くなり，TLA, yrbuilt, wall の各変数は統計的に有意な効果を持つことが確認されました．推定された各効果は次のようにプロットできます．

```
> plot(mod,select=1)
```

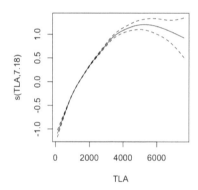

図 20.5　推定された TLA からの効果．横軸は TLA の値（$z_{i,l}$），縦軸は推定された TLA からの非線形効果 $f(z_{i,l})$ を表します．また，破線は同推定値 ± 2 標準誤差を表します．

```
> plot(mod,select=2)
```

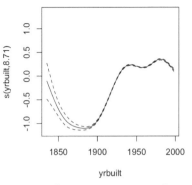

図 20.6　推定された yrbuilt からの効果

各図の横軸は説明変数 $z_{i,l}$，縦軸の実線は推定された非線形効果 $f(z_{i,l})$ を表します．また，破線は同推定値の ±2 標準誤差で，おおむね 95 ％ の確率で $f(z_{i,l})$ が入る区間を表します．図 20.5 から，居住面積（TLA）が増えるたびに住宅価格は上昇するが，居住面積が 4,000 に達するとそれ以上は価格が上昇しない，という推定結果が得られました．また，yrbuilt の推定結果からは，1900 年代前半かそれ以前に建てられた古い物件は安価であるという傾向が確認されました．以上の結果は直感に合います．

最後に，壁面タイプごとのグループ効果の推定値を確認します．各推定値は次のコマンドで出力できます．

```
> coefs       <-coefficients(mod)                 # 係数をすべて取得
> wall_id     <-grep("wall",names(coefs))         # wall についての係数の ID
> coefs_wall  <-coefs[wall_id]                     # wall についての係数
> coefs_wall2 <-data.frame(wall=levels(dat$wall),coefs=coefs_wall)
> coefs_wall2
               wall      coefs
s(wall).1 stucdrvt  0.03824213
s(wall).2  ccbtile -0.20984941
s(wall).3 metlvnyl  0.03824894
s(wall).4    brick  0.10873139
s(wall).5    stone  0.01577931
s(wall).6     wood -0.05404342
s(wall).7  partbrk  0.06289106
```

この数値から，brick が高額である一方で，ccbtile は低額であることなどが確認できます．

## 第 21 章

一般化加法モデルによる
時空間モデリング

21.1 時空間データのための一般化加法モデル

　本章では，第20章で紹介した加法モデルを時空間データの分析に応用する方法を紹介します．また，地球統計モデルとの関係などについても整理します．

　ここでは，次のような時空間モデルを考えます．

$$y_i = \sum_{k=1}^{K} x_{i,k}\beta_k + F(s_i, t_i) + \varepsilon_i, \qquad \varepsilon_i \sim N(0,\ \sigma^2) \tag{21.1}$$

s_i は標本 i の位置座標，t_i は観測時点です．$F(s_i, t_i)$ は時空間相関を捉える地点と時点の関数です．時空間相関は空間相関，時系列相関，相互相関に細分化でき（第19章参照），それらは以下の関数で捉えることができます．

- $f(s_i)$ ：空間相関パターンを捉える位置座標の関数．例えば「都心の地価は高額で郊外は低額」のような時間不変の空間パターンを捉えます．そのために，位置座標を用いて生成した2次元の基底関数 $\varphi_{i,k_s}|k_s \in \{1,\ldots,K_s\}$ を係数 γ_{k_s} を用いて重み付けることでパターンを推定します（$f(s_i) = \sum_{k_s=1}^{K_s} \varphi_{i,k_s}\gamma_{k_s}$；図 20.4）．
- $f(t_i)$ ：時系列相関パターンを捉える時点の関数．例えば「景気悪化に伴って住宅地価が下落」などの移動不変の時間パターンを捉えます．時点を用いて生成した基底関数 $\varphi_{i,k_t}|k_t \in \{1,\ldots,K_t\}$ を係数 γ_{k_t} で重み付けることでパターンを推定します（$f(t_i) = \sum_{k_t=1}^{K_t} \varphi_{i,k_t}\gamma_{k_t}$；図 20.2）．
- $f(s_i, t_i)$：相互相関パターンを捉える位置座標・時点の関数．例えば「開業した鉄道路線に沿って徐々に地価が高騰」などの時間変化する空間パターンを捉えます．緯度・経度・時点を用いて生成した基底関数 $\varphi_{i,k_{st}}|k_{st} \in \{1,\ldots,K_{st}\}$ を係数 $\gamma_{k_{st}}$ で重み付けることでパターンを推定します（$f(s_i, t_i) = \sum_{k_{st}=1}^{K_{st}} \varphi_{i,k_{st}}\gamma_{k_{st}}$）．

以上の各関数は，第20章で紹介したスプライン関数で与えられるほか，地球統計モデルを近似するように与えることもできます（21.2 節参照）．

　各関数を明示すると，(21.1) 式は以下のようになります．

$$y_i = \sum_{k=1}^{K} x_{i,k}\beta_k + f(s_i) + f(t_i) + f(s_i,t_i) + \varepsilon_i, \qquad \varepsilon_i \sim N(0,\ \sigma^2) \tag{21.2}$$

通常の加法モデルと同様，上式は (モデル誤差) + (関数の非滑らかさ) を表す (21.3) 式を最小化することで推定されます．

$$\sum_{i=1}^{N} \left(y_i - \sum_{k=1}^{K} x_{i,k}\beta_k - f(s_i) - f(t_i) - f(s_i,t_i) \right)^2 + v_s \int f''(s_i)^2 ds_i$$
$$+ v_t \int f''(t_i)^2 dt_i + v_{st} \iint f''(s_i,t_i)\, ds_i dt_i \tag{21.3}$$

第 1 項でモデルの残差二乗和を最小化します．ただし，残差二乗和を愚直に最小化すると，各関数 $f(s_i)$，$f(t_i)$，$f(s_i,t_i)$ が過度に複雑（グニャグニャ）になり，オーバーフィッティングする可能性があります．そこで各関数の 2 階微分（第 2 〜 4 項）をペナルティとして課すことで，各関数の複雑さを調整しながら残差二乗和を最小化します．v_s，v_t，v_{st} は各ペナルティ項に対する重みで，それらもデータから最適化することで，時空間相関を安定的に推定します．

　通常の加法モデルと同様，(21.2) 式にもグループ効果や説明変数からの非線形効果は容易に導入できます．また，時空間予測にも応用できます．そのためには，予測点（s_0, t_0）の被説明変数 y_0 に対するモデル (21.4) 式を仮定します．

$$y_0 = \sum_{k=1}^{K} x_{0,k}\beta_k + f(s_0) + f(t_0) + f(s_0,t_0) + \varepsilon_0, \qquad \varepsilon_0 \sim N(0,\ \sigma^2) \tag{21.4}$$

ここで $f(s_0) = \sum_{k_s=1}^{K_s} \varphi_{0,k_s}\gamma_{k_s}$, $f(t_0) = \sum_{k_t=1}^{K_t} \varphi_{0,k_t}\gamma_{k_t}$, $f(s_0,t_0) = \sum_{k_{st}=1}^{K_{st}} \varphi_{0,k_{st}}\gamma_{k_{st}}$ です．(21.3) 式の最小化によって各基底関数に対する重み係数 γ_{k_s}, γ_{k_t}, $\gamma_{k_{st}}$ が推定済みであれば，それらを上式に代入するだけで y_0 が予測できます．

21.2　加法モデルと地球統計モデルとの関係

　地球統計学では，共分散が距離 $d_{i,j}$ の減衰関数 $c(d_{i,j})$ に従うと仮定して二次定常な空間過程 $z(s_i)$ をモデル化しました．

$$Cov\left[z(s_i), z(s_j)\right] = c(d_{i,j}) \tag{21.5}$$

一方，加法モデルにおける空間過程 $f(s_i)$ の共分散を求めると以下の式になります．

$$Cov\left[f(s_i), f(s_j)\right] = \sum_{k_s=1}^{K_s} \varphi_{i,k_s}\varphi_{j,k_s}\gamma_{k_s}^2 \tag{21.6}$$

したがって，$c(d_{i,j})$ を近似するように $\sum_{k_s=1}^{K_s} \varphi_{i,k_s}\varphi_{j,k_s}\gamma_{k_s}$ を与えれば，地球統計モデルの空間過程 $z(s_i)$ が近似できます．この近似の方法はいくつか提案されており，例えば Cressie and Johanesson

(2008) の Fixed rank kriging などがあります．Kammann and Wand (2003) の geo-additive model もまた広く用いられており，mgcv パッケージに実装されています．いずれの方法も空間過程 $z(s_i)$ を近似するように $f(s_i) = \sum_{k_s=1}^{K_s} \varphi_{i,k_s} \gamma_{k_s}$ を定式化します．

　一般に，地点の重複などによるランク落ちがない限り，N 個の観測地点についての空間過程を誤差なしにモデル化するためには，N 個の基底関数が必要です．しかしながら，関数 $f(s_i)$ の基底関数の数は K_s 個だけです．したがって，加法モデルが行うのはあくまで近似であり，空間過程の推定精度は，基本的にはもともとの地球統計モデルよりも悪くなることに注意してください．実際，K_s が小さすぎると過度に平滑化された空間パターンとなることが知られています．地形や地物に影響されるため，地理空間上の空間相関パターンは複雑であることも多く，精度の高い空間モデリングを行うには多数の基底関数が必要となる場合もあります．

　一方で，十分な数の基底関数を用いれば，多くの場合，通常の地球統計モデルと同等の精度となります．また，加法モデルには，計算効率が大規模データにも適用しやすい点や，他のさまざまな効果と同時に推定できる点などの利点も多く，幅広い時空間データに応用されてきました．

　次の 21.3 節からは，時空間加法モデルの適用例を紹介します．

21.3　mgcv による時空間加法モデルの適用例

　第 20 章に引き続き，ルーカス郡の住宅価格データ（25,357 件）を用いた分析例を紹介します．ここでは，coordinates 関数を用いて標本ごとの位置座標を抽出した上で，分析用データ（dat）を用意します．

```
> library(mgcv)
> library(sp)
> library(spData)
> library(mgcViz)
> data(house)
> coords<-coordinates(house)
> dat0  <-house@data
> dat   <-data.frame(coords,dat0)
```

第 20 章と同様，被説明変数は住宅地価（price）の対数値，説明変数は居住面積（TLA），ガレージの広さ（garagesqft）です．また，壁面タイプ（wall）ごとのグループ効果を考慮し，時系列相関を捉えるための時点として竣工年（yrbuilt）を用い，空間相関を捉えるために緯度経度（long, lat）を用います．

　本章では 4 つのモデルを考えます．

- mod0：時系列相関のみを考慮
- mod1：時系列相関と空間相関を考慮
- mod2：時系列相関と相互相関を考慮

- mod3：時系列相関と空間相関と相互相関を考慮

第 20 章と同様に，TLA からの非線形効果を仮定する場合，各モデルの推定コマンドは次の通りです．

```
> mod0 <-gam(log(price)~s(TLA)+garagesqft+s(wall,bs="re")+s(yrbuilt),data=dat)
> mod1 <-gam(log(price)~s(TLA)+garagesqft+s(wall,bs="re")+s(yrbuilt)+
                 s(long,lat,bs="gp"), data=dat)
> mod2 <-gam(log(price)~s(TLA)+garagesqft+s(wall,bs="re")+s(yrbuilt)+
                 s(long,lat,yrbuilt,bs="gp"), data=dat)
> mod3 <-gam(log(price)~s(TLA)+garagesqft+s(wall,bs="re")+
                 s(yrbuilt)+s(long,lat,bs="gp") + s(long,lat,yrbuilt, bs="gp"),data=dat)
```

上記のように bs="gp" とすることで，地球統計モデル（ガウス過程）を近似するように基底関数が生成されて，空間相関や時空間相互相関が推定されます．s(long,lat,bs="gp") は緯度経度からなる 2 次元平面上の空間相関をモデル化して，s(long,lat,yrbuilt,bs="gp") は緯度経度と時間からなる 3 次元空間上の時空間相互相関をモデル化します．また，s(yrbuilt) は年次からなる 1 次元の時系列相関を捉えます．

各モデルの精度 BIC を用いて比較します．

```
> BIC(mod0)
[1] 26660.27
> BIC(mod1)
[1] 19398.37
> BIC(mod2)
[1] 19146.7
> BIC(mod3)
[1] 19398.37
```

なお，mod3 の推定に際しては，時空間相互作用が識別できずに除外されたため，BIC が mod1 と同じになりました．空間相関を考慮した mod1，mod2，mod3 の各 BIC は，第 20 章でも用いた時系列相関のみを考慮したモデル（mod0）よりも小さく，空間相関を考慮することによる精度の改善が確認できました．特に時系列相関と時空間相互作用を考慮した mod2 は BIC が最小であり，最も精度のよいモデルと推定されました．mod2 の推定結果は以下の通りです．

```
> summary(mod2)

Family: gaussian
Link function: identity

Formula:
log(price) ~ s(TLA) + garagesqft + s(wall, bs = "re") + s(yrbuilt) +
    s(long, lat, yrbuilt, bs = "gp")

Parametric coefficients:
```

```
              Estimate Std. Error t value Pr(>|t|)
(Intercept) 1.087e+01  8.135e-02  133.59   <2e-16 ***
garagesqft  3.913e-04  1.218e-05   32.13   <2e-16 ***
---
Signif. codes:  0 '***' 0.001 '**' 0.01 '*' 0.05 '.' 0.1 ' ' 1

Approximate significance of smooth terms:
                        edf Ref.df       F p-value
s(TLA)                8.579  8.939 1173.04  <2e-16 ***
s(wall)               5.943  6.000   90.55  <2e-16 ***
s(yrbuilt)            8.954  8.999  512.53  <2e-16 ***
s(long,lat,yrbuilt) 21.470 22.655  380.84  <2e-16 ***
---
Signif. codes:  0 '***' 0.001 '**' 0.01 '*' 0.05 '.' 0.1 ' ' 1

Rank: 52/123
R-sq.(adj) =  0.79   Deviance explained =   79%
GCV = 0.12267  Scale est. = 0.12244   n = 25357
```

第 20 章に引き続き有意となった garagesqft, TLA, wall, yrbuilt 加え，新たに追加した時空間相互作用項もまた統計的に有意となりました．家賃の水準は時間変化するだけでなく，場所によっても異なることが確認されました．

第 20 章と同様，推定された時系列相関パターンは以下のコマンドでプロットできます（図 21.1）．

```
> plot(mod2,select=3,ylim=c(-1,0.5))
```

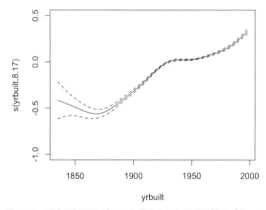

図 21.1　時空間加法モデルから推定された時系列相関パターン

図 21.1 では，新しい物件ほど高額という直感に合う結果が得られています．推定された時空間相互作用項 s(long,lat,yrbuilt,bs="gp") を綺麗に視覚化するには，mgcViz パッケージの plotSlice 関数が便利です．以下は，この関数を用いて 1850，1900，1950，2000 年に竣工された物件について推定された時空間相関パターンを視覚化するコードです．

```
> mod2_v    <- getViz(mod2)
> pl        <- plotSlice(x = sm(mod2_v,4), fix = list("yrbuilt" = c(1850,1900,1950,2000)))
> pl
```

このコードでは，推定されたモデルを getViz 関数で視覚化用のオブジェクト mod2_v に変換した上で plotSlice 関数で視覚化を行っています．内部の sm 関数では，mod2_v の中の 4 つ目の s 関数からの出力である s(long,lat,yrbuilt,bs="gp") を指定しています．出力結果は図 21.2 です．

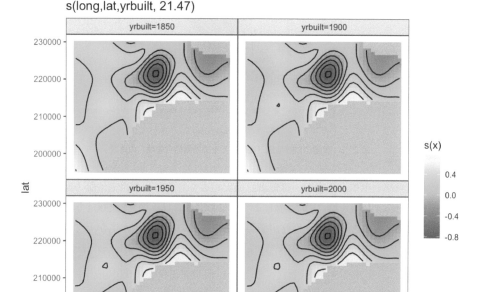

図 21.2　時空間加法モデルから推定された時空間相関パターン

推定された mod2 は任意地点の時空間予測に応用することもできます．以下は，無作為抽出した 20,000 個の標本から，残りの 5,357 件の住宅価格（対数値）を予測するコードです．

```
> oid    <- sample(nrow(dat),20000)          # 無作為抽出
> odat   <- dat[oid,]                         # 観測地点のデータ
> mdat   <- dat[-oid,]                        # 予測結果のデータ
> mod2   <- gam(log(price)~s(TLA)+garagesqft+s(wall,bs="re")+s(yrbuilt)+
                          s(long,lat,yrbuilt,bs="gp"), data=dat)
> pred   <- predict(mod2,newdata=mdat)
```

予測された対数地価（pred）を実際の対数地価（odat$price）と比較するために，以下のコマンド

で図 21.3 を出力します．この図からは，対数地価が精度よく予測されたことが確認できます．

```
> plot(log(odat$price), pred)
> abline(0, 1 ,col="red")
```

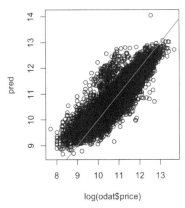

図 21.3　実際の対数地価（横軸）とその予測値（縦軸）の比較

　参考までに，東京都立川市，多摩市，日野市，東大和市を対象とした住宅地価の時空間予測を，時空間加法モデルで行った結果を図 21.4 に示します．この図からは，例えば 2004 年頃までは地価が全域的に下落傾向にあったことや，徐々に立川駅周辺とその他の周辺の差が広がっている様子が確認でききます．

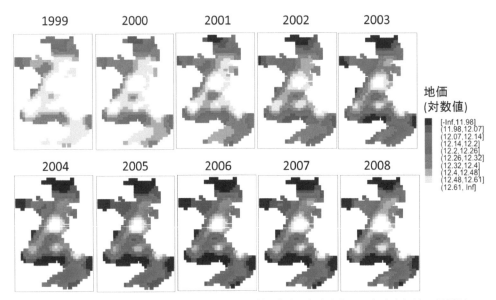

図 21.4　時空間加法モデルで予測された住宅地価の時空間分布（東京都立川市,多摩市,日野市,東大和市）．多摩都市モノレールに沿った南北に長い対象地域で，中央の価格が高いエリアが立川駅周辺です．

21.4　加法モデルの拡張方法

　前述の通り，時空間加法モデル（低ランク）は，地球統計モデル（フルランク）の近似に過ぎない
のですが，多くの場合，精度のよい時空間モデルを短い計算時間で推定します．また，mgcv パッケー
ジには大規模な（時空間）加法モデルを高速に推定するための関数（bam 関数）もあり，数百万の標
本であっても比較的短時間でモデルが推定できます．さまざまな効果も同時に考慮できることを踏ま
えると，加法モデルは大規模な時空間データを分析する上で極めて有用でしょう．

　以上に加え，mgcv ではポアソン分布や二項分布のような glm 関数に実装されている幅広い分布が
実装されているほか，例えば t 分布，ベータ分布，一般化極値分布，コックス比例ハザードモデルと
いった各種分析に役立つ確率分布・モデルが gam 関数でただちに推定できます．また，t 分布はガウ
ス分布よりも分布の裾が厚く，外れ値に強いことが知られています．mod2 の誤差項に t 分布を仮定
した加法モデルは，以下のコマンドで推定できます．

```
> mod2 <-gam(log(price)~s(TLA)+garagesqft+s(wall,bs="re")+s(yrbuilt)+
                s(long,lat,yrbuilt,bs="gp"), data=dat, family=scat )
```

family は分布を指定する引数であり，family=scat（= scaled t-distribution）とすることで t 分
布を仮定しています．さらに，平均だけでなく，分散，歪度，尖度まで滑らかな関数を用いてモデル
化しようという **GAMLSS**（generalized additive models for location scale and shape）も研究さ
れており，R パッケージ gamlss などに実装されています．このモデルを用いれば，分散や分布の歪
みを場所ごと・時点ごとに推定することができます．

第22章

加法モデルによる 空間可変パラメータモデリング

22.1 空間可変パラメータモデル

　第12章では残差の空間相関を捉えるために空間過程を用いましたが，以下の式のように回帰係数に空間過程を仮定することもできます．

$$y_i = \sum_{k=1}^{K} x_{i,k}\beta_k(s_i) + z_0(s_i) + \varepsilon_i, \quad \beta_k(s_i) = b_k + z_k(s_i) , \quad \varepsilon_i \sim N\left(0, \sigma^2\right)$$

$$z_0(s_i) \sim N\left(0, \tau_0^2 c(d_{i,j})\right), \quad z_k(s_i) \sim N\left(0, \tau_k^2 c(d_{i,j})\right) \tag{22.1}$$

$z_0(s_i)$は，残差の空間相関を捉えます．回帰係数$\beta_k(s_i)$は［定数b_k］＋［空間過程$z_k(s_i)$］で与えられており，$z_k(s_i) = 0$の時，(22.1)式は回帰係数が一定の基礎的な地球統計モデル(12.1)式となります．$z_k(s_i)$は回帰係数の空間相関パターンを捉える項であり，τ_k^2はその分散です．

　回帰係数が場所ごとに推定できる上式は大変有用なのですが，$K+1$個の空間過程を同時に推定する必要があるため，計算負荷が大きくなり，大規模データへの適用はそのままでは困難です．そこで本章では，(22.1)式を計算効率よく推定するために提案されてきた近似手法の中から，加法モデルを用いる方法を紹介します．この方法は，第21章と同様，空間過程$z_0(s_i), z_1(s_i), \ldots, z_K(s_i)$が基底関数を用いて以下のように近似できることを利用します．

$$y_i = \sum_{k=1}^{K} x_{i,k}\beta_k(s_i) + \tilde{z}_0(s_i) + \varepsilon_i, \quad \beta_k(s_i) = b_k + \tilde{z}_k(s_i) , \quad \varepsilon_i \sim N\left(0, \sigma^2\right)$$

$$\tilde{z}_k(s_i) = \sum_{l=1}^{L} e_{i,l}(s_i)\gamma_{k,l}, \quad \gamma_{k,l} \sim N(0, \tau_k^2 \lambda_l^{\alpha_k}) \tag{22.2}$$

$e_{i,l}(s_i)$はl番目の基底関数であり，(double-centering した) 近接行列の固有ベクトルで与えられます．λ_lは対応する固有値です．正の固有値に対応する固有ベクトルは正の空間相関パターン（モランＩ統計量が正となるパターン）を，負の固有値に対応する固有ベクトルは負の空間相関パターンをモデル化することが知られています．回帰係数は，空間的に滑らかな正の相関パターンを持つことが期待できるため，ここでは正の固有値に対応するL組の固有値・固有ベクトルを用いることとします．τ_k^2とα_kは回帰係数の空間パターンを決めるパラメータです．図22.1に示したように，τ_k^2が大きいほど空間相関で説明される分散が大きく，反対にτ_k^2が小さいほど回帰係数の分散は小さくな

り，$\tau_k^2 = 0$ の場合，回帰係数は一定値となります．α_k は空間相関のスケールを決めるパラメータです．α_k はモラン I 統計量を決めるパラメータであり，その値が大きいほど，回帰係数 $\beta_k(s_i)$ はモラン I 統計量の大きな大域的な空間パターンとなり，小さいほどモラン I 統計量の小さな局所的な空間パターンとなります（図 22.1）．

(22.2) 式は，回帰係数に滑らかな関数を仮定する加法モデルの一種であり，第 20 章でも説明した制約付きの誤差最小化などで推定できます．なお，$\tilde{z}_k(s_i)$ を用いて空間相関をモデル化する方法は，地理学では**固有ベクトル空間フィルタリング**（eigenvector spatial filtering）と呼ばれます（図 22.1）．

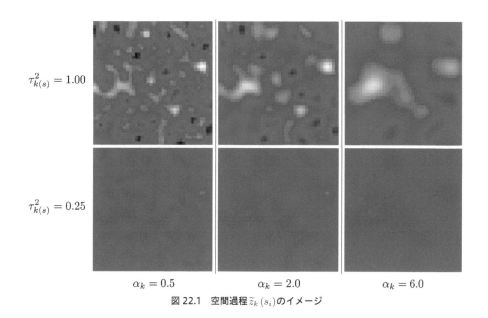

$$\tau_{k(s)}^2 = 1.00$$

$$\tau_{k(s)}^2 = 0.25$$

$\alpha_k = 0.5$　　　　$\alpha_k = 2.0$　　　　$\alpha_k = 6.0$

図 22.1　空間過程 $\tilde{z}_k(s_i)$ のイメージ

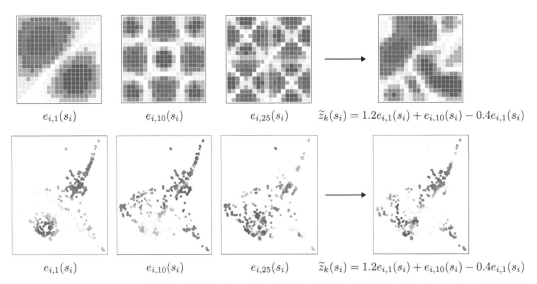

図 22.2 （double-centering した）近接行列の固有ベクトルと，それらから得られる空間過程 $\tilde{z}_k(s_i)$ のイメージ．$e_{i,l}(s_i)$ を l 番目に固有値の大きな固有ベクトルとすると，図のように固有値の大きな固有ベクトルはより大域的な空間相関パターンを捉えます．なおスペースの関係で 3 つの固有ベクトルの和としていますが，実際には L 個の固有ベクトルすべてを足し合わせます．

22.2　空間可変パラメータの推定に加法モデルを用いる利点

　地理的加重回帰モデル（第 13 章）のような回帰係数を場所ごとに推定するモデルは不安定であることがしばしば指摘されており，その原因や対処法が研究されてきました．一方で，加法モデルを用いる方法は，地理的加重回帰などに比べると安定しており，また計算効率もよいため，大規模データにも適用することができます．さらに，加法モデルにはモデル選択が容易に組み込めます．モデル選択は空間可変パラメータモデルを安定的に推定する上で有効です．ここでのモデル選択とは，例えば「空間可変か一定値か」というような回帰係数タイプの選択を指します．真の回帰係数が一定値にもかかわらず空間可変と推定してしまった場合，誤った推定結果となるだけでなく，モデル全体が不安定となります．地理的加重回帰に対するモデル選択法も提案されていますが，計算コストが大きくなることが知られており，大規模データへの応用は困難です．

　幸い，空間加法モデル (22.2) 式の回帰係数のタイプを高速に識別する手法が提案されており，その有用性が確認されています．また，同モデルはグループ効果や非線形効果のようなその他の効果も容易に組み込んで同時に推定・選択ができるため，幅広い分析への応用・拡張が期待できます．

　以上を踏まえ，次節以降では，大規模なデータを対象に，空間可変パラメータモデルとその拡張モデルを推定する方法を紹介します．

22.3　空間可変パラメータモデルの適用例

第 21 章と同様，ルーカス郡における住宅価格データ（25,357 件）を用います．本章では spmoran パッケージを用いた実例を紹介します．まず，第 21 章と同様に分析用データ（dat）を読み込みます．

```
> library(spdep)
> library(spmoran)
> data(house)
> dat <- as.data.frame(house)
```

被説明変数（y），説明変数（x），位置座標（coords）を指定します．

```
> y     <- dat[,"price"]
> x     <- dat[,c("TLA","garagesqft","age","rooms","beds")]
> coords<- dat[,c("long","lat")]
```

被説明変数は住宅地価（price），説明変数は居住面積（TLA），ガレージの広さ（garagesqft），部屋数（rooms），寝室数（beds）とします．続いて，空間基底として用いる固有ベクトルを生成します．通常の固有値分解の場合は meigen 関数を用いますが，サンプルサイズの大きな今回のような場合は，計算負荷が大きくなるため，固有値分解を高速近似する meigen_f 関数を用います．コマンドは以下の通りです．

```
> meig  <- meigen_f(coords)
```

空間可変パラメータモデル (22.2) 式の推定には resf_vc 関数を用います．この関数は各回帰係数が一定値か空間可変かを BIC の最小化に基づいて選択することで，空間可変パラメータモデルを安定化します．住宅価格の対数値を被説明変数とする場合のコマンドは以下の通りです．

```
> res1  <- resf_vc(y=log(y), x=x, meig=meig)
```

以下が計算結果です．

```
> res1
Call:
resf_vc(y = log(y), x = x, meig = meig)

----Spatially varying coefficients on x (summary)----

Coefficient estimates:
  (Intercept)          TLA              age            garagesqft
 Min.   : 9.648   Min.   :2.052e-05   Min.   :-2.2042   Min.   :-8.946e-05
 1st Qu.:10.427   1st Qu.:3.173e-04   1st Qu.:-0.7874   1st Qu.: 2.715e-04
 Median :10.599   Median :3.864e-04   Median :-0.5209   Median : 3.360e-04
 Mean   :10.588   Mean   :3.916e-04   Mean   :-0.6012   Mean   : 3.447e-04
 3rd Qu.:10.791   3rd Qu.:4.582e-04   3rd Qu.:-0.3514   3rd Qu.: 4.097e-04
 Max.   :11.198   Max.   :6.820e-04   Max.   : 0.6276   Max.   : 1.023e-03
```

```
       rooms                  beds
 Min.   :-0.017345   Min.   :0.01605
 1st Qu.: 0.006269   1st Qu.:0.01605
 Median : 0.012570   Median :0.01605
 Mean   : 0.013782   Mean   :0.01605
 3rd Qu.: 0.019064   3rd Qu.:0.01605
 Max.   : 0.065597   Max.   :0.01605

 Statistical significance:
                        Intercept    TLA    age garagesqft  rooms   beds
 Not significant                0     63   3556        569  19663      0
 Significant (10% level)        0     22   1078        599   1948      0
 Significant ( 5% level)        0     50   2322       3197   1600      0
 Significant ( 1% level)    25357  25222  18401      20992   2146  25357

 ----Variance parameters---------------------------------

 Spatial effects (coefficients on x):
                     (Intercept)          TLA        age    garagesqft        rooms beds
 random_SE            0.04200924 1.467946e-05 0.05724955  2.033559e-05  0.002224389    0
 Moran.I/max(Moran.I) 0.21146820 2.557331e-01 0.26167620  1.013251e-01  0.371484531   NA

 ----Estimated probability distribution of y--------------
                 Estimates
 skewness                0
 excess kurtosis         0

 ----Error statistics-------------------------------------
                   stat
 resid_SE        0.2942302
 adjR2(cond)     0.8511947
 rlogLik    -6001.0591707
 AIC        12036.1183413
 BIC        12174.5121131

 NULL model: lm( y ~ x )
    (r)loglik: -16370.02 ( AIC: 32754.04,  BIC: 32811.03 )
```

　空間可変パラメータの推定結果は「Spatially varying coefficients on x (summary)」に要約されています．Coefficient estimates は推定値の要約統計量，Statistical significance は地点ごとに得られた有意水準の集計結果です．この結果から，TLA, age, garagesqft, rooms の回帰係数は空間可変，beds の回帰係数は一定値と推定されたことがわかります．なお，空間可変の定数項（Intercept）は，基礎的な地球統計モデルと同様，残差の空間相関を捉えます．「Variance parameters」内の random_SE は各空間可変パラメータの標準誤差です．また，Moran.I/max(Moran.I) はモラン I 統計量の相対値で，この値が 1 に近いほど回帰係数は大域的な空間パターンを持ち，0 に近いほど局所的な空間パターンを持ちます．「Error statistics」からは AIC や BIC などのモデルの精度指標が確認できます．adjR2(cond) は自由度調整済み決定係数の一種（conditional R2）であり，その値が 0.85 であることから比較的精度がよいことが確認できます．

　推定された回帰係数は plot_s 関数でプロットできます．例えば定数項（0 番目の説明変数）と 3

番目の説明変数をプロットするコマンドは次の通りです.

```
> plot_s(res1,0)
> plot_s(res1, 3, pmax=0.01)
```

引数 pmax は p 値の最大値を指定します. 上記のように pmax=0.01 とすることで, 1 % 水準で統計的に有意となった回帰係数のみが表示されます. 図 22.3 は上記コマンドでプロットした回帰係数です. この図から, 対象地域の中央では, age の係数が負に大きく, 「古い物件ほど安い」という傾向が中心部で顕著であることや, TLA の係数は正に大きく「広い物件は高い」という傾向が顕著なことなどが確認できます. 反対に, 部屋数（rooms）は中心部で統計的に有意な影響を持たないことなども確認できます.

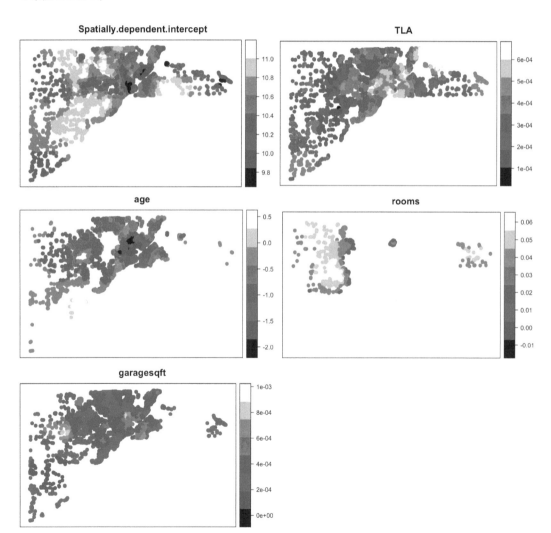

図 22.3　推定された空間可変パラメータ.
1 % 水準で有意となった回帰係数のみ表示.

　resf_vc 関数を用いることで，空間可変パラメータモデルをカスタマイズすることができます．例えば，回帰係数を空間可変とする説明変数は引数 x で，一定値とする説明変数は引数 xconst でそれぞれ指定できます．また，K 個の空間可変パラメータ $\beta_k(s_i)$，G 個のグループ効果，残差の空間相関 $\tilde{z}_0(s_i)$ を考慮する以下のようなモデルを推定することもできます．

$$y_i = \sum_{k=1}^{K} x_{i,k}\beta_k(s_i) + \sum_{g=1}^{G} f\left(z_{i(g)}\right) + \tilde{z}_0(s_i) + \varepsilon_i, \ \ \varepsilon_i \sim N\left(0, \ \sigma^2\right) \tag{22.3}$$

グループ変数の指定は引数 xgroup で行います．例えば，TLA と age の回帰係数を空間可変，garagesqft, rooms, beds の回帰係数を一定値，グループ効果を wall ごと，syear ごとに推定するコマンドは以下です．

```
> xgroup <- dat[,c("wall","syear")]
> res2    <- resf_vc( y = log(y), x = x[,c("TLA","age")],
                      xconst = x[,c("garagesqft","rooms","beds")],
                      xgroup = xgroup, meig=meig)
> res2
Call:
resf_vc(y = log(y), x = x[, c("TLA", "age")], xconst = x[, c("garagesqft",
    "rooms", "beds")], xgroup = xgroup, meig = meig)

----Spatially varying coefficients on x (summary)----

Coefficient estimates:
  (Intercept)          TLA                 age
 Min.   : 9.699   Min.   :9.555e-05   Min.    :-2.1028
 1st Qu.:10.414   1st Qu.:3.026e-04   1st Qu.:-0.7544
 Median :10.579   Median :3.731e-04   Median :-0.4763
 Mean   :10.576   Mean   :3.743e-04   Mean    :-0.5498
 3rd Qu.:10.754   3rd Qu.:4.330e-04   3rd Qu.:-0.2748
 Max.   :11.375   Max.   :6.691e-04   Max.    : 0.7090

Statistical significance:
                         Intercept    TLA    age
Not significant                  0      7   4986
Significant (10% level)          0     31   1363
Significant ( 5% level)          0     80   2094
Significant ( 1% level)      25357  25239  16914

----Constant coefficients on xconst--------------------------
               Estimate          SE    t_value      p_value
garagesqft 0.0003348008 1.026407e-05 32.618736 0.000000e+00
rooms      0.0176157248 2.975781e-03  5.919698 3.267505e-09
beds       0.0156470410 4.403947e-03  3.552959 3.816269e-04

----Variance parameters------------------------------------

Spatial effects (coefficients on x):
```

```
                     (Intercept)          TLA         age
random_SE             0.04011612 1.393364e-05 0.05900578
Moran.I/max(Moran.I)  0.24251563 1.831844e-01 0.26278609


Group effects:
               wall       syear
ramdom_SE 0.07938542 0.08110922


----Estimated probability distribution of y--------------
              Estimates
skewness              0
excess kurtosis       0


----Error statistics----------------------------------
                   stat
resid_SE      0.2885992
adjR2(cond)   0.8568472
rlogLik      -5410.2096784
AIC          10850.4193569
BIC          10972.5315084


NULL model: lm( y ~ x + xconst )
    (r)loglik: -16370.02 ( AIC: 32754.04,  BIC: 32811.03 )
```

「Spatially varying coefficients on x (summary)」は空間可変パラメータの推定結果,「Constant coefficients on xconst」は回帰係数（一定値）の推定結果です．BIC の改善（12,174 → 10,972）から，グループ効果を考慮することによって精度が改善したことが確認できます．推定されたグループ効果は以下のコマンドで出力できます．

```
> res2$b_g
[[1]]
                 Estimate          SE    t_value
wall_stucdrvt -0.04556281 0.07345077 -0.6203176
wall_ccbtile  -0.17986929 0.08982463 -2.0024497
wall_metlvnyl -0.03204165 0.02025896 -1.5816036
wall_brick     0.06338612 0.02372456  2.6717508
wall_stone     0.01421084 0.10673071  0.1331467
wall_wood      0.01562336 0.02216609  0.7048314
wall_partbrk  -0.04034685          NA         NA


[[2]]
                Estimate          SE    t_value
syear_1993 -0.096090876 0.02362633 -4.0671089
syear_1994 -0.059787956 0.02284182 -2.6174780
syear_1995 -0.016042426 0.02233150 -0.7183766
syear_1996 -0.007430016 0.02089352 -0.3556134
syear_1997  0.098784643 0.02152266  4.5897975
syear_1998  0.032143667          NA         NA
```

上記の結果から，wall に関しては brick が高額で ccbtile は低額という，第 21 章と似た結果が得られており，syear に関しては，新しい物件ほど高額であるという直感に合う結果が得られていることがわかります．

22.4 非ガウス空間可変パラメータモデル

被説明変数がガウス分布に従うことは稀なため，あらかじめなんらかの変換をすることがあります．例えば，先ほどは被説明変数を対数変換しました．しかしながら，必ずしも対数変換が適切とは限りません．誤った変換をしたり，ガウス分布を仮定するモデルに非ガウスデータを無理にあてはめたりすると，回帰係数やその有意性は適切に評価されません．また，多くの場合精度が低下します．

幸い，spmoran パッケージには被説明変数の分布に合わせて最適な変換関数を自動推定する関数が実装されているため，この関数を用いれば幅広い非ガウスデータがモデル化できます．そこで，ここからは，非ガウスデータに対する空間可変パラメータモデルの推定方法を紹介します．

ここでは以下のモデルを考えます．

$$\varphi_{\boldsymbol{\theta}}\left(y_i\right) = \sum_{k=1}^{K} x_{i,k} \beta_k\left(s_i\right) + \widetilde{w}_0\left(s_i\right) + \varepsilon_i, \quad \varepsilon_i \sim N\left(0, \ \sigma^2\right) \tag{22.4}$$

$\varphi_{\boldsymbol{\theta}}(\bullet)$ は被説明変数の分布をガウス分布に近づけるための変換関数です．柔軟な変換を行うために，$\varphi_{\boldsymbol{\theta}}\left(y_i\right)$ では以下のように変換を D 回繰り返します．

$$\varphi_{\boldsymbol{\theta}}\left(y_i\right) = \varphi_{\boldsymbol{\theta}_D}\left(\varphi_{\boldsymbol{\theta}_{D-1}}\left(\ \dots\ \varphi_{\boldsymbol{\theta}_2}\left(\varphi_{\boldsymbol{\theta}_1}\left(y_i\right)\right)\ \dots\right)\right) \tag{22.5}$$

各変換に対するパラメータ $\boldsymbol{\theta}_1, \dots, \boldsymbol{\theta}_D$ をデータから推定することで，変換関数を最適化します．

spmoran では，nongauss_y 関数を用いて被説明変数のタイプに応じた変換関数を定義します．まず引数 y_type で被説明変数のタイプを指定します．連続変数の場合は y_type = "continuous"，カウント変数の場合は y_type = "count" とします．

連続な被説明変数 y に対しては，次の変換 (a) ～ (c) が nongauss_y 関数に実装されています．

(a) y が非負の場合：Box-Cox 変換 (22.6) 式（図 22.4(a)）

$$\varphi_{\theta_0}(y_i) = \begin{cases} \frac{y_i^{\theta_0}-1}{\theta_0} & if \ \ \theta_0 \neq 0 \\ \log\left(y_i\right) & if \ \ \theta_0 = 0 \end{cases} \tag{22.6}$$

θ_0 はパラメータであり，例えば $\theta_0 = 0$ の場合は対数変換，$\theta_0 = 1$ の場合は変換なしとなります．パラメータは変換した変数 $\varphi_{\theta_0}(y_i)$ がガウス分布となるように最適化されます．

(b) y の分布が歪んでいたり，裾が厚い場合：SAL 変換と呼ばれる変換 (22.7) 式を D 回繰り返すことで柔軟な変換を行います（図 22.4(b)）.

$$\varphi_{\boldsymbol{\theta}_d}(y_i) = \theta_{d,1} + \theta_{d,2}\sinh(\theta_{d,3}\mathrm{arcsinh}\,(y_i) - \theta_{d,4}), \tag{22.7}$$

$\boldsymbol{\theta}_d \in \{\theta_{d,1}, \theta_{d,2}, \theta_{d,3}, \theta_{d,4}\}$ は変換のためのパラメータです．なおこの変換を繰り返すことで，幅広い非ガウスデータがガウス分布に変換できます．$\boldsymbol{\theta}_d$ は変換後の被説明変数がガウス分布となるように最適化されます．

(c) y が非負でガウス分布に従わない場合：最初に Box-Cox 変換を行い，次に SAL 変換 (22.7) 式を D 回繰り返します（図 22.4(c)）.

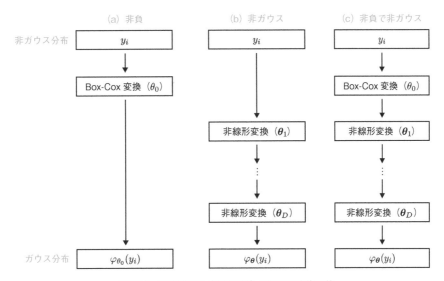

図 22.4　被説明変数（連続変数）に対する変換関数

Box-Cox 変換を使う場合は y_nonneg=TRUE とします．また，SAL 変換の回数は tr_num で指定します．SAL 変換の回数を 1 とした場合，変換 (a) 〜 (c) の定義方法は次の通りです.

```
> ng_a    <- nongauss_y( y_nonneg=TRUE )
> ng_b    <- nongauss_y( tr_num = 1 )
> ng_c    <- nongauss_y( y_nonneg=TRUE, tr_num = 1 )
```

例えば，ng_c を用いて非ガウス空間可変パラメータモデル (22.4) 式を推定するコマンドは以下となります.

```
> res3          <- resf_vc(y=y, x=x[,c("TLA","age")],
                  xconst=x[,c("garagesqft","rooms","beds")],
                  meig=meig, nongauss = ng_c)
```

上記では ng_c を用いましたが，Box-Cox 変換の有無（y_nonneg で指定）と SAL 変換の回数（tr_num で指定）は，BIC などの精度指標の比較によって最適化することもできます．表 22.1 は住宅価格データを用いてケースごとに BIC を評価した結果です．この結果から，Box-Cox 変換と SAL 変換 1 回を行った場合（res3）に BIC が最小となることが確認できます．

表 22.1　変換タイプごとの BIC．なお BIC は住宅価格の実数値に対するものであり，対数値に対する res1 や res2 の BIC とは比較できない点には注意してください．

Box-Cox 変換	No	Yes				
SAL 変換の回数	0	0	1	2	3	4
BIC	588,144	569,308	568,778	569,005	569,103	569,281

推定された非ガウスモデル (22.4) 式の推定結果は以下の通りです．

```
> res3
Call:
resf_vc(y = y, x = x[, c("TLA", "age")], xconst = x[, c("garagesqft",
    "rooms", "beds")], meig = meig, nongauss = ngB)

----Spatially varying coefficients on x (summary)----

Coefficient estimates:
  (Intercept)          TLA                  age
 Min.   :-1.6951   Min.   :-7.821e-05   Min.   :-3.8689
 1st Qu.:-0.9273   1st Qu.: 4.423e-04   1st Qu.:-1.0278
 Median :-0.7013   Median : 5.114e-04   Median :-0.7635
 Mean   :-0.6592   Mean   : 5.223e-04   Mean   :-0.7540
 3rd Qu.:-0.4060   3rd Qu.: 6.061e-04   3rd Qu.:-0.4803
 Max.   : 0.6452   Max.   : 9.806e-04   Max.   : 2.0693

Statistical significance:
                          Intercept   TLA    age
Not significant                3709    25   3800
Significant (10% level)         591    18   1286
Significant ( 5% level)        1084    84   2297
Significant ( 1% level)       19973 25230  17974

----Constant coefficients on xconst----------------------------
              Estimate           SE    t_value      p_value
garagesqft 0.0004225716 1.364964e-05 30.958438 0.000000e+00
rooms      0.0229243890 3.941406e-03  5.816297 6.090048e-09
beds       0.0144137457 5.861978e-03  2.458853 1.394490e-02

----Variance parameters---------------------------------
Spatial effects (coefficients on x):
                       (Intercept)          TLA        age
random_SE              0.05484212 2.146364e-05 0.07721284
Moran.I/max(Moran.I)   0.26244754 4.675641e-02 0.07741048
```

```
----Estimated probability distribution of y--------------
                Estimates
skewness         2.845963
excess kurtosis 19.196740
(Box-Cox parameter: -0.004575239)

----Error statistics-----------------------------------
                    stat
resid_SE       3.841258e-01
adjR2(cond)    8.523833e-01
rlogLik       -2.843080e+05
AIC            5.686479e+05
BIC            5.687782e+05

NULL model: lm( y ~ x + xconst )
    (r)loglik: -299162.2 ( AIC: 598338.5,  BIC: 598395.5 )
```

上記の「Estimated probability distribution of y」の項から，Box-Cox 変換のパラメータは
ほぼ 0 であり，対数変換に近い変換となった点や，変換で推定された分布の歪度（skewness）が 2.846，
尖度（excess kurtosis）が 19.20 であり，被説明変数は歪んだ裾の厚い分布を持つことが推定され
ました．推定された回帰係数の空間分布は，先ほどと同様に plot_s 関数を用いることで容易に確認
できます．なお，(22.4) 式からもわかる通り，各回帰係数は変換された被説明変数に対するものです
$(\beta_k(s_i) = d\varphi_\theta(y_i)/dx_{i,k})$．被説明変数自体に対する限界効果 $dy_i/dx_{i,k}$ は coef_marginal_vc 関数
で評価できます．

推定された被説明変数の分布は次のコマンドで視覚化できます．

```
> plot(res3$pdf, type="l")
```

図 22.5 から，推定された確率分布は被説明変数のヒストグラムと似たものであることが確認できま
す．

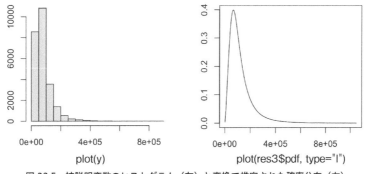

図 22.5　被説明変数のヒストグラム（左）と変換で推定された確率分布（右）

以上のように，resf_vc 関数と nongauss_y 関数を用いて幅広い非ガウスデータがモデル化できます．
なお，推定された分布をもとに，被説明変数の予測値がパーセンタイルごとに出力できます．

```
> res4$pred_quantile[1:4,]
        q0.01     q0.025      q0.05      q0.1      q0.2      q0.3      q0.4      q0.5
1 120822.02 132414.73 143403.36 157394.58 176498.35 191947.41 206400.01 221059.01
2  34053.50  38484.95  42480.15  47295.44  53443.43  58117.74  62295.24  66372.99
3  62917.99  68894.88  74368.19  81124.56  90055.73  97088.36 103546.41 109997.88
4  42900.18  47869.61  52343.06  57755.30  64734.83  70110.53  74970.48  79765.12
        q0.6      q0.7      q0.8      q0.9     q0.95    q0.975     q0.99
1 236935.43 255398.25 279146.92 316401.02 351490.16 385544.7 429936.8
2  70639.06  75437.84  81402.65  90395.11  98555.24 106253.5 116029.4
3 116890.34 124800.17 134833.47 150308.93 164643.38 178368.8 196026.5
4  84832.68  90591.56  97827.55 108875.92 119021.75 128679.2 141042.3
```

q0.025 は 2.5 パーセント点，q0.975 は 97.5 パーセント点で，95 ％ 信頼区間は両者の間となります．
例えば 1 つ目の標本に対する 95 ％ 信頼区間は [132,415, 385,545] です．この区間は予測値の不確実
性の指標として，例えば疫病地図の作成などにも役立ちます（第 10 章参照）．

　spmoran パッケージについての詳細は Murakami (2017) などが参考になります．

補章　空間統計と機械学習

1　機械学習手法の概要

　近年の**機械学習**（machine learning）分野の発展は目覚ましく，画像認識や音声認識をはじめとした幅広いタスクを行う手法が開発されてきました．そこでこの補章では，本書で紹介してきた空間データのための統計手法が，「機械学習手法と比較して，どのような時に役立つか」や「機械学習手法とどのように関係しているか」について簡単に整理したいと思います．

　機械学習分野で扱う代表的な学習には以下があります．

● **教師あり学習**（supervised learning）

標本ごとに正解が与えられており，正解の予測精度が高まるようにモデルを学習します．主な学習タスクには，連続値を予測する**回帰**（regression）とカテゴリを予測する**分類**（classification）または**教師ありクラスタリング**（supervised clustering）があります．例えば「住宅価格を予測する回帰モデルの学習」は回帰の一例，「犬か猫かを判別する画像分類モデルの学習」はクラス分類の一例です．

● **教師なし学習**（unsupervised learning）

標本ごとに正解は与えられておらず，標本の特徴を捉えるようにモデルを学習します．主なタスクには，類似の標本を同じカテゴリに分類する**クラスタリング**（clustering）または**教師なしクラスタリング**（unsupervised clustering）があり，例えば「人口，平均所得，高齢化率に基づく都道府県のクラスタリング」はその一例です．

　また，上記以外にも半教師あり学習や強化学習などもあります．

　統計学では，分析者の仮説に基づいてデータの背後になんらかの構造を仮定して，その構造を標本から「推定」します．例えば本書では，空間データの背後に空間相関を仮定して，その構造を距離減衰関数などを用いて推定しました．一般に，推定された統計モデルは容易に解釈でき，仮説の検証・検定などに役立ちます．また，構造を仮定したため，仮定が妥当である限りは，比較的小さな標本でもモデルの精度は良好となる場合が多いです．

　一方，機械学習分野では必ずしもデータの背後に構造は仮定せずに（例外は多々ありますが），汎用的な関数をあてはめることでデータの背後にある特徴を「学習」します．特に最近は，予測や分類の精度を高めるために，大量のパラメータを持つ複雑なモデルをチューニングすることで学習が進められます．そのため，特にデータが大規模で複雑な場合は，機械学習モデルの予測・分類精度は，比較的少数のパラメータを仮定する従来の統計手法を上回る場合が多いです．一方，推定された機械学

習モデルはブラックボックス化してしまいがちであり，その解釈は必ずしも容易ではありません．そのため，近年では説明可能な AI である **XAI**（explainable artificial intelligence）の実現に向けた研究の一環として，Partial dependence plot や SHAP（shapley additive explanations）といった，ブラックボックス化した機械学習モデルを解釈するための技術も開発・応用され始めています．

　回帰や分類，クラスタリングのための幅広い手法も提案されてきました．それらは，ニューラルネットワークに基づく手法（深層学習など），決定木に基づく方法（ランダムフォレスト，勾配ブースティング木など），線形和を用いる方法（線形回帰，一般化線形モデル，加法モデルなど），ガウス分布を応用する方法（ガウス過程など）と，多岐にわたります．機械学習手法についての詳細は，Friedman ら（2014）や Efron ら（2021）などが参考になります．

　各手法はそれぞれに特徴があり，適切に使い分ける必要があります．とりわけ多層のニューラルネットワークを仮定する深層学習は，精度の改善度合いが標本の増加に伴って逓減・頭打ちになる通常の統計・機械学習手法とは異なり，より大きな標本になった場合でも精度が改善していくという特徴があります．深層学習は，大標本の場合に特に強力です．深層学習は R では keras パッケージなどで容易に実装できます．

　一方，問題設定にもよりますが，比較的小規模な標本の場合は，深層学習の精度はそれほど良好とならない場合も多いです．例えば数万〜100 万程度（説明変数 43 個）までの標本を用いた住宅価格の空間予測の場合は，地球統計モデル（近似）の精度が深層学習を上回るという報告もあります．一方，サンプルサイズが比較的小さい場合は，深層学習よりも決定木に基づく手法の方が高精度となる場合も多く，筆者もそのような経験がありました．特に Extreme gradient boosting（XGB）は深層学習が注目を浴びる以前に最も精度がよいとされていた学習アルゴリズムの一つであり，おすすめです．XGB は R パッケージ xgboost，caret などで実装できます．Seya and Yoshida（2021）は，上述の住宅価格データを用いた空間予測で XGB の精度が地球統計モデル（近似）を上回ると報告しています．Light gradient boosting machine（LightGBM）や Category boosting（CatBoost）なども XGB と同等の予測性能を持つ学習アルゴリズムとして知られています．

　なお，第 11，12 章などで紹介した地球統計モデルは，機械学習分野では**ガウス過程**（Gaussian process）と呼ばれ幅広いタスクに応用されています．

2　空間統計手法の使いどころ

　説明変数（特徴量）として位置座標を考慮すれば，機械学習手法でも空間パターンが推定できます．そういったアプローチ，とりわけニューラルネットワークや決定木に基づく手法と比較した場合の，空間統計手法の長所・短所は何でしょう．

　まず，空間統計手法の長所には以下があります．

(i) データの観測地点やゾーンが少ない場合でも，精度は良好となりやすい
(ii) 滑らかな（時）空間パターンの推定・予測や不確実性評価に向いている
(iii)（時）空間相関や空間異質性を明示的に考慮して，回帰係数などのパラメータが推定・検定できる

地域データには500mメッシュ別，市区町村別，都道府県別などさまざまな空間スケールのものがありますが，ゾーン数は数十から数万程度までの場合がほとんどです．点データもまた，定点で継続的に観測される場合が多く，例えば気象観測点ごとの気温データはその一例です．以上のように，観測地点数やサンプルサイズが（機械学習分野における典型的な問題設定と比べると）小さい場合が多いです．空間相関や空間異質性をシンプルなモデルで捉えようという空間統計モデルの精度は，以上のような小標本でも良好となりやすいです．

一例として，図1にサンプルサイズが100，1,000，4,000の場合の空間予測結果を地球統計モデルとXGB（勾配ブースティング木）で比較しました．ここでは二次定常な空間過程からデータを生成しており，前者の精度がよくなるのは当たり前なので，両者の差に着目してください．図1からわかる通り，地球統計モデルはサンプルサイズが100の場合でも大まかな傾向は捉えられていて，一貫して精度は良好です．XGBはサンプルサイズ100の場合は傾向があまり捉えられておらず，サンプルサイズが1,000の場合でも視覚的に不自然な箇所があります．以上のように「データに空間相関がみられ，観測地点（ゾーン）数が比較的小さい」という問題設定において，空間統計モデルは特に有効です．また，空間統計モデルを用いれば，滑らかな（時）空間パターンが予測でき，その不確実性もただちに評価できます．さらに，残差の空間相関を考慮することで，回帰係数などのパラメータが適切に推定・検定できる点も長所の一つです．

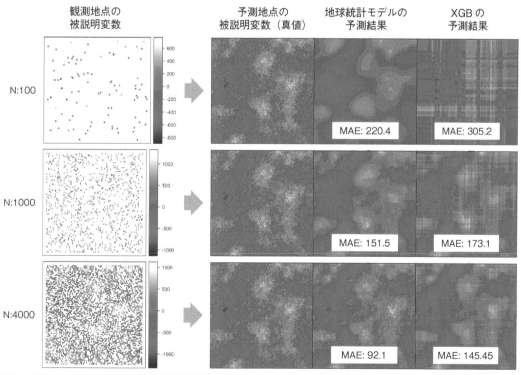

図1　地球統計モデルとXGBによる空間予測結果の比較．ここでは二次定常な空間過程から生成した標本（N={100, 1000, 5000}の3ケース）を用いて100×100地点における空間予測を行いました．MAE（Mean Absolute Error）が小さいほど高精度です．

　一方，機械学習手法，とりわけニューラルネットワークや決定木に基づく方法と比較した場合の，空間統計手法の短所として以下が挙げられます．

　(i)　大標本に対する精度は劣る場合が多い

　(ii) 非線形効果や非滑らかな効果が捉えづらい

　(iii)交互効果が捉えづらい

空間統計モデルの多くは線形回帰の拡張であり，線形の効果を仮定するものです．したがって，その予測精度は，非線形な効果を柔軟に推定する決定木に基づく手法などに劣る場合が多いです．また，決定木やニューラルネットワークなどを用いれば説明変数間の交互作用（例えば年齢×性別の影響）が自然に組み込める一方で，空間統計手法では交互作用を表す説明変数を明示的に導入するなどしなければならず，多重共線性などにも配慮しなくてはならないため，交互作用を捉えづらいという特徴があります．

　一般に，サンプルサイズや説明変数（特徴量）の大きな大規模データを十分に活用してモデルの精度を高めるには，より複雑なモデルが有効である場合が多く，線形性を仮定する基礎的な空間統計モデルでは限界があります．特に深層学習は，既述のようにサンプルサイズの増加に伴って精度が改善していく傾向が他手法よりも強く，またネットワークの構造を変えることで幅広い応用が可能です．さらに，深層学習はその他の手法よりも，非滑らかな効果（例：崖での急激な標高の変化）に対する推定精度がよいという理論研究もあります．以上の理由から，数百万以上のピクセルからなることが多く，非滑らかなパターンも多い衛星画像（例：0.5 m 解像度の土地被覆）などの解析には深層学習手法が標準的に用いられています．

　最近では，深層学習や勾配ブースティング木を活用した空間統計手法の高度化なども試みられており，より柔軟に時空間データを解析する手法の出現が期待されています．

参考文献

1. 近江崇宏 & 野村俊一 (2019).「点過程の時系列分析 (統計学 One Point)」, 共立出版 .

2. 岡部篤行 . (2006). 地理情報科学の教育と地理学 . *E-journal GEO*, 1(1), 67-74.

3. 久保拓弥 . (2012).「データ解析のための統計モデリング入門 . 一般化線形モデル・階層ベイズモデル・MCMC」. 岩波書店 .

4. 瀬谷創 , & 堤盛人 . (2014).「空間統計学 : 自然科学から人文・社会科学まで―自然科学から人文・社会科学まで―(統計ライブラリー)」. 朝倉書店 .

5. 東京大学教養学部統計学教室 (1991).「統計学入門」. 東京大学出版会 .

6. 中谷友樹 . (2008). 空間疫学と地理情報システム (特集 地域診断・症候サーベイランスに向けた空間疫学の新展開). *保健医療科学* , 57(2), 99-116.

7. 間瀬茂 , & 武田純 . (2001).「空間データモデリング - 空間統計学の応用」, 共立出版 .

8. 持橋大地 , & 大羽成征 . (2019).「ガウス過程と機械学習」, 講談社 .

9. Alom, M. Z., Taha, T. M., Yakopcic, C., Westberg, S., Sidike, P., Nasrin, M. S., ... & Asari, V. K. (2019). A state-of-the-art survey on deep learning theory and architectures. *Electronics*, 8(3), 292.

10. Anselin, L. (1995). Local indicators of spatial association—LISA. *Geographical analysis*, 27(2), 93-115.

11. Banerjee, S., Gelfand, A. E., Finley, A. O., & Sang, H. (2008). Gaussian predictive process models for large spatial data sets. *Journal of the Royal Statistical Society: Series B* (*Statistical Methodology*), 70(4), 825-848.

12. Beauchamp, M., de Fouquet, C., & Malherbe, L. (2017). Dealing with non-stationarity through explanatory variables in kriging-based air quality maps. *Spatial statistics*, 22, 18-46.

13. Besag, J. (1974). Spatial interaction and the statistical analysis of lattice systems. *Journal of the Royal Statistical Society: Series B* (*Methodological*), 36(2), 192-225.

14. Besag, J., & Kooperberg, C. (1995). On conditional and intrinsic autoregressions. *Biometrika*, 82(4), 733-746.

15. Bivand, R. S., Pebesma, E. J., Gómez-Rubio, V., & Pebesma, E. J. (2008). *Applied Spatial*

Data Analysis with R. Springer, New York.

16. Bivand, R. S., & Wong, D. W. (2018). Comparing implementations of global and local indicators of spatial association. *Test*, *27*(3), 716-748.

17. Blangiardo, M., & Cameletti, M. (2015). *Spatial and Spatio-temporal Bayesian Models with R-INLA*. John Wiley & Sons, West Sussex.

18. Chun, Y., & Griffith, D. A. (2013). *Spatial Statistics and Geostatistics: Theory and Applications for Geographic Information Science and Technology*. Sage, London.

19. Comber, A., Brunsdon, C., Charlton, M., Dong, G., Harris, R., Lu, B., Lu, Y., Murakami, D., Nakaya, T., Wang, Y., & Harris, P. (2021). A route map for successful applications of Geographically Weighted Regression. *Geographical Analysis*. DOI: 10.1111/gean.12316.

20. Cressie, N. (2015). *Statistics for Spatial Data, Revised Edition*. John Wiley & Sons, New York.

21. Cressie, N., & Johannesson, G. (2008). Fixed rank kriging for very large spatial data sets. *Journal of the Royal Statistical Society: Series B (Statistical Methodology)*, *70*(1), 209-226.

22. Cressie, N. and Wikle, C. K. (2015), *Statistics for Spatio-Temporal Data*. John Wiley & Sons, Hoboken.

23. Efron, B., & Hastie, T. (2021). *Computer Age Statistical Inference, Student Edition: Algorithms, Evidence, and Data Science*. Cambridge University Press, Cambridge.

24. Fischer, M. M., & Getis, A. (Eds.). (2010). *Handbook of Applied Spatial Analysis: Software Tools, Methods and Applications*. Springer, Berlin.

25. Fisher, R. A. (1935). *The Design of Experiments*. Oliver and Boyd, Edinburgh.

26. Fotheringham, A. S., Brunsdon, C., & Charlton, M. (2003). *Geographically Weighted Regression: the Analysis of Spatially Varying Relationships*. John Wiley & Sons, West Sussex.

27. Gelfand, A. E., Kim, H. J., Sirmans, C. F., & Banerjee, S. (2003). Spatial modeling with spatially varying coefficient processes. *Journal of the American Statistical Association*, *98*(462), 387-396.

28. Gómez-Rubio, V. (2020). *Bayesian inference with INLA*. Chapman & Hall/CRC, Boca Raton.

29. Goodchild, M. F. (2004). GIScience, geography, form, and process. *Annals of the Association of American Geographers*, *94*(4), 709-714.

30. Griffith, D. A. (2003). *Spatial Autocorrelation and Spatial Filtering: Gaining Understanding through Theory and Scientific Visualization*. Springer, New York.

31. Hastie, T., Tibshirani, R., & Friedman, J., (2014). 統計的学習の基礎—データマイニング・推論・予測—(井出剛, 神嶌敏弘, 栗田多幸夫, 杉山将, 前田栄作ら編). 共立出版 .

32. Imaizumi, M., & Fukumizu, K. (2019, April). Deep neural networks learn non-smooth functions effectively. In *The 22nd International Conference on Artificial Intelligence and Statistics* (pp. 869-878). PMLR.

33. Kammann, E. E., & Wand, M. P. (2003). Geoadditive models. *Journal of the Royal Statistical Society: Series C (Applied Statistics)*, *52*(1), 1-18.

34. Krainski, E., Gómez-Rubio, V., Bakka, H., Lenzi, A., Castro-Camilo, D., Simpson, D., Lindgren, F. & Rue, H. (2018). *Advanced Spatial Modeling with Stochastic Partial Differential Equations using R and INLA*. Chapman & Hall/CRC, Boca Raton.

35. Lee, D. (2017). CARBayes version 4.6: An R package for spatial areal unit modelling with conditional autoregressive priors. University of Glasgow.

36. Lee, D., Rushworth, A., & Napier, G. (2018). Spatio-temporal areal unit modeling in R with conditional autoregressive priors using the CARBayesST package. *Journal of Statistical Software*, *84*, 1-39.

37. Leroux, B. G., Lei, X., & Breslow, N. (2000). Estimation of disease rates in small areas: a new mixed model for spatial dependence. In *Statistical Models in Epidemiology, the Environment, and Clinical Trials* (pp. 179-191). Springer, New York.

38. LeSage, J., & Pace, R. K. (2009). *Introduction to Spatial Econometrics*. Chapman and Hall/CRC, Boca Raton.

39. Lindgren, F., Rue, H., and Lindström, J. (2011). An explicit link between Gaussian fields and Gaussian Markov random fields: The stochastic partial differential equation approach, *Journal of the Royal Statistical Society, Series B*, 73, 423–498.

40. Lindgren, F. and Rue, H. (2015). Bayesian spatial modelling with R-INLA. *Journal of Statistical Software*, 63, 1–25.

41. Millo, G., & Piras, G. (2012). splm: Spatial panel data models in R. *Journal of Statistical Software*, *47*, 1-38.

42. Murakami, D. (2017). spmoran: An R package for Moran's eigenvector-based spatial regression analysis. *ArXiv* 1703.04467.

43. Murakami, D., & Griffith, D. A. (2021). Balancing Spatial and Non-Spatial Variation in Varying Coefficient Modeling: A Remedy for Spurious Correlation. *Geographical Analysis*, DIO: 10.1111/gean.12310.

44. Murakami, D., & Griffith, D. A. (2015). Random effects specifications in eigenvector spatial filtering: a simulation study. *Journal of Geographical Systems*, 17(4), 311-331.

45. Ord, J. K., & Getis, A. (1995). Local spatial autocorrelation statistics: distributional issues

and an application. *Geographical Analysis*, *27*(4), 286-306.

46. Porcu, E., Furrer, R., & Nychka, D. (2021). 30 Years of space–time covariance functions. *Wiley Interdisciplinary Reviews: Computational Statistics*, *13*(2), e1512.

47. Seya, H., & Shiroi, D. (2021). A comparison of residential apartment rent price predictions using a large data set: kriging versus deep neural network. *Geographical Analysis*. DOI: 10.1111/gean.12283.

48. Stein, M. L. (2014). Limitations on low rank approximations for covariance matrices of spatial data. *Spatial Statistics*, *8*, 1-19.

49. Tobler, W. R. (1970). A computer movie simulating urban growth in the Detroit region. *Economic geography*, *46*(1), 234-240.

50. Wheeler, D., & Tiefelsdorf, M. (2005). Multicollinearity and correlation among local regression coefficients in geographically weighted regression. *Journal of Geographical Systems*, *7*(2), 161-187.

51. Wikle, C. K., Zammit-Mangion, A., and Cressie, N. (2019), *Spatio-Temporal Statistics with R*. Chapman & Hall/CRC, Boca Raton.

52. Wood, S. N. (2017), *Generalized Additive Models: An Introduction with R*. Chapman & Hall/CRC, Boca Raton.

53. Yoshida, T., & Seya, H. (2021). Spatial prediction of apartment rent using regression-based and machine learning-based approaches with a large dataset. *ArXiv*, 2107.12539.

索引

Index

著者紹介

むらかみだいすけ
村上大輔

2014年筑波大学大学院システム情報工学研究科博士後期課程を修了．博士（工学）．
国立環境研究所特別研究員を経て，現在は統計数理研究所データ科学研究系助教，
株式会社Singular Perturbations主席研究員．空間統計モデルの開発や高速化，その
都市・環境問題への応用研究などに従事．Rパッケージspmoran，scgwrなどを開発．

NDC007　　　　270p　　　24cm

実践Data Scienceシリーズ
じっせん データ サイエンス

Rではじめる地理空間データの統計解析入門
アール　　　　　　　ち り くうかん　　　　　　とうけいかいせきにゅうもん

2022年 4 月 4 日　第1刷発行
2023年 3 月24日　第3刷発行

著　者　　村上大輔
　　　　　むらかみだいすけ
発行者　　髙橋明男

発行所　　株式会社　講談社
　　　　　〒112-8001　東京都文京区音羽2-12-21
　　　　　　　販　売　(03) 5395-4415
　　　　　　　業　務　(03) 5395-3615

編　集　　株式会社　講談社サイエンティフィク
　　　　　代表　堀越俊一
　　　　　〒162-0825　東京都新宿区神楽坂2-14　ノービィビル
　　　　　　　編　集　(03) 3235-3701

本文データ制作　株式会社　トップスタジオ

印刷・製本　株式会社ＫＰＳプロダクツ

KODANSHA

ISBN 978-4-06-527303-6

講談社の自然科学書

データサイエンス入門シリーズ

実践 Data Science シリーズ

※表示価格には消費税（10%）が加算されています。　　　　「2022年9月現在」

講談社サイエンティフィク https://www.kspub.co.jp/